见识城邦

更新知识地图　拓展认知边界

Il telescopio di Galileo

Una storia europea

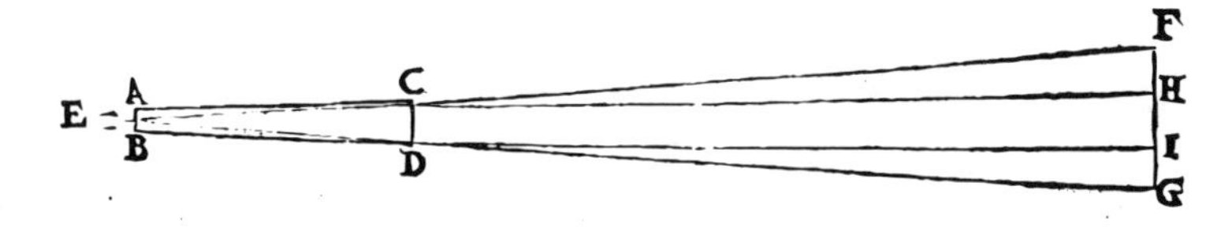

伽利略的望远镜

一件天文仪器引发的变革

[意]马西莫·布钱蒂尼(Massimo Bucciantini)
[意]米凯莱·卡梅罗塔(Michele Camerota)　著
[意]弗兰科·朱迪切(Franco Giudice)

刘一坤　译

中信出版集团 | 北京

图书在版编目（CIP）数据

伽利略的望远镜：一件天文仪器引发的变革 /（意）马西莫·布钱蒂尼，（意）米凯莱·卡梅罗塔，（意）弗兰科·朱迪切著；刘一坤译 . -- 北京：中信出版社，2024.5

书名原文：Il telescopio di Galileo. Una storia europea

ISBN 978-7-5217-6350-8

Ⅰ.①伽… Ⅱ.①马… ②米… ③弗… ④刘… Ⅲ.①天文望远镜－普及读物 Ⅳ.① TH751-49

中国国家版本馆 CIP 数据核字（2024）第 039474 号

伽利略的望远镜：一件天文仪器引发的变革
著者：［意］马西莫·布钱蒂尼 ［意］米凯莱·卡梅罗塔 ［意］弗兰科·朱迪切
译者：刘一坤
出版发行：中信出版集团股份有限公司
（北京市朝阳区东三环北路 27 号嘉铭中心 邮编 100020）
承印者：三河市中晟雅豪印务有限公司

开本：787mm × 1092mm 1/16 印张：26.25 字数：270 千字
版次：2024 年 5 月第 1 版 印次：2024 年 5 月第 1 次印刷
京权图字：01–2024–1962 书号：ISBN 978–7–5217–6350–8
审图号：GS（2023）2231 号（本书地图系原书插附地图）
定价：78.00 元

服务热线：400–600–8099
投稿邮箱：author@citicpub.com

目　录　INDICE

序言

PROLOGO

I.

伽利略博物馆坐落于阿尔诺河畔，距乌菲齐美术馆和老桥几步之遥。满怀期待的学子们汇聚于此，却对它平平无奇的外观感到失望，便四处漫步，寻找更能满足好奇心的事物。少数有决心者才会坚持不懈走近博物馆，探索鲜为人知的秘密。

事实上，就算从近距离观察，这个物件也很难说振奋人心。如图所示，它看上去不透明、遍布瑕疵，边缘装饰着较宽的条纹带，带子呈一种泛灰的乳白色，如同经年积灰一般，让人不禁想拿起来吹走上面的浮土，然后小心擦拭，让它更透亮和光洁一些。这个“宝物”有着和圣物一样的待遇，妥善保存于黑檀木、象牙和镀金黄铜装饰的珍贵框架里。若非如此，它早就被当作一块平平无奇的玻璃处理，遑论它已经碎裂，带着三处清晰可见的裂痕。

这块“玻璃”是当今仅存的伽利略透镜。至少可以确定的是，

图1 伽利略·伽利雷，透镜，1609年末。镶嵌在一个黑檀木和象牙装饰的框架里，该外框为维托里奥·克罗斯腾于1677年打造

它是伽利略先后于帕多瓦和佛罗伦萨任教期间所制的众多透镜中仅存的一块。从 1609 年夏季开始，伽利略连续打造了数百块透镜，这些透镜或由他独立完成，或得到了专业镜片制造师的技术支持，随后，他将其安装在瞄准天空的“炮筒”，即望远镜上，用以寻找新的恒星和行星。

光学专家们对其进行了准确描述：双凸物镜，直径 58 毫米，有效孔径为 38 毫米。众所周知，它是伽利略送给托斯卡纳大公

图2 伽利略·伽利雷，透镜，1609年末

费迪南多二世（Ferdinando Ⅱ）的礼物，但那之后没过几年就意外损坏了。伽利略去世后，它被保存在莱奥波尔多·德·美第奇(Leopoldo de'Medici)[1]的衣橱里，此人是美第奇家族的王公，后成为枢机主教。1675年，这块透镜正式成为美第奇家族的收藏，珍

1 莱奥波尔多·德·美第奇（1617—1675）：出身美第奇家族的枢机主教，是大公科西莫二世之子，上文提到的费迪南多二世的弟弟。——译者注（以下如无特殊说明，本书脚注均为译者注，尾注为作者注）

藏于乌菲齐画廊内，直至1793年辗转至自然历史博物馆[1]中，最终在19世纪中叶，它与其他文物一同被归入伽利略纪念厅[2]。有确切史料记载，1677年，美第奇家族委托维托里奥·克罗斯腾（Vittorio Crosten）雕刻用来保存这块透镜的外框，他是一位卓越的荷兰雕刻师，在科西莫三世（Cosimo Ⅲ）的宫廷中任职。

伽利略的望远镜只有这两台保存至今，现藏于佛罗伦萨博物馆，安置在距上文所述透镜及其外框不远的地方。两台望远镜的信息有较准确的记录。第一台望远镜由以下部分构成：两个有凹槽的木壳制成的管子，用铜条固定在一起，外表用纸覆盖。其总长1.273米，透镜和内隔板（也许同样是伽利略所制）被铜圈固定，物镜直径50毫米，目镜直径40毫米，放大效果约14倍。第二台的镜身部分是木质板条组成的管子，用棕色皮革包裹，上面有红色的皮革带作为装饰，外表点缀着许多价值不菲的金叶花样。其总长0.927米，物镜直径37毫米，目镜直径22毫米。但目镜并非原装，而是在19世纪才装置的。其放大效果约20倍。

自然，我们可以进一步详述每块透镜的曲率半径、正负焦距、可视范围以及中心厚度等信息。尽管这些数据极有价值，却对我们了解人类历史上最富魅力的篇章之一帮助甚微。

---

1 指佛罗伦萨自然历史博物馆。始建于1775年，意大利最重要的同类博物馆之一，现为佛罗伦萨大学的一部分。

2 伽利略纪念厅：位于上文提到的佛罗伦萨自然历史博物馆分馆（La Specola）一层。

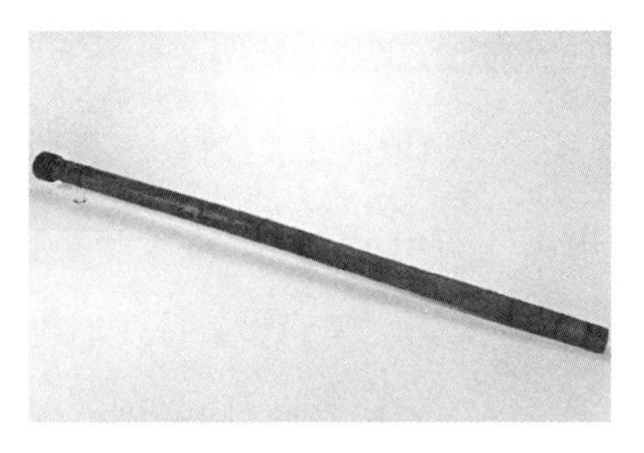
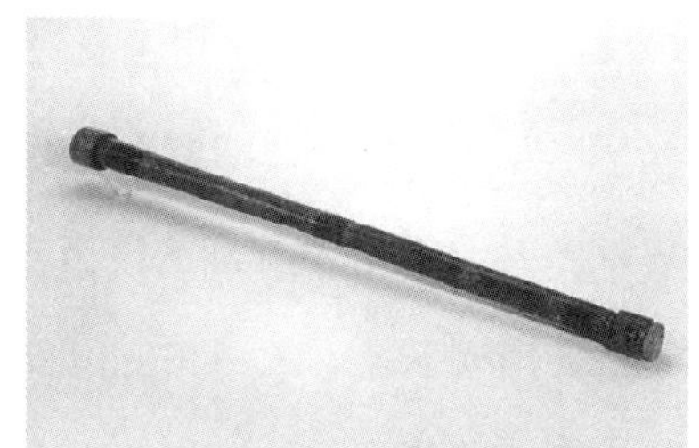

图3、图4 伽利略的“望远镜”，1609—1610年

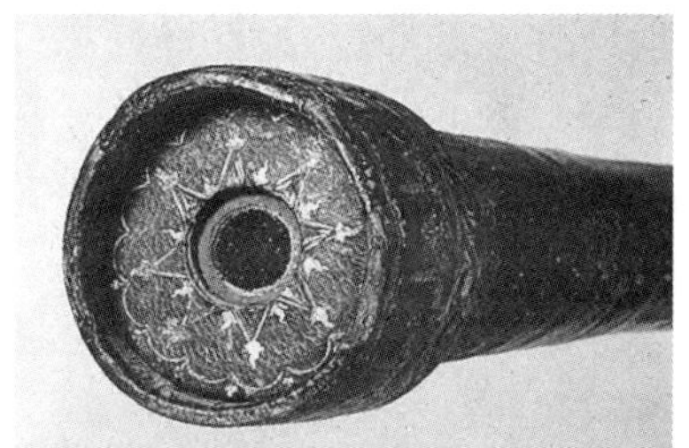

图5、图6 目镜和物镜，1609—1610年

在小小的镜片中，隐藏着令人惊叹、夺人眼球的东西，然没有一个光学专家或器械专家能够解释一二。这只是再普通不过的小物件，却为何能够在16世纪末到17世纪初的欧洲宫廷中搅动风云，留下诸多未解之谜？它们看上去那样不起眼，却如何引发了一场世界性变革？当时，行医者兜售处方和神奇的药膏，观星者编撰历书、推销占星术，炼金术士搜寻点金石和能工巧匠，自诩发明家的人四处散播奇谈怪论……诸如此类的所谓“创造”鱼龙混杂，有些甚至只是为了谋求特权、牟取利益，在世人看来，望远镜的奥秘似

乎没有太大不同，只是用于安身糊口的创造。果真如此吗？

想要了解更多，就请准备好阅读这个关于望远镜的故事。我们将以多元的视角来看待这段历史，用别样的语言来讲述这个故事，而不会用太多技术领域和应用科学的晦涩术语。因为，一旦我们决定将“精雕细琢”的镜片放进古人的时空里，放入更广阔的历史空间，我们就需要更加复合多元的视角和语言。在那个时空里，各个知识领域相互交融，很难划出明确的界限，而在我们今天看来清晰明确的观念，在当时并无意义。

2.

本书开篇要从一桩“罪行”讲起。此事发端于1608—1610年间，随后愈演愈烈，人们相信自己所熟知的那个天空已不复存在。在此之前，从荷马、奥维德、亚里士多德、托勒密，到但丁、托马斯·阿奎那，无数哲人曾凝神注视的这一方苍穹终归于毁灭。我们要讲述的这个故事犹如一趟旅途，纵横欧洲大陆。旅途开始于1608年中期，当时荷兰出现了一种可以让远处物体显得近在眼前的工具，到1611年春，罗马学院耶稣会的数学家们承认伽利略望远镜的发现有理有据，从而为旅途画上了句号。在此期间，原本放大倍数不超过3倍的“玩具”荷兰望远镜转变成了天文仪器，人们由此发现了一个新的天空。1610年3月13日，一部短小精悍的作品横空出世，宣告了新发现，这部作品就是伽利略的《星空报告》(*Sidereus Nuncius*)，一称《星际信使》，因伽利略是以拉丁文写作，而拉丁语中“nuncius”兼具“信息”和“信使”两重含义。[1]

以这种方式道来，情节发展一目了然，这个故事未免太过简略，不值得作者和读者浪费时间。事实上，人们总是按这样的方式讲故事：每个意义非凡的新事物在最初都会遇到一些阻力，但这并不足道，因为之后一切都走上正轨，那些非凡的发现最终得到了众人的认可和钦佩。

但是这个故事并非如此，事实上，稍做调查就可冲淡这表面上的大团圆气氛，并粉碎整个故事的构建。只需提及一个常被忽略的细节：1611 年 5 月 17 日，伽利略的“罗马凯旋之旅”途中，圣乌菲齐的枢机主教命令帕多瓦教区查证伽利略是否会出席对哲学家切萨雷·克雷莫尼尼（Cesare Cremonini）[2] 的审判。此人是帕多瓦大

---

1 因大部分英译本及法译本都将“nuncius”一词译为“信使、使者”，即“Sidereal Messenger”和“Le messager celeste”，日本起初也将此书称为“星界の使者”，故我国早期以英、法、日文翻译为底本译出的中文版也将此书名译为《星际信使》。而本作采用的意大利语译本则更加忠诚于拉丁文原本，将其译作“星空报告”（Avisso sidereo），同样，在以拉丁文为底本出版的正式翻译中，日本译者薮内清认为此书应改译为“星界の報告”（星空报告），此改译名沿用至今。故本作也依据意译本原文，并参考日译本译者的考证，将此书译为《星空报告》。

2 切萨雷·克雷莫尼尼（1550—1631），意大利帕多瓦人，哲学家。他早在 1598 年就被帕多瓦宗教裁判所指控，与他的朋友和对手伽利略在 1604 年分别向帕多瓦宗教裁判所提出申诉，但皆无果（伽利略被指控从事占星术，克雷莫尼尼被指控反对灵魂不死论）。之后克雷莫尼尼又遭受了另外两次审判，一次是在 1608 年，另一次即文中提到的 1611 年。

学的教授，被指控反对灵魂不死论，而伽利略在那里任教近20年。彼时正值伽利略天文研究的巅峰时刻，由此可知，早在伽利略因解读《圣经》之事与教廷相争，最终导致教廷于1616年3月5日颁布反哥白尼法令[1]之前，他就已然受到了罗马宗教裁判所的关注。

为什么枢机主教们要查证这个消息呢？而伽利略在罗马停留的那段时间，真如他特意向大公描述的那样成功吗？正是经这些文献资料的启发，重新发掘出真相，我们才得以从新的角度看待天体新发现。这些事件带来的影响比人们想象的更突然、更深远，比1610年3月13日《星空报告》出版之后爆发的讨论和争辩重要得多。本书正是产生于这种意识。本书意大利文版的副书名为“欧洲故事”，实际上，我们本想以“另一个世界”为题，但后来因为担心这种说法太过夸张而作罢。我们所说的“世界”，其含义远超出“天空”或更为宽泛的“宇宙”。

我们说“另一个世界”，是因为新发现对伽利略来说意义深远，它带来了超越天文学和宇宙学本身界限的冲突。因为望远镜的诞生不仅推动了天文学的革新，还催生了一种新哲学，它颠覆了人与自然（以及随之而来的人与上帝）之间的传统关系，其最突出的特征就是摒弃了目的论和“人类中心论”的各种观点。这不仅使伽利略的学说与哥白尼学说拉开了距离，也使其与开普勒的观点区分开

1 此即著名的“1616年禁令”，教廷禁止伽利略以口头或文字的形式坚持、传授或捍卫哥白尼的日心说。

来。1610 年是天文望远镜元年，更是宇宙学和人类学革命的起点。而欧洲漫长的 16 世纪，并不因 1600 年布鲁诺的火刑画上句点，而是在 1610 年伴随着《星空报告》的诞生而终结。伽利略正是通过望远镜发现了新天体，向世人展现了一个新世界：而这正是诗人约翰·多恩（John Donne）[1] 和神学家贝拉明（Bellarmino）[2] 等人最恐惧的事。

3.

一切都始于 4 个世纪前，距今颇为遥远，对今天那些尚在佛罗伦萨伽利略博物馆中，执着于一块破损透镜的年轻人来说更是如此。那时，人们第一次意识到，天空并不是表面上那样，也与我们用感官捕捉到的不同；事实上，“现实”这个词不再意味着摆在面前、长久以来人们相信自己了解的事物。第一次，人们意识到只凭感官很难探索自然的真相，在两千年以来目之所及的世界之外，还存在着另外一个世界。不久后，显微镜诞生，人们了解到双手触摸之处亦有一个小世界，不过这是后话了。

---

1 约翰·多恩（1572—1631）：英国诗人，信仰罗马天主教。

2 罗贝托·弗朗切斯科·罗默洛·贝拉明（1541—1621）：意大利神学家、作家、枢机主教，曾参与对布鲁诺的会审。

“看”这个动作的意义改变了，人们不再将“看”等同于视觉器官的自然活动。但为了使这种新动作转变为认知活动，对于天体的观察方式也应随之改变：像以往那样凭肉眼仰望天体是不够的，相比过去，现在需要日复一日，目不转睛地观察那些小光点聚集之处，不能懈怠。为了了解它们，人们需要学会描述整个天空。

对于那一小块破损的玻璃来说，也许这才是正确的解说词，能赋予它与伟大地位相称的光彩。但仅凭这几句话仍不足以体现望远镜的重要性。望远镜开创了一种新的观察方式。为了理解人类历史上这决定性的一步，首先要做的是将“新的人造眼睛”——那些镶嵌在木制管或厚纸管中透明的小透镜放入它们该在的地方，即伽利略在帕多瓦那间摆满了数学、机械和军事仪器的工作室中。将它们收集起来放在工作台上，让它们浸润在胶水和黏合剂的刺鼻气味中，堆在木屑和玻璃碴里，躺在木制和铜制罗盘、加强磁铁、玻璃板和尚待切割打磨的水晶中，那里还有一块浸湿的厚纸板放在角落里等待风干，制作好的两端钻孔的木头圆筒立在一旁。其次要做的就是尝试理解伽利略。他为何在生命中的某个时刻，突然决定全身心投入一项对大多数人来说似乎无法理解的事业？他原本计划在研究众所周知的潮汐运动等自然现象的基础上撰写宣扬哥白尼学说的著作，却又为何决定搁置这个大胆而逻辑缜密的计划，去竭尽所能潜心研发仪器？地球与其他天体间相隔甚远，这个仪器很可能作用甚微，也不会给天文学家计算星历的具体工作带来任何实质性的改进。

那些年，几乎无人质疑其他天体与地球之间存在本体论差异。

这一观点在北欧、意大利和西班牙的大学课堂被奉为圭臬，并被大众全盘接受。对于占星家和天文学家来说，地球和其他天体的差异是不容置疑的事实，对于各流派的各类神学家和哲学家来说也是如此。不论阳春白雪还是下里巴人，这一论断在文化中都无可动摇。对于那些追随哥白尼理论，坚持将地球归为普通天体的人来说，这是他们要面对的第一个关键的对立观点。这是一个神学和哲学观点，更是人们基于常识的判断。若将地球想象成一个普通天体，就不仅会摧毁那一时期自然和宇宙的形象，还会破坏人们普遍接受的思维方式。

1609 年春，荷兰望远镜风行之时，伽利略关于哥白尼物理学和宇宙学理论的研究彻底转向，进入了一个未曾料想的新阶段：指导他进行研究的是对天空的实际观察，而非对潮汐等地球现象的死板解释。若借助一副强大的“眼镜”观察到月球表面同地球相似，则没有任何理由反对将地球同样视为普通天体。如果月球看起来像地球那样山峦起伏，那么千年以来对天体的固有定义就将土崩瓦解。而随着对另一个世界体系不断深入了解，面临瓦解的将不再仅仅是抽象的原则，更为具体和重要的事实领域也会受到挑战。40 年前，同样的事实让第谷 · 布拉赫（Tycho Brahe）[1] 向世人展示了天体的不

1　第谷·布拉赫（1546—1601）：丹麦天文学家、占星学家。曾提出一种介于地心说和日心说之间的宇宙结构体系。1572 年 11 月 11 日，第谷发现仙后座中的一颗新星，其观测精度之高，是同时代的人望尘莫及的，他编制的一部恒星表至今仍然有相当大的价值。

稳定性和天空中新星的出现。这一挑战性的论断不再局限于封闭的大学讲堂中，不再被限制在书本或注释者之间，而是在卓有声名的哲学家和新知识的创造者之间流传，那些人既是当世的数学家和哲学家，也是制作新事物的能工巧匠，是既凭手艺又靠智慧安身立命的人。

4.

由此看来，这幅图景可谓几近完整，路线已然规划好，只待开始了。但实际上并非如此，新天空的诞生可能使得人类、上帝与自然的关系被改写，因此事实要比表面看上去复杂得多。

伽利略的成就可与美洲新大陆的发现齐名，皆是向现代过渡的关键节点。而想进行深入探究，仅仅局限于伽利略最著名的天文学作品是不够的。如果只是孤立看待那部作品，我们写作本书就没有什么意义了。还需要更多的东西以助我们了解其全部价值。如果本书的目的只是研究作品，那就多此一举了，因为此前已经有许多人这样做过，再做阐述，只会是一种无用的修辞练习，旧调重弹而已。

本书自然另有出发点。事实上，本书秉持这样一个理念：往往只有在具体的地点情境中，才能准确地讲述故事。正因如此，我们才可能以一种不同的方式看待著名的《星空报告》。我们甚至想删去“往往”这个词，因为在任何一个人类社会中，都会产生人类行为和人际互动，会有物与物之间的关联，人们在此说过一些话语，产生一些想法……如果不从这些具体情境出发去探索，就不能很好地理解关于伽利略望远镜的故事。我们并不想陷入对史学方法抽象而无用的冗长讨论，因为不管采用哪种理论框架，总会有不适用的案例和情形。

我们的想法是：每个地方都见证了历史真相，存留了相关证据。一台望远镜从加工制造，到被买家抢购，或被主人赠予，这期间也必定有货比三家、供不应求之状况，而这些事的发生地亦各不相同，从这些望远镜和这些地方之间的密切关系出发，便有可能重现欧洲历史上一个重要的篇章。

望远镜的故事并非只有一位主角，故本书不会围绕某一人平铺直叙。这段历史由在诸多地点发生的众多故事交织而成，至今仍未得到详述。为此，写作本书需要极大的努力和丰富的专业知识，才有可能将这个故事以最好的面貌呈现给读者。我们以同步的空间维度来进行讲述，而最佳方式就是把当时人们对望远镜的各种看法列举出来：这个新奇的东西流传甚广，人人争相见识，把它从一个城市带到另一个城市，有人试图理解它的构造原理，有人尝试使用它，有人对它进行再创造。

我们邀请读者同行，走遍欧洲大陆。因为本书围绕的中心不是只有伽利略一人，而是还包括一个更加参差多元的宇宙，有着属于不同世界、不同文化的图文和物品作为点缀。因此仅有伽利略的观点是不够的，他对宇宙的思考方式也不足以让我们了解那段非凡岁月中的往事。他完善望远镜、构建日心说宇宙论的计划与其他持异议者的观点交织在一起，催生出了现代最伟大的科学发现之一，这段历史可谓令人心潮澎湃。如果只围绕他一人，伽利略的故事将湮没在历史中，甚至有可能完全无法被后人理解。

因此，讲述新天空诞生的故事，意味着首先要扩大自己的空间视野。仅仅将目光放在欧洲是不够的，还要向外延伸，去看看印度和中国。本书的主要角色除伽利略之外，还有数学家、天文学家、哲学家和神学家，如萨尔皮（Sarpi）、开普勒、哈里奥特（Harriot）、贝拉明、马吉尼（Magini）等人，另有如鲁道夫二世（Rodolfo Ⅱ）、亨利四世（Enrico Ⅳ）和詹姆士一世（Giacomo Ⅰ）[1]等王公贵族。大使、教宗使节、宫廷要人、工匠、旅行者、枢机主教等人物也将逐一登场，如希皮奥内·博尔盖塞（Scipione Borghese）、费代里科·博洛梅奥（Federico Borromeo）等。诗人兼文学家约翰·多恩和画家扬·勃鲁盖尔（Jan Brueghel）、彼得·保罗·鲁本斯（Pieter Paul Rubens）、卢多维科·齐戈里（Ludovico Cigoli）等人也在这一舞台上。这些人搭建了一个由商店和作坊、邮局和海港、宫廷宴会和枢机主教会议组成的世界，不同形式的知识在这里相遇，在这里冲突，而某些地方的边界和宗教信念在知识的

1　此处姓名均为意大利语拼法。

流通和生产中发挥着至关重要的作用。

正是在这样的环境中，先是荷兰望远镜，后是伽利略望远镜传播开来。这股热潮通过最不寻常的渠道，以各种不同方式流动。大使的公文、旅行者的叙述、私人通信里的二手信息，都体现了一种狂热的好奇氛围，以至于到了 1609 年夏，欧洲社会各阶层对这种新奇的物件都大有需求。在被称为“（天文）望远镜”之前，它被冠以各种各样富有想象力的称呼：拉丁语的“fistula dioptrica”（双孔管）或“perspicillum”（清晰镜）；法语的“lunettes”（眼镜）；荷兰语的“instrument om verre te sien”（能看到远处的仪器）；英语的“cylinder”（圆筒）、“perspective cylinder”（可透视圆筒）；意大利语则称其为“cannone”（粗筒）或“cannone dalla vista lunga”（远视筒）、“trombetta”（小喇叭）、“visorio”（视镜）等，但大多时候简称为“occhiale grande”（大型眼镜）、“occhialone”（眼镜）、“occhiale di canna”（管状眼镜）。还有人称呼它为“伽利略望远镜”，仿佛它有自己的品牌。

这也许是头一回，一个秘密——同时也是科学发明——立刻获得了巨大的公共及国际声望。望远镜跨越了所有领土边界，为整个世界所知，而且，不只是在知识界内得到关注。因此，本书应被定义为科学的社会史。

5.

值得注意的是，本书字里行间浮现出的伽利略形象与马里奥·比亚焦利（Mario Biagioli）的《廷臣伽利略》（*Galileo, Courtier*，1993）中的形象截然不同，那本书无疑有丰富的想法和原创性的观点，但其基本论点却很单薄，甚至有谬误。该书作者把伽利略的哥白尼理论倾向和他提出的新自然哲学观点解读为投机的选择，认为其既受到文化赞助体系的压力，又与伽利略本人对“哲学家和数学家”这一社会及职业地位的渴求有关。我们认为，这种解读过于简单化，更重要的是若如其所言，伽利略的事业重心只在佛罗伦萨，便是一叶障目了，难道只因荷兰望远镜无心插柳给他提供了所渴望的社会地位，他在帕多瓦度过的18年便完全是一个偶然的插曲吗？在该作者近年出版的《伽利略的信誉工具》（*Galileo's Instruments of Credit*，2006）一书中，伽利略的天文发现被描述为彻底的投机行为，一切都是为了确立他的科学权威和个人信誉，他使用了一个狡猾的策略，将木星的卫星用美第奇家族的名字命名，以获得充分合法的社会地位。

然而我们确信，科学权威也好，个人信誉也好，一切都开始于更早之前，始于帕多瓦和威尼斯。在那里，伽利略巩固了对哥白尼宇宙论的认同，他与萨尔皮及其圈子交好，为后来之事埋下了意义非凡的伏笔。不是在佛罗伦萨，而是在1609年至1610年间的帕多瓦和威尼斯，伽利略迎来了根本的转折点。正是“望远镜”这个制作起来艰难费力的新仪器，将他一直以来坚持的“沉默的哥白尼主义”转变为一个伟大而富有野心的公开计划。那是一条完全出人意料的道路，却永远地改变了他的人生。

6.

本书写作过程中，我们挖掘到了一些事件，为此我们有必要深入了解更多的细节，并沿着线索追踪分析，故而地图和年表的重要性就凸显了出来，它们不再是言语的附庸，而是成为这项工作不可或缺的一部分。地图和年表不仅有助于理解错综复杂的独立事件，而且对于本书叙述也有作用，因为在叙述过程中无法脱离密集的地域关系网。

有两种历史的写法，一种是重视科学、哲学、神学等思想观念的观念史，另一种是更关注政治和社会背景的历史。读者会发现，我们写作科学史的方法避免了两种历史之间的对立，这亦是我们所希望的。历史事件有无数独特而具体的线索，而正是这样的特质使得那些过于僵化古板的陈规无法适用，也动摇了那些表面看起来朦胧晦涩，但实际并不成熟、站不住脚的史学理论。在例证中，为了试图理解某些理论是如何问世，人们又是如何解读的，我们认为有必要将自己定位在特定的几个地点，把话语权留给它们。而让地点开口叙述，首先就意味着我们要令当地政界、文学界和艺术界名人的一举一动发声。因此，关于望远镜的整个故事就由这些转瞬即逝、断断续续的线索组成，它们形成了一段内容丰富、形式多样的历史。这段历史由多条脉络组合起来，而这些脉络并不总能联结交织成一个完整的故事，实际上，在某些情况下，它们最终以一种混乱的方式堆叠，成为其他事物的中心和起源。

这一探索将是一个很大的挑战。

我见那新月形的金星
在一片宁静中缓行。
我见那月球上河谷山脉
以及土星三个星体之景。
我，伽利略，是人类中的第一人。
四颗小星围着木星旋转，
银河缭乱，星如碎钻，
涌现无尽的新世界。
我举目所见，非心中揣度，
那预言中的斑点
就要玷污太阳的脸庞。
我今制此镜，以博学巧手，
我亲拭镜片，复对准天空，
就如用炮管瞄准一般。
我亦将冲击天空，

趁太阳未曾灼伤我的眼睛。

趁太阳未曾灼伤我的眼睛，
我不得不弯腰屈膝，
皆因未见本该所见。
它将我束缚在地面，
既不用地震，也不用雷电，
它的声音低沉而平淡，
长着一张普普通通的脸。
每晚啄食我的秃鹫，
也有一张普普通通的脸。

——普里默·莱维（Primo Levi），
《星空报告》赋诗，1984年4月11日。

第一章

CAPITOLO PRIMO

从尼德兰出发

这是关于荷兰望远镜的第一张图像（图 7）。[1] 虽说占据整个画面的是城堡周围生机盎然的景色，但这个仪器的细节瞬间吸引了人们的目光，乍看之下并不显眼，却又很难令人忽视。尤其是只要我们靠近观察左下角的人物，就会发现那个人紧握着望远镜，贴近自己的眼睛，他与望远镜才是这幅画的真正焦点。

那个拿着望远镜的人就是奥地利大公阿尔布雷希特，皇帝鲁道夫二世[1]的弟弟。描绘出他这个姿势的是老扬·勃鲁盖尔[2]，即我们熟知的“天鹅绒勃鲁盖尔”。画面中的城堡就是布鲁塞尔以南几千米外的马里蒙特（Mariemont）城堡，带有一个私家花园，园中奇花

---

1 鲁道夫二世（1552—1612）：1576—1612 年在位的神圣罗马帝国皇帝。其父为马克西米利安二世，其母为查理五世的女儿玛丽亚。

2 老扬·勃鲁盖尔（Jan Brueghel the Elder，1568—1625）：尼德兰画家，其作品以“花香”著称，因所绘花朵色彩明艳，细节丰富，故有“天鹅绒”和“花香”的绰号。其子亦是著名画家，为加以区分，多称其为“老”扬。

图7　老扬·勃鲁盖尔《马里蒙特城堡之景》

异草郁郁葱葱，珍禽野兽不计其数，溪水穿园缓缓流过，大型喷泉点缀其间。

一旦我们意识到画面的焦点，整幅画就焕发了别样的光彩。风景本身仅是一个迷人的环境，主人公观察着这个环境，但并非以自然的目光，也非裸眼观察。这幅画结合了种种暗示，意在炫耀其社会地位与财富，象征着持有最新技术的权力。

勃鲁盖尔曾多次描绘马里蒙特城堡，望远镜这个元素也出现在他的其他几幅画中，那些画多是与彼得·保罗·鲁本斯[1]合作完成的，

1　彼得·保罗·鲁本斯（1577—1640）：尼德兰画家，亦是西班牙哈布斯堡王朝的外交使节。他是巴洛克画派早期的代表人物。

图8　老扬·勃鲁盖尔《马里蒙特城堡之景》（局部）

比如那幅著名的《视觉的寓言》(1617)，现存于马德里普拉多博物馆。然而，《马里蒙特城堡之景》是唯一一幅将马里蒙特城堡和望远镜一起描绘的画，绘于 1609 年至 1612 年间。当时在哈布斯堡王朝控制下的南方省份和叛乱的北方省份之间刚刚达成了为期 12 年的休战协议。从 1598 年开始，阿尔布雷希特大公与他的妻子，西班牙和葡萄牙王国的伊莎贝拉公主[1]共同获得了对整个尼德兰的王权，但王权的实际行使范围仅限于比利时各省。该停战协议是一个众望所归的结局：它承认了联合省的独立，也结束了这场让尼德兰分裂 40 年之久的宗教内战。

趁着短暂的和平，大公夫妇希望恢复其领土的尊荣，重建被破坏的城市，挽回被圣像破坏运动摧毁的教堂的尊严，整修他们往日居住的宫殿。这些措施均折射出他们的统治地位和威望之盛，他们旨在重现昔日的荣光，让勃艮第宫廷自古以来的恢宏气势重现。[2] 这无疑是一个野心勃勃的计划，计划的落实交给了当时声名卓著的艺术家和建筑家，如奥托·范韦恩（Otto Van Veen）、文斯拉斯·科伯格（Wenceslas Coebergher）、勃鲁盖尔和鲁本斯等人。[3]

布鲁塞尔的王宫修整一新，其中一个侧殿被彻底重建，挂满了豪华的挂毯。随后修建的是大公夫妇的围猎场特武伦（Tervuren）

1 伊莎贝拉公主（1566—1633）：西班牙费利佩二世和法国公主瓦卢瓦的伊丽莎白之女，曾被许配给鲁道夫二世，但后遭悔婚，公主在 33 岁时才嫁给鲁道夫二世的弟弟奥地利大公阿尔布雷希特，即当时的托莱多大主教。

城堡和供避暑之用的马里蒙特城堡。阿尔布雷希特和伊莎贝拉将这三处居所改造成了微观世界，一本“活的百科全书”，在此流连，可饱览数千幅佛兰德[1]艺术家及意大利画家的名作，并观赏树木、奇石、异兽。其中更具价值的是丰富的科学仪器藏品，包括珍贵的星盘、太阳象限仪、经纬仪和天体仪等，它们均制作于安特卫普的米歇尔·夸涅（Michel Coignet）或马德里的胡安·科卡特（Juan Cocart）[4]作坊中，件件精雕细琢，巧夺天工。它们是宫廷中一目了然的标志，宫廷中人通过豪华奢侈的场地和华丽的心爱之物来展示其政治权力。就像如今我们仍把路易十四之名同凡尔赛宫联系起来，时人亦把阿尔布雷希特夫妇的名字同他们在布鲁塞尔、特武伦和马里蒙特的城堡联系在一起。[5]

勃鲁盖尔的这幅画现藏于美国的弗吉尼亚美术博物馆（位于里士满），该作品无疑是上文所述文化政策的体现。画作描绘了马里蒙特城堡在 1609 年至 1611 年间的样子，[6]当时大部分的初步扩建和修复工作已经完成。在中央宫殿右侧，1608 年到 1610 年间修建的新城垛和红砖钟塔清晰可见。[7] 1609 年，勃鲁盖尔就任宫廷画师，[8]他在另外两幅画中再现了同样的形象。其中一幅保存在马德里的普拉多博物馆，成画于 1611—1612 年，另一幅在第戎的美术博物馆，画家署名于 1612 年。[9]

---

1 佛兰德，又译“佛兰德斯”，欧洲历史地区名，位于今法国西北部、比利时西部和荷兰南部。

自大公夫妇来到尼德兰后，马里蒙特城堡就是他们偏爱的住所之一，尤其在夏季，它成了宫廷的官方避暑地。[10] 1609 年同联合省达成停战协议后，马里蒙特城堡成了恢复和平的标志，也是阿尔布雷希特大公夫妇拥有尼德兰南部合法王权的象征。勃鲁盖尔的画作精湛地描绘了这座城堡的辉煌，对其所处地形进行了细致刻画，正因如此，现于普拉多展出的那幅画曾被献给在马德里的西班牙国王。[11]

但我们展示的这幅画作包含着独一无二的元素，那就是大公用来观察园林中飞鸟的望远镜。1609 年 4 月，停战协议谈判步入关键阶段，当月 9 日正式签署停战协议，而恰在几日前，即同年 3 月底，阿尔布雷希特大公才真正拥有这台望远镜。1608 年 9 月的最后一周，望远镜在联省共和国总督府所在地海牙正式亮相。从某种意义上说，虽然人仰马翻、风雨飘摇的协商过程最终以临时协议勉强收尾，但这台望远镜的出现，也算得上是一种政治信号了。

画作背后固然有停战协议的阴霾，画家却有意通过清亮的色彩和描绘事物的顺序，营造出一种观者可感的宁静氛围：大公在悠闲漫步的途中，拿着得自谈判地点的仪器欣赏美景。1609 年 3 月，拥有这种仪器的人还寥寥无几。短短数月，这些新奇的“眼镜”就进入了欧洲的主要城市，它们或多或少都与 1608 年 9 月至 10 月在海牙发生的事情有关。

2.

荷兰望远镜在马里蒙特有一段历史。虽说这个故事已被讲述了千百遍，但几乎都被粗浅带过，因此我们有必要重新回顾，我们将驻足细究一些十分重要却常被忽视的情节，挖掘其他埋没在历史中的片段。

约在1608年9月末，生于德国的眼镜制造商汉斯·李普希（Hans Lipperhey）动身前往海牙，他从养育了自己的城市米德尔堡出发，那里是尼德兰七大联合省之一泽兰省的首府。他意在觐见拿骚的莫里斯亲王（Maurizio di Nassau）[1]，即尼德兰联省共和国的执政和部队总司令，也是欧洲最负盛名的军事战略家之一。[12] 李普希携有一封省议员于1608年9月25日签发的介绍信，信中提及此人想向莫里斯亲王展示一项新发明，“（该发明）是一种装置，通过此装置看远处的事物，就像在近处看到的一样”[13]。

这位米德尔堡的眼镜商抵达海牙时，海牙正处于政治危机中。一场激烈的冲突正在上演，此次冲突不仅事关西班牙哈布斯堡王朝对联合省独立是否认可，还关系到其继续在东印度群岛进行商贸活动的权利。考虑到所涉及的巨大经济利益，后一点至关重要，以至

1　拿骚的莫里斯亲王（1567—1625）：尼德兰联省共和国执政（1585—1625年在位）、军事改革家、著名将领。他潜心研究军事战略、战术和军事工程学，使尼德兰军队成为当时欧洲最现代化的军队。也称莫里斯伯爵，为避免混淆，下文统称“莫里斯亲王”。

于 1608 年 8 月底谈判破裂。仅仅几周后，为了证实联合省无意放弃同远东方面的联系，莫里斯亲王接见了两位暹罗大使，这也是两位大使第一次造访一个欧洲国家。[14] 他们与科内利斯·马特利夫（Cornelis Matelief）上将的随行人员一同到达，这位上将 3 年前曾率一支由荷兰东印度公司的 11 艘船组成的舰队出海，意图与中国建立贸易关系，但因结果不尽如人意，联合省希望通过与暹罗建立友好关系来达到同样的贸易目的。[15]

正是在这样的背景下，李普希来到了海牙，在种种艰难之外，还有众多参会代表来来往往，他们将要参加的是另一次谈判，旨在解当下僵局之困。此次谈判，联合省的代表是拿骚的莫里斯亲王和大议长约翰·范奥尔登巴内费尔特（Johan Van Oldenbarneveldt），而代表大公一方的则是热那亚的安布罗焦·斯皮诺拉（Ambrogio Spinola），他自 1605 年以来一直领导在尼德兰南部的西班牙军队。但是在谈判桌上，他们还与诸多欧洲顶级外交官交手，包括亨利四世的特使皮埃尔·让南（Pierre Jeannin）、詹姆士一世的大使拉尔夫·温伍德（Ralph Winwood）爵士和理查德·斯宾塞（Richard Spenser）爵士等。

谈判期间有一场激烈的辩论，其导火索是英法两国，尤其是法国提出的与布鲁塞尔达成长期休战的建议。[16] 而关于这场复杂谈判进展的消息通过一贯的秘密外交渠道传播到了欧洲的几大宫廷中。所谓“秘密渠道”，就是驻尼德兰大使们的公函和报告。此外借助手写通告和这一时期出现的首批印刷的信息单，这些消息传播甚广。

其中一份资料引起了我们极大的兴趣，它仅有12页，没有注明印刷地点，标题是蹩脚的法语，意思是：暹罗的大使远道而来觐见莫里斯亲王，于1608年9月10日到达海牙。虽然扉页上只有“恩典之年，1608”这样宽泛的提示，但可以合理推测它是在同年10月印行的。

这位不具名的作者无疑是联合省方面的成员，他从比较奇特的角度传递了谈判桌上的种种声音。他没有直白地提及停战动议给代表团带来的困难和顾虑，让他印象深刻的是两个小插曲，即暹罗使节来访和李普希向拿骚的莫里斯亲王献上“新发明”。在那段混乱无序，却决定着尼德兰命运的日子里，这两件小事显得微不足道，至少相较之下无关紧要。

幸而有这位眼观六路的记录者，那位眼镜商从米德尔堡到海牙的传奇经历才得以生动地呈现在各位面前，他写道：

> 就在斯皮诺拉离开海牙几日前，米德尔堡一个贫穷又虔诚的眼镜商向拿骚的莫里斯亲王展示了一些眼镜，通过这些眼镜，三四里格[1]外的东西就像是仅距百步一般，可以看得非常清晰。用它就可以从海牙的高塔上清晰地看见代尔夫特大钟和莱

1　1里格约合5.6千米。——编者注

顿教堂的窗户，尽管代尔夫特距海牙步行要一个半小时，莱顿则要步行三个半小时才能到达。当总督听说这件事时，他们让亲王将这些眼镜拿给他们看看，亲王将这些眼镜分送给他们，并称有了这些眼镜就能够知悉敌人的密谋。斯皮诺拉见到这些眼镜后也十分惊奇，他对亨利王子，即拿骚的弗雷德里克·亨利，那位莫里斯亲王的弟弟说道："我从现在这一刻起就不安全了，因为你们从远处就能看见我。"而王子答道："我们将下令手下不得对你开枪。"那位眼镜商已经得到了三百弗罗林，只要他持续量产，就会赚得更多，他已自愿承诺不会把这种技术传给别人，因为他也不希望对手用这种技术来对付我们。[17]

上文所述的事件以惊人的速度在欧洲传开，几乎与此同时，这个仪器声名鹊起，大获成功。但为什么李普希的"眼镜"会引起人们如此大的兴趣呢？显然，人们觉得新奇的绝不是用来矫正视力缺陷的眼镜：老花眼就配一副凸透镜，近视眼就配一副凹透镜，数个世纪以来眼镜都是这么用的。[18] 眼镜人们见得多了，在 1608 年也不值得大惊小怪。重点不在于此，真正引人好奇的是米尔德堡那个眼镜商装置镜片的方式，他把凹凸两种透镜组合在一起，创造了一个效果强大的放大仪器。

但即便如此，这也不是什么新鲜事了，早在 16 世纪下半叶，人们就试图理解为什么两块透镜叠放，或者一块透镜和镜子组合起来，就能放大远处的物体。这一现象，欧洲各地的人们都知道。

当时的文献对此多有提及，[19] 其中包含了关于传说中能致燃或能“望远”的镜子的奇思妙想，类似于阿基米德在亚历山大港灯塔利用透镜破敌的传说。[20] 焦万 · 巴蒂斯塔 · 德拉波尔塔（Giovan Battista Della Porta）[1] 所著的《自然魔法》（*Magia naturalis*，1589）第二版清晰明确地论述了凸透镜和凹透镜的特性，以及其强大的放大功能，[21] 该书是一部广受欢迎的科学百科全书，数次重印并被翻译成多国语言。[22]

将两块不同的透镜组合起来，内置于一根管子的两端，就制成了一个能够放大看远处物体的装置，这不是一个需要特殊天赋或者创造力才能进行的操作。而真正的问题是，透过这个组合不能得到较为清晰的画面，尽管玻璃制造技术在不断进步，新的打磨技术也已引入，透镜凹面和凸面的球面度得到改善，但其质量仍有待提高。[23] 因此，问题的关键在于实践层面：如何将一个常识性的想法具象化，真正制造出一种性能强大的实体工具？

李普希的成功就在于此。尽管缺乏比其他工匠的质量更高的镜片，他却在其同行失败之处获得了成功。他的仪器配备了一个装置，用于弥补镜片质量不高的缺憾。虽然此事没有什么证据，但可以合理猜测出他在镜片上装了一个小孔径的纸质光圈，这样就解决

1　焦万·巴蒂斯塔·德拉波尔塔（1535—1615）：简称焦万·巴蒂斯塔，意大利哲学家、炼金术士、剧作家和科学家。其代表作为《自然魔法》，书中涵盖了他所研究的各种主题，包括神秘哲学、占星术、炼金术、数学、气象学和自然哲学等。

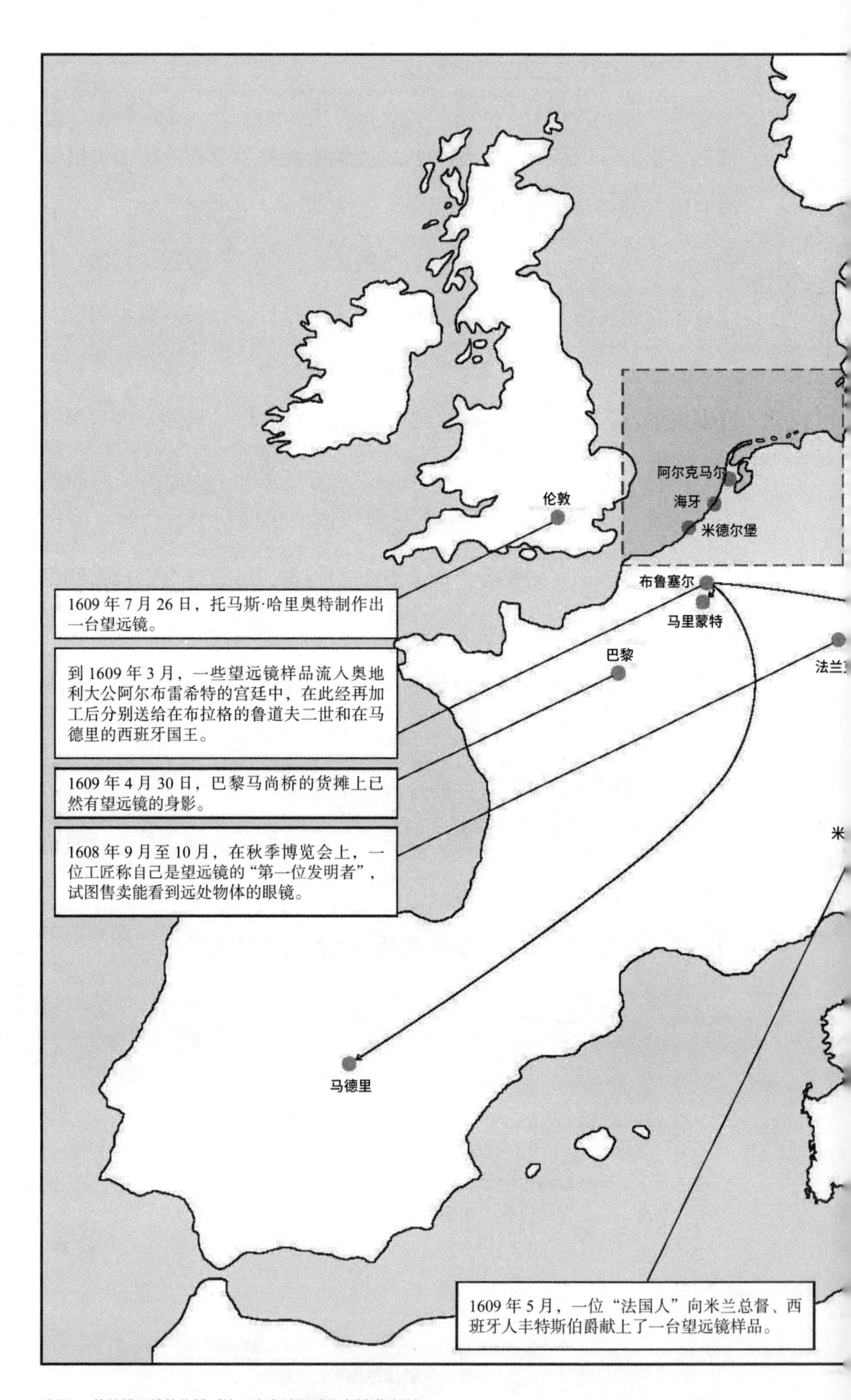
阿尔克马尔
海牙
米德尔堡
伦敦
布鲁塞尔
马里蒙特
巴黎
马德里
1609 年 7 月 26 日，托马斯·哈里奥特制作出一台望远镜。
到 1609 年 3 月，一些望远镜样品流入奥地利大公阿尔布雷希特的宫廷中，在此经再加工后分别送给在布拉格的鲁道夫二世和在马德里的西班牙国王。
1609 年 4 月 30 日，巴黎马尚桥的货摊上已然有望远镜的身影。
1608 年 9 月至 10 月，在秋季博览会上，一位工匠称自己是望远镜的“第一位发明者”，试图售卖能看到远处物体的眼镜。
1609 年 5 月，一位“法国人”向米兰总督、西班牙人丰特斯伯爵献上了一台望远镜样品。

地图1　荷兰望远镜的传播（注：本书地图系原书插附地图）

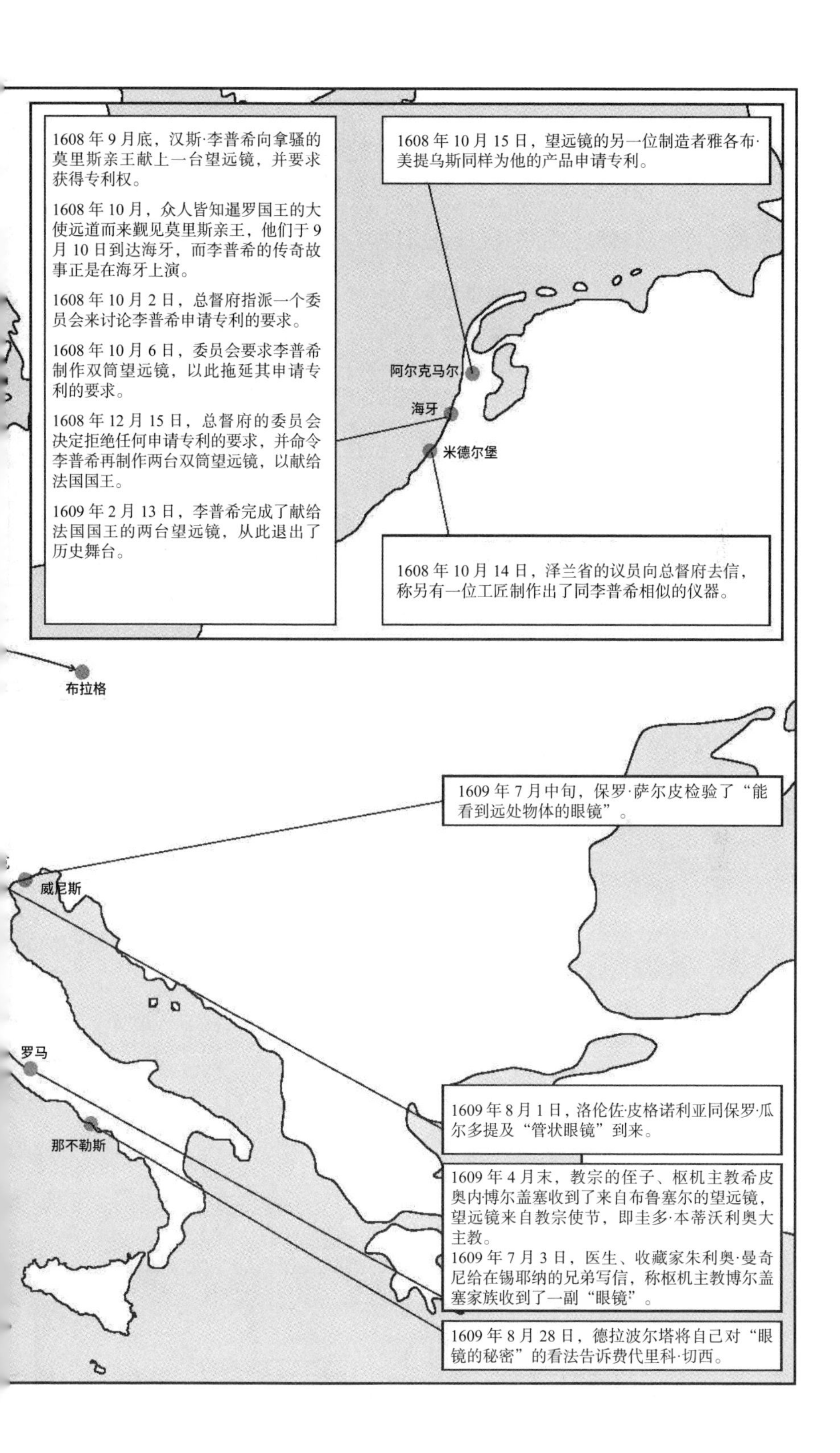
1608年9月底，汉斯·李普希向拿骚的莫里斯亲王献上一台望远镜，并要求获得专利权。
1608年10月，众人皆知暹罗国王的大使远道而来觐见莫里斯亲王，他们于9月10日到达海牙，而李普希的传奇故事正是在海牙上演。
1608年10月2日，总督府指派一个委员会来讨论李普希申请专利的要求。
1608年10月6日，委员会要求李普希制作双筒望远镜，以此拖延其申请专利的要求。
1608年12月15日，总督府的委员会决定拒绝任何申请专利的要求，并命令李普希再制作两台双筒望远镜，以献给法国国王。
1609年2月13日，李普希完成了献给法国国王的两台望远镜，从此退出了历史舞台。
1608年10月15日，望远镜的另一位制造者雅各布·美提乌斯同样为他的产品申请专利。
阿尔克马尔
海牙
米德尔堡
1608年10月14日，泽兰省的议员向总督府去信，称另有一位工匠制作出了同李普希相似的仪器。
布拉格
1609年7月中旬，保罗·萨尔皮检验了“能看到远处物体的眼镜”。
威尼斯
罗马
那不勒斯
1609年8月1日，洛伦佐·皮格诺利亚同保罗·瓜尔多提及“管状眼镜”到来。
1609年4月末，教宗的侄子、枢机主教希皮奥内·博尔盖塞收到了来自布鲁塞尔的望远镜，望远镜来自教宗使节，即圭多·本蒂沃利奥大主教。
1609年7月3日，医生、收藏家朱利奥·曼奇尼给在锡耶纳的兄弟写信，称枢机主教博尔盖塞家族收到了一副“眼镜”。
1609年8月28日，德拉波尔塔将自己对“眼镜的秘密”的看法告诉费代里科·切西。

了因镜片边缘打磨不充分而导致的光学失真问题。[24]这是一个相当简单的计策，能让远处物体的图像变得更加清晰。而这种方法也迅速被他人发现和掌握，其中就包括我们的主角伽利略。[25]

1608年9月底，李普希向拿骚的莫里斯亲王展示他的仪器，该仪器的新奇之处并不在于用透镜组合放大物体，而在于这一想法真正成了现实。这个爆炸性新闻迅速传遍欧洲。暹罗的大使在其中推波助澜，将这一事件宣之于众。此外，一些老练的欧洲军人也见证了李普希所制仪器的非凡之处。

不仅如此，先前提到的那位不知名记述者在对此仪器赞不绝口的同时，还暗示这一成果扩展了天文学的观测范围，他提到借助这个新仪器，人们就能看见“一些通常情况下肉眼看不见的星星，因为它们太小，而我们的视力有限”[26]。

而除了这一个简短含糊的暗示，没有其他资料可以证明李普希的望远镜被应用于天文学领域。我们不知道在尼德兰是否有人想到用它仰望天空，试图发现新奇的事物或是肉眼看不清的细节。但无论如何猜想，须知当时望远镜技术尚未成熟，还很粗陋，不可能完成如此高难度的任务。然而可以确定的是，它显然可以应用于军事领域的特性引起了人们的兴趣。同样可以确定的是，它的构造如此简单，以至于各家眼镜商仅凭道听途说，无须亲眼见证就可以成功复制，不到9个月，欧洲各大城市的市场上都出现了望远镜的身影。

3.

现下有几个问题值得探究：新闻和仪器通过何种渠道传播开来？李普希带到海牙的这一仪器是如何制作的，又究竟有什么样的特点呢？

虽然大使们没有提供关于仪器构造和放大功能的技术细节，但依靠其他消息来源可以拼凑出一个相当准确的概念。例如，我们了解到在 1609 年 4 月，巴黎王室总理署办事员皮埃尔 · 德 · 莱斯图瓦勒（Pierre de L'Estoile）检查了一批望远镜，这批望远镜由“约 1 英尺[1]长的管子”组成，“两端装有两片‘不同的’透镜”。[27] 同年 8 月，德拉波尔塔描述其结构为“一根银色的锡管，有一拃长”，而且“在一端有一块凸镜”，其中嵌入“另一根管子，约四指长”，连接到“另一端的一块凹（镜片）”。[28] 可见，对第一批望远镜样品长度的描述如下：1 英尺，一拃又四指。故可推断，其长度在 30 厘米到 35 厘米。这一尺寸与约翰内斯 · 瓦尔丘斯（Johannes Walchius）1609 年秋出版的《十则寓言》（*Decas fabularum*）一书中详述的仪器数据相吻合，书中另有一个重要细节，即管子的直径“大约三指宽”。[29] 这也符合《星空报告》的记述，伽利略在其中描述了他的第一台望远镜，它可以将远处的物体放大三倍。[30] 李普希向拿骚的

1　1 英尺约为 30.48 厘米。

莫里斯亲王展示的就是这种类型的仪器，而在大使的文件中亦如此记载：它是一种放大能力较弱的望远镜，但用在地面观察上无疑行之有效。

1608 年 9 月底，望远镜在亲王的府邸中亮相。与此同时，这项新发明的非凡性能在海牙传开，其颇有前景的军事功用没有逃过两位专家安布罗焦·斯皮诺拉和皮埃尔·让南的眼睛，事实上，他们早已下手为各自效忠的对象购买了样品。

莫里斯亲王注意到了李普希仪器的成功，而此后发生的种种波折，则清清楚楚地写在总督府的会议记录中。一切在不到一个月的时间里迅速发生。

1608 年 10 月 2 日，李普希要求获得专利权，作为交换条件的是他只为联合省制造仪器的承诺，会议就此进行了讨论，却没有立即做出决定，而是任命委员会仔细审查这一事件，并与李普希进行谈判。[31] 4 天后，即 10 月 6 日，协议终于达成。应委员会的要求，李普希承诺将仪器优化改造，让使用者能够“用两只眼睛看东西”，并使用“石英”镜片，毕竟第一个模型的玻璃质量实在不尽如人意。他们预付了李普希 300 弗罗林，剩余的 600 弗罗林将在他完工并验收满意后支付。到那时，总督府将正式宣布决定，其要求李普希无论如何都不能泄露这一秘密。[32]

然而短短几天内，来自米德尔堡的消息就打乱了所有安排。米德尔堡是尼德兰北部最古老的玻璃作坊所在地，该作坊始建于 1581 年。得益于一些意大利工匠的帮助，米德尔堡迅速成为尼德兰玻璃工业中的佼佼者，与阿姆斯特丹齐名。17 世纪初，这两座城市的玻璃制作工艺已颇有名气，他们的一些玻璃产品甚至出口到威尼斯。[33]因此，1608 年 10 月 14 日后发生的事就不足为奇了。当时李普希的请求尚未得到应允，而泽兰省的议员报告总督府，称米德尔堡“有一个年轻人说自己也懂这种工艺，并用类似的仪器展示了同样的效果”，他们有理由怀疑周边还有这样的手艺人，因为制造仿品极其简单，尤其是见过“管子的形状”并意识到两端装有两片透镜的人，都能轻易制作，而且“这种工艺无论如何都不可能保密”[34]。

不仅如此，此消息一经爆出，几乎同时总督府就收到另一专利请求。该请求来自荷兰省的小镇阿尔克马尔，当地一名叫作雅克布·美提乌斯（Jacob Metius）的工匠对“使用玻璃”的效果潜心研究了两年，宣称自己“发明”了一种仪器，可以“更清楚地”看到远处的东西。他投入了大量时间进行改进，终于生产出一个满意的产品后，便将其展示给拿骚的莫里斯亲王，而那台仪器与李普希展示的“新产品”效果一样好。如此一来，在李普希提起专利申请后，雅克布·美提乌斯也坚称自己对该发明有优先权，并要求保护自己的合法劳动成果。[35]

4.

望远镜正式亮相还不到三个月，其专利之争就十分激烈。包括李普希和美提乌斯在内，已经有三人宣布自己才是望远镜的发明者，而李普希和美提乌斯更是声称自己从总督那里获得了专利。一波未平，一波又起，在尼德兰的地界之外，据天文学家西蒙·迈尔（Simon Mayr）所言，有个“荷兰人”自认是“第一位发明家”，并试图在法兰克福秋季博览会上出售一台望远镜。[36] 此事与李普希前往海牙几乎发生在同一时间。[37]

简而言之，在 1608 年 10 月初，3 个都与海牙有关的城市里至少有 4 名工匠掌握着望远镜及其制造技术。它们分别是：海牙南面 75 千米处的米德尔堡、北面 75 千米处的阿尔克马尔和东南面 500 千米处的法兰克福。无论总督府如何抉择，有一点是毋庸置疑的：这件仪器不再是一个秘密，其制造机制如今已广为人知，而且很容易被复制。[38]

总督府的会议记录揭示了这一错综复杂且颇显尴尬的局面：1608 年 10 月 17 日，会议审查了美提乌斯的请求。委员们用 100 弗罗林安抚了他，并叮嘱他要“继续这项事业，使发明臻于完美”，还承诺将处理他的专利申请。[39] 换言之，除了经济方面，美提乌斯得到的待遇与大约 10 天前李普希的待遇完全一样——而不难想象，后者在 10 月到 11 月间倾尽全力制造着采用石英镜片的双筒望远镜。

1608 年 12 月 15 日，“能用双眼看到远处的仪器”成功问世，摆在了总督府任命的委员会的桌上。此时，他们做出了决定：否决李普希的要求，因为很明显“其他几人也都了解这项发明”。这样一来，无论从前或之后还有多少人提出要求，这个决定都能适用，这也为这场持续了 3 个月的事件画上了句号。然而，因李普希的这件仪器质量颇高，他被要求再制造两个，为此，他得到了 300 弗罗林的预付款，并商定在工作完成后得到另外 300 弗罗林。[40]

我们不知道总督府用李普希的第一台双筒望远镜做了什么，但他们还想再要两台的原因路人皆知：总督府欲将其送给一位尊贵而强大的盟友——法国国王亨利四世，他及其大臣让南在涉及联合省的冲突中起到了决定性的调和作用。[41]

记录中还写道，李普希献上了那两台望远镜，1609 年 2 月 13 日，总督府将其赠送给法国国王。同日，李普希就收到了约定好的 300 弗罗林，但从那之后，李普希的名字就从尼德兰的官方文件中消失了。到他于 1619 年 9 月 29 日在米德尔堡去世前，他是否受雇于私人而制造了其他望远镜，如果有的话制造了多少台望远镜，我们都不得而知。

5.

让南能够直接向总督府索要望远镜，而大公的代表、属于另一方势力的斯皮诺拉将军就与此事无缘了。然而，在李普希向莫里斯亲王展示他的望远镜之时，斯皮诺拉仍在海牙，还设法获得了望远镜。1608 年 9 月 30 日，他离开海牙，在布鲁塞尔停留，在那里他向至少两位高层人士透露了有关发明望远镜的新闻。其中一位是奥地利的阿尔布雷希特大公，也是西属尼德兰的统治者，他热衷于科学，喜欢收藏精美的仪器；[42] 另一位是大主教圭多 · 本蒂沃利奥（Guido Bentivoglio），他于 1607 年夏被派到布鲁塞尔，担任教宗保禄五世的使节。

身为罗马教廷在天主教宫廷中的权威代表，本蒂沃利奥自然能进入极其核心的贵族小圈子，从而获得其他外交官无法知悉的信息。[43] 抵达后，他不断向教宗发送关于尼德兰艰难政治状况的公文。但其主题不总是关乎政治，事实上就有封信是关于望远镜的。这封信在 1609 年 4 月 2 日从布鲁塞尔发出，寄给教宗的侄子、枢机主教希皮奥内 · 博尔盖塞，这是一份珍贵的文件，从中可以了解到望远镜是如何传到布鲁塞尔的。全文如下：

> 当斯皮诺拉侯爵从荷兰返回时，他向尊贵的大公报告：莫里斯亲王拥有一台可以看见远处东西的仪器，通过此仪器，远处的东西看起来就像是近在眼前。侯爵补充道，他认定亲王购置这样一件仪器是为了战时远距离观察他想围攻的要塞、兵士的宿营地、在战场上的敌人等等，这将对他有利。大公和侯爵本人一直对此充满渴望，故四处寻得了一些仪器，却都没有莫里斯亲王的那样精巧。在下最近有机会试用了为尊贵的大公寻得的仪器，同尊贵的大公夫妇一道从布鲁塞尔城门外远望，矗立在艾隆尼的马林斯塔上，除了一个非常小而模糊的数字外，

其余标识都无法辨认，而使用该仪器观察后，那一数字显得巨大清晰，人们可以辨认塔的结构、窗户的形状以及建筑中其他更微小的部分。而这一建筑在大约 10 里之外。[44]

可见，1609 年 3 月底，奥地利的阿尔布雷希特大公就拥有了一批同前一年 9 月莫里斯亲王拥有的那台相似的仪器。而大公正是以其中的一台望远镜为素材，让老扬 · 勃鲁盖尔在马里蒙特城堡的园林里创作了一幅不朽的作品。不久之后，此地就开始制作望远镜，尼德兰南部也不甘落后，1609 年 5 月 5 日的一份合同证明了这一点，合同写明，布鲁塞尔的阿尔布雷希特大公下令支付 90 弗罗林，“让人给我们制造两根可观察到远处的人造管子”[45]。

本蒂沃利奥的信中还提到了另外一件事，让我们知道了教宗使节“对这台仪器深感好奇”，并认为它可以“带来许多乐趣”，他已尽力“弄到一台”。他的热情“并非为了一己私欲，而是为了教宗（保禄五世）和阁下可能的要求”。他遣信使发送了这样一份公文：“我想把这份文件交给我的兄弟恩提奥（Entio），让他以我的名义把它交给尊敬的教宗。即便教宗不像我对这件仪器那么喜悦，至少希望他因我虔诚之愿感到欢欣。”[46] 由此，1609 年 4 月 2 日，大概是在 3 月底交付的另一台望远镜远赴罗马，可能在 4 月末送达。[47] 这台仪器无论如何都在 5 月 23 日之前送到了罗马，希皮奥内 · 博尔盖塞在那一天执笔向本蒂沃利奥写下了一封短信：

恩提奥先生以阁下名义送给我的仪器是一份珍贵的礼物，我对它的喜爱程度与其完美程度相当，这件过去几个世纪以来闻所未闻的仪器蕴含着无限的神奇。我见证了其效果，甚以为妙。因此，不论是现在还是未来，阁下都可以相信，不单是这份礼物，您赠予礼物的想法对我来说都非常重要。衷心感谢您，祝您万安。[48]

同年 7 月 3 日，医生、艺术收藏家朱利奥 · 曼奇尼（Giulio Mancini）（他后来成了乌尔班八世的医生）[49]，给他在锡耶纳的兄弟代费博（Deifebo）写了一封信，由此信可知，这个消息当时立刻在罗马传开了：

最近这里出现了一种眼镜，有人说它先前在莫里斯亲王处，能让人看见十分遥远的东西，从罗马这里甚至能看见格罗费拉塔或弗拉斯卡蒂。我不曾亲眼见过，但那些视力非常不好的测试者告诉我，他们从卡瓦洛山能够看见并认出一位正前往蒙托里奥的圣彼得教堂礼拜的朋友，这是极令人惊叹的，因为它能将远处微小的东西变得近在咫尺，使其显得非常大。眼镜如今在尊贵的博尔盖塞家族手中。[50]

可以看出，距离望远镜问世还不到一年，这种新发明已然引起了人们无穷的兴趣。仅到现在为止的这些故事，就足以让我们意识到望远镜不仅传播甚广，而且声名远扬。在海牙，总督和军队司令拥有不止一台望远镜。在巴黎，法国国王手中已经有两台。在布鲁塞尔，阿尔布雷希特大公和斯皮诺拉将军设法自己采购制造。而几乎可以肯定，身在布拉格的鲁道夫二世[51]和身在马德里的西班牙国王也分别持有望远镜。在罗马，教宗无疑也拥有一台。[52]

由此，我们几乎可以勾勒出这张地图的轮廓，除地理意义外，每个地点的政治意义都不容小觑。这是一张关于权力的地图，时人几乎立刻意识到这一新发明的重要性，并被其在政治和军事领域的广阔应用前景所吸引。

6.

关于荷兰望远镜的错综复杂的故事并没有结束。还有两个重要细节值得讲述，让我们离开尼德兰，先去往巴黎，再赴伦敦和威尼斯。

让南于 1608 年 12 月 28 日向法国国王报告了李普希的“新发明”。[53]但约一个月前，暹罗大使就已抵达巴黎，事实上，早在同年 11 月 18 日，皮埃尔 · 德 · 莱斯图瓦勒，即前文提到的办事员，就在日记中写到一位朋友向他展示了“两份来自荷兰海牙的手写报告”。第一份手稿已在色当印刷，第二份仍是手稿形式，它“更加简短，却意味深长”，是关于“献给莫里斯亲王的一些眼镜”的。莱斯图瓦勒将这两份报告的副本交给了印刷商，敦促其从速印行。[54]就在几天后，他想要的实现了。其 1608 年 11 月 23 日的日记写道："C.B.（印刷商克劳德·贝里昂）向我展示了四份印刷件，正是上周二我所见那些手稿的副本。"其中两份他分给了两个朋友，一份自己留着，还有一份提供给在巴黎的英国驻法大使。[55]关于望远镜及其可能的应用前景的消息在同年底传到了英国，毫无疑问，这种做法是众多传播途径中的一条，或许还是主要的传播途径。[56]

在巴黎，莱斯图瓦勒并不是唯一掌握暹罗大使情报的人。来自意大利的胡格诺派教徒弗朗切斯科·卡斯特里诺（Francesco Castrino）也得到了消息，并迅速将其告知在威尼斯的保罗·萨尔皮，萨尔皮则回复称在 1608 年 11 月就收到了来自海牙的消息。[57]

5 个月后，即 1609 年 4 月，不仅关于望远镜的消息流传甚广，望远镜本身也传播开来。望远镜几乎随处可见，随处可购，这也证明了让南的说法，即"仿制这项刚刚问世的发明并无多大困难"[58]。我们从莱斯图瓦勒的记载中发现，4 月 30 日在巴黎，某眼镜制造商甚至在马尚桥售卖望远镜。[59]次月，一个"法国人"称自己是荷兰发明家的合伙人，"奔赴米兰"是为了给阿塞韦多的佩德罗·恩里克斯（Pedro Enríquez）提供望远镜，此人是丰特斯（Fuentes）伯爵，也是米兰总督兼将军。[60]这个法国人也许就是洛伦佐·皮诺利亚（Lorenzo Pignoria）所说的那个"山外来客"，博学的古董商皮诺利亚在 8 月 1 日给罗马的教士保罗·瓜尔多（Paolo Guardo）写信道，那个"山外来客"把瓜尔多在信中提到过的那种"管状眼镜"

带到了帕多瓦。[61] 这句话值得细细推敲，因为从中我们可知，数月前瓜尔多一定已经告知皮诺利亚，本蒂沃利奥于 4 月 2 日献给枢机主教希皮奥内 · 博尔盖塞的“仪器”已经送达。最迟也是在同年 7 月底，帕多瓦出现了一台可与之媲美的仪器。

但在威尼斯共和国的领土上，“管状眼镜”并不是在帕多瓦首次亮相的。早在 1609 年 7 月中旬，保罗 · 萨尔皮就曾在威尼斯见过这种仪器，几乎可以肯定，它们来自同一个“山外来客”之手。萨尔皮在前往帕多瓦之前，试图将其作为秘密出售给执政。而即使在意大利其他城市，这种“新仪器”也不是秘密，更没有什么新奇。望远镜在那不勒斯随处可见，德拉波尔塔在 1609 年 8 月 28 写信给费代里科 · 切西（Federico Cesi）亲王，取笑道：“依我所见，望远镜的秘密就是一个笑话。”但他自己也在争夺望远镜的专利权，至少是宣称自己提出了这项发明的原始理念。[62] 那时在罗马和米兰，望远镜已并非珍奇之物。

一切都可追溯到约 9 个月前的小城海牙，望远镜的消息通过各种渠道传遍了半个欧洲。望远镜本身也在许多地方被轻易仿造。1609 年 7 月 26 日，英国天文学家、数学家托马斯 · 哈里奥特（Thomas Harriot）[1] 在伦敦附近的锡永宫自主制造了一个可以将物体

1 托马斯·哈里奥特（1560—1621）：英国著名的天文学家，数学家，翻译家。在学生时代哈里奥特就表现出了出众的数学才能，曾参与莱利家族船只的设计，还利用天文学知识为导航提出了专门的建议。他 1585 年前往美洲参加测量。

放大 6 倍的仪器，并用其观察月球表面。[63] 但作为观星的理想仪器，望远镜引起世界瞩目并不是从锡永宫开始的，而是始于威尼斯和帕多瓦。由此，荷兰望远镜的另一篇章要开始了，那是一个出人意料的新篇章。

第二章

CAPITOLO SECONDO

威尼斯群岛

1608 年 11 月，正值秋日，消息传来。保罗·萨尔皮是最先收到消息的人之一。12 月 9 日，他在给胡格诺派教徒弗朗切斯科·卡斯特里诺的信中这样写道：

> 一个月前，我从海牙收到了关于暹罗大使拜访莫里斯亲王的报告，还了解到有位天才发明了新型眼镜的事情，这不禁令我深思。但哲人告诉我们，在用自己的感官感知到实际结果前，不要猜测任何原因。因此，我决定先等待这个了不起的消息传遍欧洲。[1]

望远镜的新闻在欧洲甚为轰动，像萨尔皮这样对各种工艺和发明有强烈热情的人不可能置之不理。他写道："这不禁令我深思。"但除此以外，他并没有谈论什么，因为他确信，在亲眼见到之前就无端地自说自话为时过早。但只过了不到一个月，1609 年 1 月 6

日，他就又提起了这件事：

> 在我年轻时，也曾构思过，一副镜片呈抛物线状的眼镜或可达到这样的效果；虽有充分理由可证其合理，但那些理由仅仅是抽象的，没有考虑到材料的限制，所以我并不确定。因此，我没有过多投入这项事业，因为那很可能既辛苦又一无所获：我没有通过实践证实，也并未根据过往经验批判分析我的想法。我不知那位工匠的想法是否与我的吻合，也不知道他的名声是不是在传言中被放大了。[2]

对于萨尔皮来说，望远镜仍是只闻其名未见其真面目的一个仪器，令他难抑好奇。他反复思考这个消息，迫不及待想要亲手揭开谜底，或许也是为了看看年轻时使用一个或多个抛物面透镜的想法是否当真可以实现——那个湮没在岁月里，如今又鲜明地浮现在眼前的设想。当时，面对将其投入应用的重重困难，萨尔皮不禁望而却步。他的诸多想法也以同样的方式流产，它们仅仅停留于纸上粗略的实验草图中，但这些草图证明了他对各种自然现象无穷无尽的兴趣。

可惜，1769 年那场大火烧毁了威尼斯的圣母忠仆会（Santa Maria dei Servi）修道院的图书馆，萨尔皮的手稿就保存在那里。这对我们了解他这方面的情况造成了巨大阻碍，使这位技术专家和自然哲学家的形象略显模糊。他的手稿一共有五卷，只有第五卷《自然、形而上学和数学思考》(*Pensieri naturali, matafisici e matematici*) 为人所知，其他的几卷没有存留下来。人称《萨尔皮笔记》(*Schedae Sarpianae*) 的手稿包括了《自然、形而上学和数学思考》下一阶段的相关注释和笔记，故对我们写作此书尤其重要，但此部分内容已不幸散佚，寻找无果。[3] 1608 年 7 月 22 日，萨尔皮写道:“如阁下所见，世事让我思考一些严肃的问题，而不是消磨时光，在那之前，我已然对自然和数学充满了兴趣。”[4] 本章我们关注的焦点正是这位保罗·萨尔皮。他可谓反对教宗禁令（1606—1607 年）的第一人，又是《特伦托宗教会议史》一书的知名作者。在潜心于历史和政治之前，他孜孜不倦地投入科学领域。他在望远镜的历史中发挥了重要作用，但在许多相关研究中常常被低估或完全忽视。

我们只有意识到这一前提，才能理解萨尔皮于 1609 年 3 月 30 日写给贾科莫·巴道尔（Giacomo Badoer）的信有多么重要。贾科莫·巴道尔是生于威尼斯的一位年轻外交官，服务于法国王室，曾是伽利略在帕多瓦的学生。或许巴道尔十分了解萨尔皮对科学的浓厚兴趣，因为他曾拜访萨尔皮，希望得到其对备受热议的荷兰望远镜的价值和质量的看法。如果确有其事，那他的好奇心无疑没有得到满足。因为直到那时，威尼斯还没有一个人了解望远镜，包括萨尔皮在内的人们都对更多信息翘首以待（他写道:“如果您知道更多消息，我很愿意听听您的判断。”)。[5] 在亲眼见到望远镜前，他宁愿不抱太大期望。甚至，他还告诉通信者不要对他太过期待，因为

“我几乎放弃了对于自然和数学的思考，说实话，或因年事已高，或出于习惯，我的大脑开始有些迟钝，不能再做这样的思考”[6]。

但萨尔皮的这一说法十分奇怪，因为不久前，在谈及一些最能代表“新世纪”的人物时，萨尔皮的理想人选完全属于自然和数学的领域，他在 1608 年 6 月 12 日给阿尔维塞·洛里诺（Alvise Lollino）的信中写道：“在这个世纪，我还没有看到（代表人物）。除了法国的韦达（Vieta）[1] 和英国的吉尔伯特 [2]，没有一个人写过自己的东西。”[7] 随后，他又在 7 月 8 日写道：“韦达的《天体的和谐》（*Harmonicon coeleste*）[……]，我对此十分期待。”[8] 更不用说就在几年前，在谈到威廉·吉尔伯特时，他还称其为一个值得“永远纪念”的人。[9] 巧的是，吉尔伯特也认为萨尔皮作为科学家和自然学家有着卓越的天赋，对其多有赞美欣赏之词，而且，这些评价并非在私人信件中提及，而是吉尔伯特公开发表的，他将这段评论放在自己最负盛名的《论磁》的第一册第一章中。[10]

因此很难相信，萨尔皮面对一个即将成为爆炸性新闻的发现却不甚关心。他表露自己的想法，要等到几个月后，也就是 1609 年 7 月 21 日。

1 弗朗索瓦·韦达（François Viète，1540—1603）：法国杰出数学家，在欧洲被尊称为“代数学之父”。此处原文所书“Vieta”是由于说话人萨尔皮当时使用的语言同现代意大利语有一定差距，将“韦达”的法文“Viète”意大利语化了。

2 威廉·吉尔伯特（William Gilbert，1544—1603）：英国伊丽莎白女王的御医、英国皇家科学院物理学家。在电学和磁力学方面有很大成就。

2.

那日，萨尔皮像往常一样写信给弗朗切斯科 · 卡斯特里诺，叙述威尼斯共和国和意大利的最新政治动态。但这封信中没有什么政治元素，“唯一的新消息”就是“出现了一种可以清楚看见远处物体的眼镜，我十分欣赏其美妙的创造和精湛的工艺，但若要将其运用到陆战或海战中去，在我看来，它就一无是处了”[11]。第一次听闻关于望远镜的消息 7 个多月后，萨尔皮才终于提出了自己的意见。在他看来，望远镜的构思毋庸置疑是了不起的，但实践起来却不令人满意。他测试的那个样品着实令人失望，它不适合任何军事用途。

他只写下了这些。但细细想来，这封给卡斯特里诺的信大有玄机，至少从以下两方面来看如此：首先，这封信可以证明从 7 月 7 日（二人上一封信的日期）到 7 月 21 日的这段时间里，萨尔皮第一次见到了望远镜；其次，这封信可令人有理由推测，萨尔皮立刻将望远镜的相关信息告诉了伽利略，并表达了自己的疑虑。

可惜的是，这份文件比较孤立。此后过了一个月，关于望远镜的更多信息才出现在威尼斯，那是 8 月 22 日乔瓦尼 · 巴尔托利（Giovanni Bartoli）写给贝利萨里奥 · 文塔[1]（Belisario Vinta）的信。

---

1 贝利萨里奥·文塔（1542—1613）：意大利政治家。其妻为美第奇家族科西莫一世的首席秘书巴托洛梅奥·康西尼的女儿。文塔在科西莫二世执政期间升任首席秘书，其政治策略是试图让佛罗伦萨在法国和西班牙这两个超级大国之间保持平衡，但没有成功。

这一个月的时间对这段历史而言无疑是决定性的。这意味着在没有新资料出现的情况下，任何尝试详细重建伽利略发明史的人都注定停留在“单纯的臆测阶段”[12]。就比如马里奥·比亚焦利最近在探索中发现，仍有许多未解的谜团：[13] 伽利略是何时开始制作他的第一台望远镜的？他的合作者是谁？他欲以望远镜的唯一“英雄”和“发明者”的身份出现在世人眼中，对此《星空报告》和《试金者》（*Il Saggiatore*）中的论述在何种程度上推波助澜？他略去了什么，又略去了多少？遗憾的是，上述每个问题的答案都难以确定。

当然，即使伽利略从未公开承认过，他与萨尔皮及其友人的合作也是不可否认的：许多要素看起来毫无交集，却都指向同一个方向。[14] 伽利略尝试在“折射定律”的基础上，为其工作构建一个纯理论框架。显而易见，他是要以此将其数学发明同那些纯粹基于经验的制镜工匠的发明区分开来。[15]

回到我们的故事，前文说到，在 7 月末，一个名不见经传的“山外来客”带来的“一种管状眼镜”也出现在帕多瓦。[16] 20 多天后，即 8 月 22 日，托斯卡纳大公派驻威尼斯的大使阿斯德鲁巴莱·巴尔博拉尼（Asdrubale Barbolani）的秘书乔瓦尼·巴尔托利上报宫廷，称“有人想透露一事，事关一种眼镜，或者说一种管状的仪器的秘密，此人称使用这种仪器，可以清楚看到距离 40~50 千米远的地方，就如同近在眼前一般”[17]。不仅如此，巴尔托利还称：“在法国和其他各地，这个秘密已经流传开来，而这种仪器花点小钱就能买到，许多人都说亲眼见到并验证过。”他还补充了一个其他说法中没有的细节，即许多人在“圣马可的钟楼上见到并测试过”这种仪器。[18]

总而言之，在两个多月的时间里，工匠们迅速抓住了大好商机，“管状眼镜”或“小喇叭”已经成了公开的秘密。这种物件遍及城镇，价格低廉。这证实了其传播范围之广，但可想而知，其质量定不敢恭维。

3.

我们流连在威尼斯，驻足托斯卡纳大使的府邸，它同那些高高在上的使馆一样，是一座名副其实的“发报工厂”。那些定期寄送到佛罗伦萨的普通公文通常一周一发。正如我们所见，在 8 月 22 日，巴尔托利给宫廷发送了一份，报告称上文中的那人，即“山外来客”已经携“眼镜”到达了威尼斯，这副“眼镜”很快吸引了众人的注意力，人们竞相前来，用它从城中最高的钟楼楼顶远望大海。一周后，即 8 月 29 日，巴尔托利还在谈论这一话题，甚至补充了对此事的细节报道，他首次提到了伽利略及与其密不可分的萨尔皮：

> 本周最重要的是，帕多瓦的数学家伽利略·伽利雷先生发明了一种眼镜，或称管状眼镜，利用它就可以看到远处。据说，

那个怀揣秘密的“山外来客”不知道从谁（据称是圣母忠仆会的神学家保罗）那里听说，在这里也得不到什么，便不抱任何希望，只要了一千西昆金币就离开了。而保罗弟兄和伽利略的交情众所周知，保罗必然将他的所见所闻告诉了伽利略。据说伽利略本就有这一设想，他利用从法国舶来的质量欠佳的类似仪器进行研究，果然发现了其中的奥秘，并将之付诸实践了。在多位参议员的支持和青睐下，他从中获得了每年高达一千弗罗林金币的津贴，条件是他永远作为教授为帕多瓦效力。[19]

8 月 22 日到 29 日那一周对于伽利略来说可谓命运攸关，从那时起，他不仅开启了新的职业生涯，成了在欧洲广受钦佩和追捧的镜片制作师，也开始了新的生活。46 岁时，他将迎来人生的转折点，荷兰望远镜的改良和他将其天文仪器化的改造将彻底改变他的生活和工作。在过去 20 年里，他竭尽心力，打算完成并出版一批关于宇宙学和力学的大部头作品，而这一长期计划由此彻底搁浅。

在威尼斯的街头巷尾，人们口耳相传的只有一件事，那就是伽利略被任命为帕多瓦大学的终身教授，年薪为 1 000 弗罗林，这是对他制造出“声名远超佛兰德的望远镜”的望远镜的慷慨奖励。[20] 对于一个数学家来说，这是一笔相当可观的薪水，是其同僚可望而不可即的。须知萨尔皮作为神学家为共和国效力，参议院予其奖金也不过 800 斯库多银币而已。[21]

同时，威尼斯新望远镜的消息迅速传开。此前一年的 9 月，一位不知名的手艺人选择海牙的塔楼作为观测点，远望代尔夫特大钟和莱顿主教堂的窗户，以此向大使和军方展示其望远镜惊人的效果。而这一次，此情此景再现于威尼斯，只不过换作欧洲最负盛名的大学中的一位数学家，即我们的主角伽利略向当权者展示这种仪器非凡的效果：从圣马可钟楼楼顶可以望见基奥加的钟楼和远在海上的船只，真正实现了使“80 千米外的物体看起来如此巨大又清晰，就像距离观察者仅有 8 千米一样”[22]。

伽利略在一份记录中追忆了那段时间激动人心的氛围，那份写于 4 个世纪前的记录与其说是真实的记录，不如说更像是卓别林式的喜剧剧本。威尼斯掀起一阵无比奇异、出人意料的热潮，当时最流行的运动就是在高塔和钟楼间不知疲倦地爬上爬下。不仅是年轻人，那些年老体衰的贵族也就此展开竞赛，他们争先恐后登顶，唯恐错过这场已经成为年度大事的好戏。那个“山外来客”的望远镜也被搬上圣马可教堂的阶梯，但与伽利略的那台不可同日而语。

> 自这一消息传到威尼斯，说我做了一台［望远镜］，我就被总督连续召见了六日，有幸向他和参议院的诸位展示了［我的成果］，四座皆惊。许多贵族绅士和议会议员虽然年迈，仍数次爬上威尼斯最高的钟楼阶梯。[23]

不妨想象一下当时的滑稽场景：诸多威尼斯贵族排成一排，汗流浃背，气喘吁吁地沿着圣马可钟楼的狭窄楼梯拾级而上，在终于到达楼顶时蜂拥围在那个奇妙的装置周围。他们弯腰屈膝，滑稽地“睁一只眼闭一只眼”，发现了“海上的风帆和船只，全都向港口驶来，之后还要等两个多小时的时间，才能不借助我的望远镜看到它们”[24]。

4.

短短几天内，这个新闻就席卷意大利和国外地区，从罗马、佛罗伦萨，一直到法国和德国。反响如潮，伽利略也迅速被各种请求淹没。首先接到的就是来自他自己城市的大公科西莫二世和安东尼奥·德·美第奇的请求。[25] 事实上，引起多方惊叹和关注的不仅仅是主角伽利略的叙述，像巴尔托利这样站在其对立面的人，也无不在信中承认了新望远镜的价值。他们认为伽利略的望远镜可谓市面上流通式样中的翘楚，超越了“某个法国人”的产品，那人在威尼斯当作“法国的秘密”生产出来的东西相形见绌，只值些小钱。[26] 说到底，不管是荷兰的“秘密”还是法国的“秘密”，都无法同“伽利略的秘密”媲美，再无别的望远镜能够做到这一点了：

> 伽利略的这根管子［指望远镜］具有奇妙非凡的效果……使用它时要睁一只眼闭一只眼，我们每个人都能清楚地远望到利萨·福西纳、马尔盖拉、基奥加、特雷维索甚至是康奈利亚

诺地区，我们可以看清帕多瓦圣朱斯蒂纳教堂的钟楼、穹顶，甚至正面外墙。放眼望去，穆拉诺岛上人群熙熙攘攘，来往于圣贾科莫大教堂门前；里约·德·弗利埃里的科罗纳渡口前贡多拉摇摇曳曳，人们登船上岸，摩肩接踵。还可将潟湖以及城中的许多细节尽收眼底，着实令人称奇。[27]

这是对用望远镜看到陆上景观的最早描述之一，出自杰罗拉莫·普留利（Gerolamo Priuli）的日记，他亲眼见证了这一事件，还对这一仪器进行了简要描述："一根直径大约斯库多银币大小的管子，约有一臂长，装有两片透镜，两端各一块，举到眼前，呈现的物体约有肉眼所见的 9 倍大。"[28] 到了 1609 年 8 月底，人们已将海牙抛诸脑后，转而等待威尼斯传出望远镜的消息。特别是在这一发明飞速传播开来的情况下，其带来的军事效用和商贸影响吸引了整个欧洲政坛的目光，故而相关日期也成了必须牢记的决定性时间点。

毫无疑问，威尼斯这种隆重、公开地奖励自己的数学家的方式，也可以视为共和国在技术革新领域的自我吹捧。也不难想到，萨尔皮对这样的奖励颇为认可，不仅因为他在威尼斯的政坛和文坛中拥有极高的威望，更因为他本人从科学的角度在这一事件中所起的主导作用。正是萨尔皮力劝参议院不要考虑"那个山外来客"，毕竟若一千西昆金币就能买来他的秘密，那他的秘密也不过尔尔。这一事实不仅在前述巴尔托利于 8 月 29 日的通信中得到证实，也在福尔简齐奥·米坎齐奥（Fulgenzio Micanzio）的《保罗·萨尔皮的生平》一书中有所体现：

> 他［萨尔皮］明白了其中的关窍，当有人［指山外来客］将一台［望远镜］展示给尊贵的总督看，并要求一千金币作为回报时，修士［萨尔皮］便被要求测试这台望远镜，研究它究竟能做何用，并提出自己的意见；他不能将其打开一探究竟，便想象其构造，并与伽利略商讨，伽利略也同意修士的看法。[29]

可以看出，米坎齐奥和巴尔托利的表述并不完全吻合。前者强调了萨尔皮在发现望远镜原理方面起到的作用，几乎将这一仪器之功皆归于萨尔皮；而后者指出，萨尔皮将消息传递给了伽利略（“将他的所见所闻告诉了伽利略”），之后，巴尔托利又谈到一个说法，即伽利略“本就有这一设想，他利用从法国舶来的质量欠佳的类似仪器”，制造出了一台更好的仪器。二人的版本尽管在一些细节上各执一词，但有一点保持一致，那就是在1609年的8月底，萨尔皮和伽利略仍然保持着友好关系。

日后宗教禁令之火延烧之时，伽利略的谨慎态度将与神学家萨尔皮的立场产生冲突，但在那之前的美好时光里，两位朋友仍保持着频繁往来。荷兰望远镜突至威尼斯，这对二人来说无疑是一个会面合作的机会。1610年3月，在《星空报告》问世前，甚至有人把要给伽利略的信寄到了萨尔皮的地址。[30] 此外，巴尔托利曾向一直是罗马教廷忠诚盟友的某国秘书道：“保罗弟兄和伽利略的交情众所周知。”尽管这话颇含恶意，但却证实了整个威尼斯无人不知之事。

秋天，大约从9月到10月，威尼斯继续流传着关于“望远管”的新消息，众人的关注丝毫未减，人们甚至将别的事件添油加醋混杂其中。比如，帕多瓦的洛伦佐·皮诺利亚描述道：

> 我们围在这些管子旁边，还看到了一些性能绝佳的，但这个秘密仍然只有少数人知道，他们受人尊敬。还有一种奇妙的灯笼，其创造性不亚于这些管子，这种灯笼能将光明带入暗夜，以至于人们能在五百步距离之外看清一封信。[31]

在此期间，巴尔托利继续在威尼斯同秘书文塔保持通信，向他报道最新进展。如今“管子”已非稀有物品，市面上也标价各异，其最关键的两块透镜有用普通玻璃制成的，也有用穆拉诺水晶制成的，还有用更珍稀昂贵的石英和“高山水晶”制成的。然而这批制品都有着共同的缺点，即它们既不好操作，又不稳定。向来持怀疑态度的巴尔托利写道：

> 就我来说，我见过其中的一些望远镜，特别是布拉格的邮政局长花了3个西昆金币买的那一台，我承认我对仪器并不满

意，因为那人所制的仪器长度超过了一臂，要费很大工夫才能在视野中定位到想看的东西，而定位准后，还必须紧握仪器，稍有偏移就会错过观测物体。[32]

然而，伽利略的那批望远镜却在威尼斯的市场上毫无踪迹，有传言说那些才是真正的上品。仅有两则消息可以确定：一是共和国要求制造 12 台望远镜，二是伽利略收到了“不得向他人传授此秘密”的命令。[33] 因此，面对美第奇家族的一再催促，巴尔托利无计可施，只得买了一台“法国货”。他在 10 月 24 日的回复中极不情愿地说：“如果不是尊贵的阁下明确命令，我是不会买的。”但终究，他无法对已确定的事保持沉默：

要我说的话，我并未觉得这些仪器有世人所说的那般神奇；尽管伽利略的望远镜确实优秀，人称借助它可以将所见之物放大十倍。[34]

不过，关于伽利略打造透镜之事并没有什么传闻。这位科学家在那几个月里通信寥寥，更别提从中挖掘出什么确切的消息了。伽利略以何种方式继续同萨尔皮合作，我们也不得而知。只能说，从写作《星空报告》的那一时期起，伽利略的信件和著作中均未提到萨尔皮之名。而萨尔皮那边就大不一样了，他在多个场合都提到了伽利略的工作。

5.

1609 年 8 月之后的几个月对我们的故事可谓意义重大，然可知之事寥寥。伽利略从 9 月到 12 月的信件存留不多，仅 4 封而已。其中一封写于 12 月 4 日，信中提到了望远镜一事。[35] 而如果我们将其同一个月后，即 1610 年 1 月 7 日的那封信相比，[36] 就会发现两封信的内容大相径庭。在后一封信中，伽利略首次谈及自己的天文发现。故而可以认定，正是在这个充满谜团的 12 月，伽利略打磨和制作镜片的工作取得了非凡进展。

萨尔皮的情况就更不明朗了，直到《星空报告》一书问世，他同伽利略才重新开始讨论望远镜。1610 年 3 月 16 日，此书印刷完成三天后，萨尔皮将一份副本送给了雅克 · 莱沙希尔（Jacques Leschassier），他是巴黎律师，也是虔诚的高卢天主教徒。一同附上的还有对望远镜的描述，其详细程度更胜《星空报告》一筹。毕竟伽利略仅将其描述为“一根两端装置透镜的铅管”[37]，并没有给出进一步的说明。而萨尔皮不仅自称对其知之甚详，还暗示自己积极参与了第一批望远镜的制作，下文是他的信：

> 如阁下所知，这台仪器由两片透镜［贵国人称之为“lunetes”（原文如此）］组成，皆为球面镜，一片凸起，一片凹陷。那片凸面镜直径 6 英尺，凹面镜要小一些，直径不足一指长，如此就构建了一台长约 4 英尺的仪器，通过它就能看到观测物体的

一部分，如果仅用肉眼观察，它将缺失6弧分的内容，而用仪器观察，它的可视角度就超过了3度。该仪器还可用来观察月球、木星和诸多恒星，这些记录都可以在这本小书中读到，大使以我的名义向贵方献上的这本书，还有诸多令人称奇之事，请待下封信中详述。[38]

相较《星空报告》，萨尔皮的描述方式大为不同。伽利略坚持叙述要“准确、透彻”，却没有帮助读者建构一个清晰的思维框架。一些重点内容常借晦涩的术语和富含深意的表达一笔带过，令人一头雾水。伽利略仅笼统地谈到研究的原理、需要设计的媒介和基于折射定律的发明，却花了大量笔墨强调其事业的极高价值。提及从贾科莫·巴道尔那里获悉荷兰望远镜的消息之后，行文便含糊起来，改良仪器的方法也不与人知，尽管伽利略是以第一人称来书写整部著作的。

在这方面，萨尔皮可谓与伽利略背道而驰，伽利略把自己表现为独立制造仪器的英雄，但萨尔皮在3月16日写给莱沙希尔的信中提到：“这位帕多瓦的数学家和我们中的一些对这项工艺颇为熟悉的人齐心协力，开始用这台仪器观察天体，根据实践调整理论，对其进一步改良和完善。”[39]按照这种说法，从其前身荷兰望远镜到一个能够放大30倍的天文仪器，望远镜的诞生非伽利略一人之功，而是也有“我们中的一些人”（alii ex nostris）的功劳。而这就同伽利略在《星空报告》中的叙述有出入了。

尽管萨尔皮并未明确提到名字，但他显然指的是其小圈子中的人，那些人中就包括阿戈斯蒂诺·达·穆拉（Agostino Da Mula），此人是他的老朋友，也与伽利略相识数年。固然，我们不能排除那句“我们中的一些人”中隐藏着谦逊的客套，“因为当时，伽利略在威尼斯的友人中知道此事的，就我们所知，只有他和阿戈斯蒂诺·达·穆拉”[40]。毕竟，萨尔皮在光学上颇有造诣，也熟知望远镜的原理，这一点可以通过他后来与那位巴黎律师的通信，以及在圣母忠仆会修道院进行天体观测等事件来证实。[41]

上文所引的语句出自3月16日的信件。到了4月5日，莱沙希尔给萨尔皮回复了一封长信，信中称在巴黎，有人也制作了一个由两片透镜组成的仪器，有两三英尺长，通过它可以观察到“肉眼看不见的月球斑点，以及大部分的恒星”[42]。尤为重要的是，他告诉萨尔皮，自己迅速浏览《星空报告》后，虽然对其中关于月球的描述尚存疑问，但此书无疑令人钦佩。他称其是“欧洲的新艺术和自然奇迹”，是天意的馈赠，助人靠近上天，歌颂天主的荣光和伟大。[43]

萨尔皮的反应有些出人意料。面对如此溢美之词，他回答，自己还没有读过寄给他的书：

> 现同阁下说说月球的事，说实话，我还没有读过我们那位数学家关于月球的描述，但我经常和他讨论，交流了很多观点。关于月球，我秉持个人习惯，谨言慎行，只能告诉阁下我

的想法，我只能谈及我所观察到的部分。[44]

这封信的日期是1610年4月27日，倘若这不是真迹，就简直是个恶趣味的玩笑了。因为那时《星空报告》已经出版一个半月，在布拉格，开普勒甚至已经在写作《新天文学》，证实了观测天体的新闻；在佛罗伦萨，大公授予伽利略金勋章，表彰其用美第奇家族之名命名卫星的贡献。然而在威尼斯，此书的刊印地，萨尔皮却称自己没有读过此书。

在《星空报告》受到全欧洲追捧之时，保罗·萨尔皮这个比任何人都关注望远镜抵达威尼斯后掀起的阵阵巨浪的人，这个无疑同伽利略讨论过，甚至合作改进过这一仪器的人，却偏偏选择“忘记”此事，风轻云淡地一笔带过，这真是难以置信。究竟要如何理解“我还没有读过我们那位数学家关于月球的描述”和紧接着的“我只能谈及我所观察到的部分”？萨尔皮为何站在了这样的立场上？

一种可取的理解方式是，这本非同凡响的著作改变了我们观察天空、想象天空的视角。我们必须再次翻开这本书，一页一页地仔细重读，努力去理解书页背后的历史，倾听那时伴随此书一同诞生的一连串反响、指责和要求，而那些，无论是非，无关缘由，都是历史的一部分：忽略那些情节，就不能深刻理解这本书。

诚然，我们可以说萨尔皮根本没必要读这本书，因为他清楚了解望远镜的每一步改良工序，甚至早在伽利略落笔成文前，萨尔皮就对其性能了如指掌。但若果真如此，他为什么要刻意强调他自己的观察呢？为什么非要如此费力，将自己及友人的工作同伽利略的工作区分开来？毕竟伽利略的工作可是已然成形，广为人知。事实上，在给莱沙希尔的另一封信中，萨尔皮详细介绍了自己的望远镜观察结果，但结果与伽利略的并无多少出入。萨尔皮称，月球发光是因为被太阳光或地球反射的光照亮，月球上有凹地和凸起，还有明暗交替的月相等。这些都与人们从《星空报告》中读到的内容高度吻合。由此可见，萨尔皮立场突变一定不是出于天文学的学术原因。

原因应当从他处寻找，而且性质是不同的。首要原因就是，有关天体的新消息隐藏在一份并非中立的宣言中，那份宣言有明显的政治指向，很难逃过萨尔皮这种“深谙人情世故的人”的法眼。宣言作者称，那不仅仅是一本关于天文发现的书，更是开创新天文学和新哲学的关键著作，而这就有了另一层含义。

无论是将此书献给托斯卡纳大公还是将木星的四颗卫星以美第奇家族之名命名，都透露出伽利略想要离开威尼斯，返回佛罗伦萨。威尼斯共和国的神学家萨尔皮肯定会强烈反对这个决定，这不仅是因为托斯卡纳与罗马有长期同盟关系，还因为此举会使托斯卡纳大公国——那些发现被呈献的政治对象——获得其不配得到的文化声望，贬低在多个场合积极支持和慷慨解囊的威尼斯政府的作用。

因此，萨尔皮显然有意疏远对共和国忘恩负义的伽利略。伽利略在作品扉页上自称“佛罗伦萨的贵族，帕多瓦大学的数学家”，却没有花一个字追忆他在帕多瓦的岁月和所受的恩惠，其中就包括被任命为大学的终身数学教授之事。更未见他描写那些与他一同打磨、完善镜片的威尼斯工匠。至于萨尔皮和其圈子里的朋友，他们也曾在那段岁月里共怀激情，想要打造一种强大的新型望远镜，但伽利略对他们只字未提。

6.

但是，还不只是这些。即使是《星空报告》中未曾提及或粗略带过的部分，也无不包含着作者的良苦用心。毛里齐奥·托里尼（Maurizio Torrini）认为“《星空报告》对传统和同时代的争论不置一词，在开普勒看来一定很是奇怪”[45]。如果冷静地阅读并分析这一著作，则很明显，从威尼斯人的角度来看，这种回避无疑是有计划地在隐瞒一些人物、文本和事件。

然而，书中也提到了少数特例，比如哥白尼和前文提到过的巴道尔。巴道尔在亨利四世放弃新教后改宗天主教（可能是耶稣会士努力的结果），并于 1609 年春将望远镜这项“新发明”告知了伽利略和萨尔皮。在很少提到其他人的书中，提到这位前新教外交官很能说明问题。对于伽利略来说，想疏远威尼斯，还有比提起自己与罗马天主教会认可之人的交情更好的办法吗？托斯卡纳驻威尼斯大使的公函极具价值，字里行间无不展示出其对威尼斯共和国反罗马政策的强烈敌意。哪怕是在教宗禁令之争结束后，剑拔弩张的气氛也未散去。“在那几年里，保罗·萨尔皮同北方诸国的文化和宗教势力保持书信往来，也与德意志新教和加尔文教在威尼斯的代言人员频频会谈，旨在实现其宏大的政治蓝图，建立起反哈布斯堡王朝的坚固防线，同时，也将威尼斯纳入宗教改革的范围。末了，他还同英国清教徒形成了互惠关系。”[46] 但凡阅读几篇这一时期的公文，都不难想象当时充满火药味的政治气氛，山雨欲来，冲突一触即发：

周一，宗教裁判所的法官被传唤，遭严词训诫。训诫要求他不得严厉对待那些在刚刚过去的动荡中为共和国发声的书籍，以及并不比支持其对立面的文学更该被禁、被搁置的文字。[47]

我们的同龄人，亚历山德罗·马利皮耶罗过世了，他是殿下的挚友，也是被处以绝罚的圣母忠仆会修士保罗的至交。当他遇刺时，保罗·萨尔皮恰在现场，极力试图救他，他先是拔出刺向受害者面门的尖刀，冲他大声呼喊，让他保持清醒，以免失血昏厥，而广场上却满是冷漠的看客。马利皮耶罗，这个善良的人临终前还不愿大肆张扬，行烦琐的圣礼，只想平静地走向极乐世界。对他此举，我不知是该相信人之将死，其言也善，还是相信许多人认为的那样，他是出于深深的憎恶，才拒绝一切华而不实的虚伪礼节。[48]

1608年8月1日，乔瓦尼·迪奥达蒂（Giovanni Diodati）写信给萨尔皮的通信人、法国“胡格诺派教宗”菲利普·迪普莱西–莫尔奈（Philippe Duplessis-Mornay）。这封信中的内容无疑印证了世人对威尼斯的（或对或错的）印象。信中这样写道：“威尼斯像是一个新世界……在那里传教就像在日内瓦一样，只是人们热情高涨，慕名前来，一席难求。”[49] 枢机主教希皮奥内·博尔盖塞也证实了这一点，另外据他所言，萨尔皮离经叛道“已然到了如此地步，无须多言，此人是个彻头彻尾的异端。放眼当下的共和国，很难找出什么健康纯洁之物，而其所做所为更甚，那就是要彻底污染整个国家”[50]。

类似这样的证言数不胜数，在此我们就不赘述了。仅从上文叙述的事件，足见托斯卡纳的外交官们对萨尔皮和威尼斯政府是何等厌恶。

因此，有人给伽利略提供了一个权宜之计，那就是同这位神学家分道扬镳，离开威尼斯，回到虔诚的佛罗伦萨，享受宽松的政治环境，专心完成其著作（《关于托勒密和哥白尼两大世界体系的对话》和《论两种新科学及其数学演化》[51]）。毕竟为了这样的著作，如此牺牲也是必要的。如果他公开承认自己与萨尔皮派的关系，也不明确表示自己正同在政治上更正确的贾科莫·巴道尔（皮埃尔·德·莱斯图瓦勒称他是“耶稣会的间谍”）合作，反而表达出对萨尔皮这个异端神学家的感激之情，那么今后的仕途上，他还能有什么机遇？要知道，萨尔皮与新教人士频频通信，假如哪怕其中一封被忠于罗马教廷的使者或官员截获，伽利略还能有多大把握平安返回佛罗伦萨？我们随便举个例子，比如1610年8月17日，萨尔皮写信给胡格诺派教徒卡斯特里诺：

> 我们收到一条十分重要的消息，耶稣会教士四处举办庆典，为依纳爵神父行宣福礼。他们在塞维利亚上演了古老的喜剧，舞台上出现了一个人形，他穿着三层皮毛衣物，胸前佩有耶稣雕像，镶以钻石和珍珠，后有十一名侍从相随，他们都是其他教派的创始者。在布拉格，耶稣会教士为此举行了盛大的宴会，美因茨选帝侯、利奥波德大公、西班牙大使同诸多天主教权贵都应邀出席，众人虔诚地向真福者依纳爵敬酒。在罗马、那不勒斯、米兰及意大利的其他地方，他们在教堂里布置得极尽奢华……尽管放任他们如此吧，我们诚心祈祷上帝，他们登得越高，跌得越重。[52]

对萨尔皮来说，1610年可谓一个不堪回首的灾年：耶稣会在欧洲大获全胜，依纳爵·罗耀拉（Ignazio di Loyola）受宣福礼，亨利四世遇刺，笃信天主教的玛丽·德·美第奇（Maria de'Medici）就任法国摄政。这桩桩件件之外，痛失挚友无疑是雪上加霜。伽利略放弃了威尼斯承诺其终生的成功与自由，转而选择了罗马教廷的荣耀与辉煌。在此等至暗时刻，一方面国际政局风起云涌，另一方面，伽利略决定在此境况下公开其新发明望远镜，这对萨尔皮和共和国来说都是一个重击。不仅如此，成功出版的《星空报告》使得罗马教廷大获其利。而尽管此书没有直接为教廷发声，却也会加强其文化威望。对于我们的威尼斯神学家来说，教廷可谓“纯正”教会之大敌，是邪恶之物，是感染整个世界的“瘟疫”。[53]

7.

1610 年 4 月 27 日，萨尔皮写信给莱沙希尔强调：完善望远镜的工作正在推进，从伽利略书中得出的结论只是更为广泛的研究的开端。尤其是，他宣布重大创新很快就会出现，因为“我们无论是在仪器制造还是在使用方面，都取得了巨大成果，毫无疑问，整个天体哲学将由此前进一大步”[54]。在他看来，天体哲学研究尚在征途，其进展日新月异，而《星空报告》仅是小小的起点。一旦望远镜的工作原理能找到理论依据，那些反对天文观测的意见就会不攻自破。他于 5 月 10 日写信给热罗姆·格罗斯洛·德·伊瑟尔（Jérôme Groslot de Isle）：

> 目前我们只是用诸多工艺制作出了一个可观天体的新眼镜，但除此之外没观察到什么有价值的东西，每次观测只能看

见月球约百分之一的部分，但其大小与用第一台望远镜观测到的整个月球相当。月球上的凹地是如此显眼，可以被真切看见，着实令人称奇。我们已多次观测的木星，用现在的望远镜观测，其大小、外观都与太阳相似，有时还能看到星尘之下的情况。然而，由此观测到的种种奇迹都逃不开透视学的专业领域，因为这一领域为人们揭示了视觉是如何形成的，弱视和近视又是因何导致的，而所有这些都应写在书卷中。[55]

这段话兴许值得反复阅读，其中对伽利略未提一字，着实令人震惊。又或者说，伽利略的确被间接提及，但他不再是主角。那时，关于“新眼镜”的工作正在逐步进行，却不再由《星空报告》的作者伽利略主导。如果想真正了解“眼镜的原理”，就需要跳出他书中震撼性的几页，以坚实的理论基础来驳斥从各个角度对天体新发现提出的许多批评，那些批评认为，所谓的新天体是“眼镜的诡计”，而不是真实存在的现象。因此，亟须一篇光学论文来解释“视觉是如何产生的”以及由两个镜片叠合产生的奇妙特性，但这样的解释在刚刚问世的《星空报告》中并不存在。

简而言之，要全面了解新仪器及其观测能力，还有很多事要做。萨尔皮在《星空报告》出版后就表示：伴随望远镜的发明，必然会出现诸多棘手的理论问题，而如果不将其解决，那么已有的成功也是脆弱而短暂的。只有建立严谨的视觉科学理论体系，才有可能构建新天文学理论、新哲学体系。开普勒在那段时间里也在其《与〈星空报告〉的对话》中提出了类似的观点。然而，萨尔皮和伽利略仍各执己见，他们近二十年的友谊和科学合作亦走到了尽头。

无论是在这封信还是在后来的信件中，萨尔皮谈到望远镜时都没有再提及伽利略。而在威尼斯，相关工作正飞速推进。一个月后，莱沙希尔就得到了更准确的信息：

> 在此告知阁下关于望远镜的一二事。这里有一些博学之士正在撰写关于视觉的短篇论文（题为《论视觉》），文中解释了荷兰望远镜的原理和发明目的，同时详述了其背后的理论。[56]

我们无法确定这些“博学之士”究竟都是谁。但考虑到萨尔皮在北方诸国私交甚广，消息灵通，就不能排除他本人也是其中一员。事实上，6 月 29 日，莱沙希尔在感谢萨尔皮给他寄来当时或已出版的《论视觉》时，还对这一作品表示祝贺：“阁下在之前来信中曾简要描述过月相，不久前也曾写信谈论望远镜的构造方法。”[57]可见退一步说，就算萨尔皮没有亲自参与，无疑也对他那些眼镜制作师和光学家朋友的工作了如指掌。那些朋友就包括阿戈斯蒂诺·达·穆拉这样真正的萨尔皮派成员。

达·穆拉既是伽利略的朋友，又是威尼斯政坛和文化界的名人。他先是在贝卢诺担任行政官，统领军政。后又多次当选为“大陆圣贤”（Savio di Terraferma）。他同尼科洛·孔塔里尼（Nicolò

Contarini)、塞巴斯蒂亚诺·维尼尔（Sebastiano Venier）和焦万·弗朗切斯科·萨格雷多（Giovan Francesco Sagredo）一样，都是萨尔皮的亲信。在反西班牙政策和捍卫共和国在教廷面前的权利等事务中，他们也是态度最为强硬的群体之一。[58] 1610 年 5 月 29 日，乔瓦尼·卡米洛·格洛里奥西（Giovanni Camillo Gloriosi）在写给乔瓦尼·泰伦奇奥（Giovanni Terrenzio）的信中提及达·穆拉对光学和天文学的兴趣，还暗指达·穆拉就是第一个观测木星卫星的人。他写道："据公开消息，威尼斯贵族阿戈斯蒂诺·达·穆拉是第一个观察这些星星的人，他还把此事告诉了伽利略。"[59] 两年后，正是萨格雷多提醒伽利略，达·穆拉曾向他展示过：

> 一批刻有诸多展示内容的木板，那些内容本将用于他自己的一篇论文。论文由他在纸上亲笔写就，约有一百页，但一个字都不许我看。[60]

1610 年 8 月 3 日，萨尔皮分别写信给卡斯特里诺和莱沙希尔，信中都提到了一本"关于眼镜的书"，该书在刻板印刷时遇到困难，那时仍未问世。而种种线索似乎都证实，这本"关于眼镜的书"确是出自达·穆拉之手。不妨猜测，它或许从未出版过，如加埃塔诺（Gaetano）和路易莎·科齐 (Luisa Cozzi) 所见，达·穆拉本人可能认为有开普勒的《折光学》珠玉在前，自己的作品就没有必要再刊行了。事实是，望远镜的历史不是线性、单向的，而是如威尼斯一般，是围绕人和知识发生的事件构成的群岛：为了能够一片一片地拼装和重建这段多元历史，我们需要将同一时期发生的故事放在一起讲述。

第三章

CAPITOLO
TERZO

爆炸性新闻：镜片与信封

I.

如今我们深陷威尼斯迷雾中，为了拨云见日，需要着眼于镜片和书信问题。为了更好地解决这一问题，不妨重读上文萨尔皮在1609年7月21日给卡斯特里诺写的信。

如我们所见，萨尔皮在信中毫不掩饰地表示，自己对有机会检验的那台望远镜的平庸性能感到失望。[1]然而，他对于这项新发明还是抱有钦佩态度的，认为这一想法行之有效，其在应用层面还可进一步改良。其实，如果我们相信乔瓦尼·巴尔托利同年8月29日信件中的内容，就可得知萨尔皮将这些信息都分享给了伽利略。[2]因此，不论萨尔皮和伽利略之间发生了什么，不可否认的是，正是因为望远镜传入威尼斯，才有了这一长串的故事。

正如在尼德兰发生的那样，望远镜初次亮相时，就被认为是一种相当小儿科、容易制造的仪器，以至于总督府决定拒绝一切想要谋取其专利权的要求。但如果它真是一种那么简易的仪器，问世之后立刻在欧洲各地被竞相效仿，伽利略又为什么要等到 1609 年的夏天才制作出一台呢？

1608 年秋荷兰望远镜的消息传到威尼斯后，过了 9 个月，伽利略望远镜才成功问世，这间隔未免太长了。不过考虑到萨尔皮和伽利略接受这种仪器时慎之又慎的态度，也可以理解。时值“未来的光学仪器”之秘密传播开来，其神奇效果众说纷纭，而关于望远镜的消息正是在这样的舆论氛围中传来的。这类描述迅速传遍了欧洲的大街小巷，肆无忌惮的江湖骗子四处煽风点火，推销自己的产品，就好像这神奇的望远镜来自大自然最神秘深奥之处。在威尼斯，他们已经成为城市一景，旅行者若不前去圣马可广场亲眼一见，则愧说自己到过威尼斯。[3] 文献记载，英国旅行者托马斯 · 科里亚特（Thomas Coryat）于 1608 年来到威尼斯，有幸得见这样的场面。在这种氛围中，关于荷兰望远镜秘密的消息很难让人毫无保留地接受。不仅萨尔皮一人犹疑不定，从《星空报告》的字里行间，我们也能直观感受到伽利略所想，他表示“这种效果（望远镜可让远处之物看起来就像在近处一样）着实令人称奇，许多人都在谈自己的经验，有人相信，有人怀疑”[4]。

既然人们对此仪器怀疑颇深，那么伽利略等待数月才决定亲自制造也在情理之中。1609 年 7 月，一个样品在威尼斯亮相，人们的怀疑亦随之消散：那是实实在在的证据，足见几个月来的传闻并非毫无根据。得益于萨尔皮给卡斯特里诺的信件，我们知道，这一新情况立刻引起了伽利略的兴趣。而与之相较，伽利略能否通过萨尔皮检验“山外来客”向威尼斯权贵兜售的那根“可以望远的管子”就不那么重要了。[5] 对大部分工匠来说，复制这一仪器并非难事，对伽利略来说更不在话下，正如他在《试金者》（1623）一书中写的，他只用了差不多一天时间就制作了一台。[6]

真正的困难不在于仿制荷兰望远镜，而在于改良其性能。这正是伽利略的目的，他决心在接下来的几个月中为此倾尽全力。但他的方式相当隐秘，没有走漏一丝风声。这种态度固然保护了其工作成果，却也招致了怀疑和怨怼。故而在《星空报告》出版后，一系列的批评立刻找上门来。无论是以萨尔皮为代表的私下非议，还是如开普勒的《与〈星空报告〉的对话》那般公开质疑，[7] 其核心观点都是：作者没有充分的理论依据来解释说明其举世闻名的仪器。

但是，真的必须依托关于镜片的坚实、严谨的光学理论，才能制造出一台好的望远镜吗？事实上，尽管伽利略又是声明又是承诺，他却从未提出关于该仪器的任何数学理论。这是否意味着，或许他真的不了解望远镜的工作原理，或是他欠缺光学知识？围绕这些猜测，各家文献无穷无尽，争辩讨论不见止息。[8] 然而，我们的工作就是发掘一系列的细节，这些细节帮助我们从鲜为人知的角度叙述这段历史，使我们以意想不到的方式了解到其制作镜片的工作，并掌握了更多关于木星卫星的观测细节。

相关文献很独特：伽利略把信封当作便条使用，有时在上面记录意想不到的观测结果，有时在信封上写下购物清单，他计划采购的不仅有衣食，还有高质量玻璃以及其他一切制造工作需要的物品。借助这些珍贵的证据，我们尝试描述伽利略在1609年秋开启的新事业。

2.

在《星空报告》一书中，关于伽利略完善荷兰望远镜的过程只有寥寥数语，其中几乎没有涉及技术层面的细节，也没有清晰的时间线可供参考。伽利略用一系列数字来体现其进展迅速、意义非凡的工作。他先造了一台能够将物体拉近“放大3倍”的仪器，然后是“一台更精确的仪器，能够将物体放大60多倍”；最终，一台“出色的仪器诞生了，透过它看到的物体就像被放大了千倍，同观测者的距离也似近到三十几分之一”。书中这样简要描述这台仪器：“一根铅管”，两端装有“两片透镜，均有一平滑面，但另一面一片凸出来，另一片凹下去”[9]。

尽管这是刻意含糊的叙述，却也不难大致推算出其时间线。1609年7月底，伽利略制作出能够将物体放大3倍的第一台望远镜。诸位不妨回想一下萨尔皮在7月21日同卡斯特里诺的通信内容，信中提到“眼镜”在威尼斯亮相。故而可以合理推测，伽利略的第一件作品就是对荷兰望远镜的简单模仿，而在不到一个月的时间里，即同年8月21日前，其第二件作品就问世了，那是一台

“更精确”的望远镜，能将物体放大八九倍。杰罗拉莫·普留利在其《编年史》[10] 中也对此有所记载，书中写道，8 月 24 日，伽利略向威尼斯总督庄严地献上了这一“管状眼镜”。

从《星空报告》中的简短说明可见，伽利略在两件作品中都使用了与普通眼镜相同类型的镜片。那类镜片人们早已司空见惯，无非是老花镜的平凸透镜和近视镜的平凹透镜罢了，它们在市面上流通了近一个世纪，[11] 从威尼斯或帕多瓦的任何一家店铺中都可轻易获得。而伽利略将度数低的平凸透镜作为物镜，度数高的平凹透镜作为目镜，通过这两种镜片的精巧组合，成功制作出了能够将物体放大 8 倍的仪器。

然而，更进一步绝非易事。为了功成，需要质量更高的透镜，尤其是曲率均匀、焦距较长的凸透镜，而且打磨时要非常小心仔细。[12] 眼镜工匠的产品并不能满足这样严格的条件，那些年里的两则旧事可以说明这个问题。

第一个故事发生在 1608 年秋冬之际的德意志，讲述者是天文学家西蒙·迈尔。迈尔从友人约翰内斯·菲利普·富克斯（Johannes Philip Fuchs）处听说了“荷兰望远镜”，此人在法兰克福博览会上亲眼看见了一台，而后几乎没费什么工夫，他们就使用“两片普通眼镜的镜片，一片凹面，一片凸面”成功复制出了一台。但富克斯也意识到，“起到放大作用的凸面镜弧度过大了”，于是他准备了“一个尺寸正确的凸透镜的石膏模型，并将其送至纽伦堡，寄给那些制造普通镜片的工匠，以供他们仿制出类似的镜片，可惜徒劳无功，因为工匠们并没有合适的加工工具”[13]。

第二个故事的背景是1609年5月的威尼斯，此时距离伽利略大放异彩还有几个月的时间。主人公是米兰人吉罗拉莫·西尔托利（Girolamo Sirtori），他于1618年出版了第一部关于望远镜的历史著作，此书写作于1612年，名为《望远镜》（*Telescopium*）。西尔托利道，一个不知名的“法国人”曾向米兰的丰特斯伯爵展示过“荷兰望远镜”，而他自己也亲手触摸过那个样品，随后便成功制作出一个“相似的”仪器。[14]他很快意识到，“（望远镜的）诸多问题的根源都在于玻璃”。于是他“前往威尼斯，向当地工匠订购大量镜片”，但“一掷千金，全无所获”，仅仅“了解到加工完善镜片要靠运气，还需精心挑选镜片”。[15]

纽伦堡与威尼斯同为著名的眼镜制造中心，[16]但两地情形并无差别。通过迈尔和西尔托利的记述，可见城中工匠所制镜片质量均有待提高。当然，如果这些镜片只是作眼镜之用，那打磨方面的瑕疵几乎可忽略不计，因为那不会影响眼镜矫正视力缺陷的功用。但对于望远镜来说，这些尚未完善之处就会严重影响其性能，故伽利略必须学会自己制作镜片。

不过，想要从伽利略的通信集里寻找关于其工作条件的信息，或是探究他按照什么步骤来打磨玻璃，从而获得具有适宜光学特性的镜片，无疑是白费力气。伽利略1609年9月至12月的少数信件对此几乎只字未提。在那几个月里，他的思绪无疑全都围绕着如何改进8倍望远镜。他也确实行动了起来，频繁往来于威尼斯街头，探访路边那些制镜工匠和玻璃工人的作坊，那段时间内，他成了这些地方的常客。[17]

在穿梭于帕多瓦和威尼斯之间的那段繁忙日子里，伽利略试图寻找更好的供货商家，却常常空手而归。伽利略不得不转向佛罗伦萨，在那里，玻璃工业已经兴盛了数十年，其产品质量可以与威尼斯穆拉诺的玻璃制品一较高下。[18]而满足伽利略的要求并非易事，从他同埃内亚·皮科洛米尼（Enea Piccolomini）于1609年9月19日的通信中可知，皮科洛米尼给伽利略寄来了“符合他要求的水晶”[19]。

3.

9月下旬，伽利略的探寻之旅变成了对高质量镜片的追求。在找到符合心意的镜片之前，可以说他的望远镜不得不局限于8~9倍的放大能力，而这是约一个月前就实现了的效果。9月末，他前往佛罗伦萨，[20]向科西莫二世展示了具有这种效果的仪器，正如他在1610年1月30日提醒文塔的那样：“月球是一个同地球十分相似的天体，这一点我已经确定无疑了。我向尊敬的大公展示了一部分，但是仍不甚完美，因为当时我的仪器还不像现在这台这样精良。”[21]这句话值得好好体会，它不仅证明了在1609年初秋，伽利略的望远镜还没有任何进展，更重要的是，它说明伽利略当时已经将望远镜对准了月球，还成功观测到了一些或光滑平坦或崎岖不平的区域。可以认为，正是这些早期的天文观测成果催生出了对高质量仪器的强烈需求。

伽利略对于完善望远镜已经到了如痴如狂的地步，他个人生活中的一段小插曲可以说明，插曲的证据颇为独特：他母亲朱丽娅·阿玛纳蒂（Giulia Ammannati）的一封信，这封信写于1610年1月9日，收件人是伽利略在帕多瓦的管家亚历山德罗·皮埃尔桑蒂（Alessandro Piersanti）。伽利略的母亲在1609年11月初回到了佛罗伦萨，[22] 还带着儿子的长女小维尔吉妮娅，她抱怨自己的儿子“已经一个月”没给她来消息了，她推测这种沉默许是由于经济拮据：“我想，他不会写信给他们［指伽利略的姐夫贝内德托·兰杜奇等人］，这样就省得把我和维尔吉妮娅的开销寄去，也有可能是为了不给他寄他多次索要未果的那两片玻璃。”随后她又写道：

> 但是，亲爱的亚历山德罗先生，请你想办法给他［指兰杜奇］弄到两三块，那些看得不远［指视距短］和凹陷的镜片［指凹透镜］不可用，毕竟伽利略也给出了寻找标准，他所需要的是那些平滑的，装在管子下面，也就是装在底部的镜片。从那个角度看，能看到很远的东西。伽利略已经有很多镜片了，顺走两块三块的，倒也不是什么难事……这件事我诚心拜托你，伽利略对一个已经为他的事业做了很多，而且还将继续支持他事业的人如此不领情，我也无计可施。[23]

这番斥责可谓一点不留情面，但也体现出伽利略的母亲对这些物品的名称非常熟悉，从“玻璃”、“凹陷”、“平滑”到“管子”，这些就是伽利略家中无处不在的事物，既是实际可见的物体，又是日常交流的话题。伽利略母亲的来信几乎都充满抱怨，但抛开这字里行间的尖刻，[24]这封信本身是当时状况的体现：1609年10月，母亲将儿子留在帕多瓦，儿子被“大量”的“玻璃”包围着，即使少了几块他也发现不了。尽管那些精挑细选的镜片都是从威尼斯著名的眼镜工匠那里购入的，但最终都不足以让他的望远镜在质量方面再上一层楼。

4.

我们不知道伽利略究竟在何时决定亲手制作镜片以打造出“精良”的望远镜，但他早在1610年1月就在信中向文塔夸耀此物了。[25]《星空报告》中关于伽利略制作镜片的唯一记载就是“不遗余力，不计代价”。而若想知道这究竟是怎么样的工作，想知道伽利略到底费了多少工夫制作这台能将物体“放大千倍”的仪器，这一笔描述就太过简略了。[26]然而，我们在最意想不到的地方，即一个再普通不过的信封上，发现了相关的细节。伽利略把这个信封当作备忘录，其上记录了他计划采购的物品和待办事项。伽利略作品国家版（edizione nazionale）的编者安东尼奥·法瓦罗（Antonio

Favaro）第一个发现了这些手记，它们在 1609 年 11 月 23 日维罗纳人奥塔维奥 · 布伦佐尼（Ottavio Brenzoni）给伽利略寄去的信件的信封上（见图 9）。[27]

仅从前几项看，这就像是一份再普通不过的购物清单，是在为一次即将到来的威尼斯之旅做准备。清单上都是家庭必需的物品，比如为儿子文琴佐买一双便鞋和一顶帽子，给随行的玛丽娜 · 甘巴[1]买两把象牙梳，还有一堆食品储备：扁豆、鹰嘴豆、大米、小麦、葡萄干、糖、胡椒、丁香、桂皮、香辛料、果酱、橙子等。然而，往下看，这份清单的特殊之处就显现出来，一些与前文风马牛不相及的物品赫然在列："两颗炮弹""锡制风琴管""打磨过的德意志玻璃""高山水晶""几块镜子片""铁碗""硅藻土""平整的铁皮""松香""用来擦镜子的毛毡""呢绒"等。这些物品加起来大约占了清单的一半，可见 1609 年 11 月末，伽利略正着手筹建一个自己的光学实验室。科学实践一直是伽利略作为数学家活动的一部分，早在这个光学实验室之前，他就于 1599 年在帕多瓦维尼亚利路的大房子里设立了一个小工作室，那里距圣安东尼大教堂仅几步之遥。同年，伽利略还雇了一位名为马尔坎托尼奥 · 马佐莱尼（Marcantonio Mazzoleni）的工匠，其任务就是按照伽利略的设想制

1　此人是伽利略在帕多瓦结识的威尼斯女子，1600 年和 1602 年，她为伽利略生了两个女儿，上文提到的文琴佐也是她所生，但她同伽利略并未正式结婚，也不住在一起。

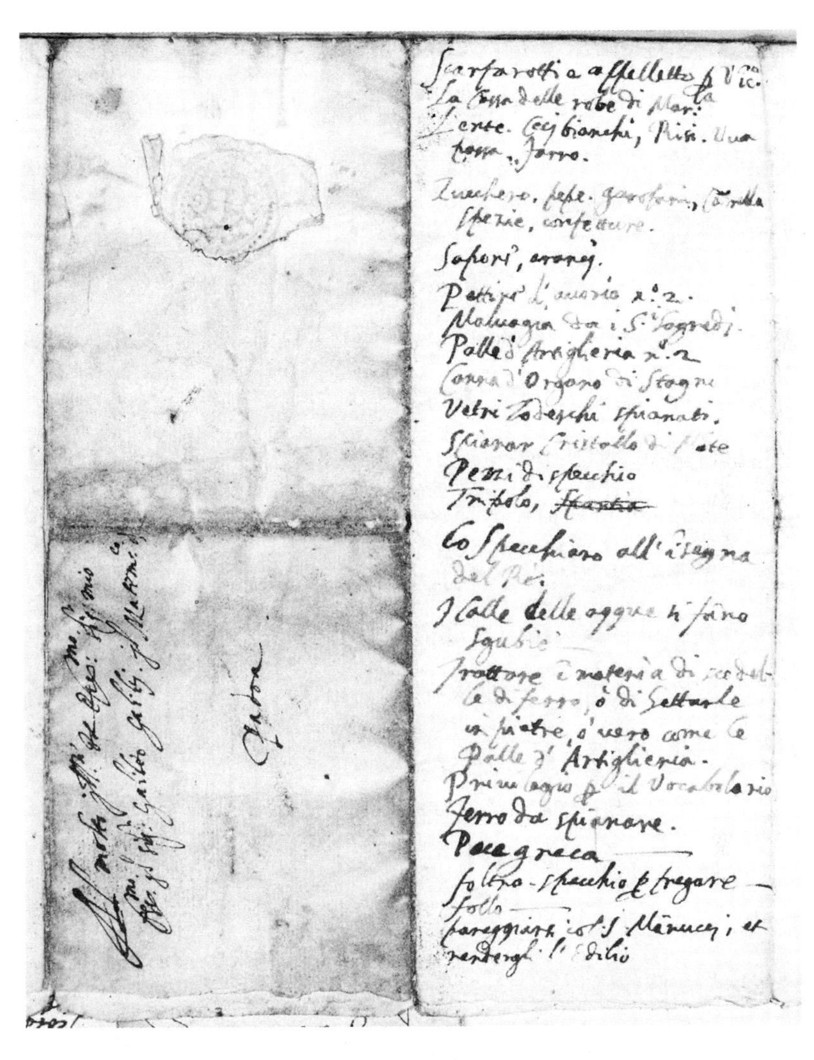

图9　伽利略·伽利雷亲笔写下的购物清单，清单写在1609年11月23日奥塔维奥·布伦佐尼寄给他的信件的信封上

作仪器，其中包括精美的圆规和军用罗盘，皆是木制或铜制，还有角尺、指南针、象限仪、磁铁等以出售为目的的精巧工具。[28]总而言之，多年经验只待厚积薄发，一场关于望远镜的新冒险要开始了。

当然，这只是写给自己的备忘录，伽利略不必解释这一行行所需用品究竟为何物，但这很容易明白。上文所列的材料和工具均是眼镜工匠所需的，也是伽利略频繁造访制镜作坊后所见所学的成果，这份清单上的寥寥数语就是这些知识的浓缩。这份清单已能足够直观地展示出制作镜片历时颇久的过程。

首先要采购原材料。“打磨过的德意志玻璃”，也就是平整的玻璃薄片，出自穆拉诺的玻璃窑，那里用一种“德式工艺”来生产单层玻璃，以此有效减少瑕疵。“高山水晶”也就是珍贵奢侈的石英，它晶莹剔透，完美无瑕。“镜子片”特指那些尚未镀锡或镀银，但已经打磨好的玻璃片。在威尼斯，玻璃制品的生产和贸易早已自成体系，获取这些原材料可谓小事一桩。真正的困难在于如何获得高质量的玻璃片，淘汰那些有气泡和轻微划痕的劣质品，因为这些缺陷是制作镜片的大忌。要练就挑选玻璃的火眼金睛，就需要有大量的专业知识，尤其还要与威尼斯的众多玻璃作坊保持往来，当地的眼镜制造商同镜子制造商展开了与小零售商之间如火如荼的竞争。[29]

伽利略特别关注两个作坊，或许是因为他认为通过他们，就可迅速获得符合需求的产品。第一个作坊的主人是制造镜子的工匠，是“国王认证的制镜师”，但伽利略没有提及他的真名，也没说明他身在何处。但关于第二个作坊的位置，伽利略给出了一条精确的线索：“在水道那里可以找到弧口凿。”这条小道距离圣马可广场不远，伽利略前去探访，不仅仅是为了找寻适合切割玻璃的工具，也因为他十分欣赏的眼镜制造工匠贾科莫 · 巴奇（Giacomo Bacci）在那里工作，据博洛尼亚天文学家卡洛 · 安东尼奥 · 曼齐尼（Carlo Antonio Manzini）所言：“他在水道那里开店……这还是一个威尼斯镜子工匠弗朗切斯科 · 费罗尼（Francesco Ferroni）告诉我的，费罗尼在博洛尼亚居住数年，自称曾同贾科莫 · 巴奇的儿子乔尔吉奥 · 巴蒂斯塔 · 巴奇有过交情。”[30] 而伽利略下定决心回到佛罗伦萨之后，还一直借友人萨格雷多的关系，委托巴奇为他制作镜片。[31]

然而，找到原材料仅是千里之行的第一步。真正的工作这才开始。首先要将精挑细选的玻璃片切割成一个圆盘，用“平整的铁皮”粗略地锉去边缘的多余部分。此时，为了打造出理想的镜片轮廓，还需要将圆盘形状的玻璃打磨成合适的形状：清单中的“炮弹”就是用来打磨凹面镜的，而“铁碗”或石碗则用来打磨凸面镜，这是一项颇为复杂的操作，需要先用黏合剂，即“松香”，将镜片固定在一个带手柄的工具上，然后将其在一个表面有硅藻土的模具上反复摩擦，使镜片表面逐渐光滑。硅藻土可以用于研磨，其名（tripolo）来源于其产地，即的黎波里。但整个过程还未结束，经反复打磨后，镜片仍然是相对暗淡、不透光的，为了让它变得透明光亮，还需要再撒一层硅藻土，只不过覆盖层比之前要薄一些，再像抛光镜子那样，用大块毡布（上文提到的“用来擦镜子的毛毡”）和呢绒擦拭它，同时也要十分小心，避免改变其曲率。[32]

通过这样费时费力的流程，伽利略成功打造出了可以装在“锡制风琴管”两端的镜片，他在《星空报告》中将其描述为“一根铅管”，如此就制造出了一台十分强大的望远镜。为了制造出这台仪器，伽利略自身成了一个熟练工匠，他以亲身经历证明，取得预期的成果何等艰辛。正如他在1610年3月19日给文塔的信中所言：“能够展示出所有这些观测成果的精巧镜片甚为罕见，我花费巨大代价、投入大量精力制作出的60多块镜片中，符合要求的只有几块。”[33]

5.

但是，如果伽利略只是在技术层面利用眼镜制作师的技术加工玻璃、打磨镜片，他为何对其制作望远镜的经验来源避而不谈呢？他为什么要费心指出，自己是受到“透视学”和“折射学”的启发呢？[34]从《试金者》一书中可见，伽利略不厌其烦地强调，他完善的这一装置完全脱胎于一种纯理论操作，是“通过理论论述得出的”，由此，其作为数学家和哲学家的事业与“制作普通眼镜的一般工匠”的工作就高下立现了。[35]然而，如果把这一刻意拉开距离的举动归结为伽利略意图将该仪器的“真正”发明专利权纳入囊中，则失之偏颇。[36] 因为尽管这是伽利略在《星空报告》中的自我标榜，但他反复强调自己拥有光学知识并非无稽之谈。

中世纪的人将光学方面的研究称为“透视的科学”，即“透视学”（perspectiva）。伽利略第一次接触到光学领域是在16世纪80年代，当时，他在佛罗伦萨参加了数学家奥斯蒂利奥·里奇（Ostilio Ricci）主办的课程，开课地点就设在艺术家、宫廷工程师贝尔纳多·布翁塔罗蒂（Bernardo Buontalenti）的工作坊中，慕名而来的人中，就有未来的画家卢多维科·齐戈里和大名鼎鼎的乔瓦尼·德·美第奇。里奇不仅教授绘画的透视技巧，还使用一本名为《论透视学》的手册，普及光学的基本原理。该手册的作者是乔瓦尼·丰塔纳（Giovanni Fontana）[37]，丰塔纳是中世纪帕尔马哲学家比亚焦·佩拉卡尼（Biagio Pelacani）的门徒。

1592年至1601年间，伽利略在帕多瓦重新开始研究光学领域，他誊抄了威尼斯医学家、数学家埃托雷·奥索尼奥（Ettore Ausonio）的《凹球面镜理论》（*Theorica speculi concavi sphaerici*），此人因“大小可观的凹面镜”[38] 而闻名，在论文中，他阐述了凹面镜成像和观测成像的实用光学知识。[39] 鉴于奥索尼奥还曾引用波兰修士维帖洛（Witelo）在其著作《透视学》中对于反射和折射现象的分析，伽利略应该对中世纪的传统光学理论有一定了解。[40] 一部出版于1606年的被认为是伽利略所写的作品，特别提到了维帖洛，[41] 而且在伽利略的藏书中，有1572年出版的弗雷德里希·里斯纳（Friedrich Risner）的《光学宝鉴》（*Opticae Thesaurus*），[42] 该书收入了维帖洛的这部《透视学》，以及海桑（Alhazen）[1]光学论著的拉丁文译本。海桑和维帖洛的这两部作品是催生中世纪光学传统的经典。此外，伽利略还持有德拉波尔塔成书于1593年的《论折射》[43]，其中阐释了凹凸透镜的成像原理，尽管其几何学证明颇为粗略，经不住推敲。[44]

尽管很难知晓伽利略涉猎多深，但他至少熟悉当时已有的对透镜光学性质的理论解释——除了一个重要的例外：开普勒在1604年发表的标题相当谦虚的著作，即《维帖洛理论增补》（*Ad Vitellionem paralipomena*），但实际上此书一出，无论是维帖洛的《透视学》，还是其学说的追随者，都遭到了致命一击。中世纪传统的光学理论认为，视觉的感知点在于眼中的晶状体，而开普勒坚持视网膜才是眼睛的感知部位，晶状体只不过起到了折射镜的作用而已，外界的光线透过晶状体汇聚在视网膜上，从而形成真实的图像。[45]这是历史上第一个正确解释了视觉机制的理论，其产生于长期对折射的观测和不断探寻规律的过程。[46]虽说开普勒没有提及将两块凹凸透镜组合在一起就能够放大远处的物体，但他的论述仍为镜片的光学特性提供了理论依据，纵尚有不足，也足以支撑。遗憾的是，《维帖洛理论增补》没有获得很大反响，既是因其内容复杂深奥，甚至晦涩难懂，也是因为此书太难获取。[47]伽利略也强

---

1 伊本·海桑（约965—1039）：中世纪阿拉伯学者，其姓又译为阿尔哈曾或海什木，也曾被简译为海桑。他在光学、医学、天文学和数学方面都有重大贡献。

调了后一种困难，开普勒的《与〈星空报告〉的对话》发表后，伽利略在 1610 年 10 月 1 日从佛罗伦萨写信给尚在布拉格的朱利亚诺·德·美第奇："我请求尊贵的阁下帮助，将开普勒先生的《光学》［指《维帖洛理论增补》］和关于新星的论文寄给我，因为我在威尼斯和这里都没能找到。"[48]

且不说开普勒，伽利略提及"透视学"和"折射学"时参详的均是相当新的文献，从这些文献中，他可以了解到一些理解荷兰望远镜如何工作、其性能如何优化等所需的知识。比如，镜片成像的能力同折射现象密不可分，为了放大观看物体，需要利用凹凸透镜的组合效应。诚如我们所知，这些知识较为浅显，不足以确定是哪条光学定律在起作用。这种情况一直持续到 1611 年。开普勒发表《折光学》，提出了关于镜片和望远镜的第一个数学理论后，事情才有了进展。[49] 然而不可否认的是，伽利略已经了解的那些概念已基本可以解释望远镜的光学特性。

建筑师兼数学家塞尔焦·文图里（Sergio Venturi）于 1610 年 2 月 26 日寄往那不勒斯的一封信 [50] 佐证了前述论断，此时距《星空报告》问世还有约两周时间。文图里来自锡耶纳，在罗马生活和工作，为博尔盖塞家族规划、跟进各种项目。因此，早在 1609 年春夏之交，他就从博尔盖塞家族那里得知首批荷兰望远镜中的一个传入了意大利，后于同年 4 月由圭多·本蒂沃利奥献给了保禄五世。[51] 这一消息在罗马四处传开，医生朱利奥·曼奇尼在一封未公开的信中向他锡耶纳的兄弟道："人们（在罗马）见到的那些眼镜能使视力倍增，据说其发明者是伽利略。”[52]不过，文图里或许是通过其他渠道在11月也得知了相关信息，这个渠道就是美第奇宫廷的常客，皮斯托亚人博尼法乔·万诺齐（Bonifacio Vannozzi），此人也是博尔盖塞家族圈子的人。[53]万诺齐提供了一份宝贵的证据，证明文图里在短短数月内就开始制作望远镜，并获得了至少在他看来可与伽利略比肩的声名：

> 锡耶纳的塞尔焦·文图里先生是一位伟大的数学家，他制作了一种可看到远处的管状眼镜，其完美程度远超市面上的流通品。自然，伽利略先生的作品也相当有价值，但在出海远洋时，这一仪器虽有诸多优点，却缺乏实用性，因为使用它观测时，必须位置稳定，在持续摇晃的船上很难保证这一点。不过在陆地上时，该仪器可帮助我们观察远处的敌人，搜索海上进犯的战舰。[54]

无论如何，文图里为自己赢得了声誉，这一点从他1610年2月26日的通信中可以看出，那与其说是一封随着委托他制作的“能拉近观测距离的眼镜”附上的普通信件，倒不如说是一篇小论文：文图里在其中列举了几个“原理”，据他所说，这些原理解释了“眼镜”的功能是如何实现的。而这些原理也是他集百家之长，如海桑、维帖洛，以及尤其是德拉波尔塔等人的理论，总结而出的。由此他得出了以下结论：

> 确认这些原理后，我便将其运用于该仪器及其部件上，其部件指的是两个球面镜，一片是凹面镜，一片是凸面镜，它们分属于近视镜和老花镜，即以正常视力来看，能让事物显得更小和更大的眼镜。鉴于德拉波尔塔先生在其著作《论折射》中业已详细论述了这一点，而阁下有一位不逊于他的执笔者，是在这些问题上很有发言权的人，我愿将这部分内容交由他叙述。[55]

文图里不是唯一的例子。同年 4 月 5 日，雅克 · 莱沙希尔读罢《星空报告》后，就此书引出的一些疑问去咨询萨尔皮，称他的一位朋友参考了德拉波尔塔在“其光学著作”中的论证后，在巴黎成功制作出一台与“在尼德兰发明”的相似的望远镜。[56]

可见，在《折光学》出版前，人们用一些实用光学概念解释了荷兰望远镜的效果。不过伽利略将这套知识体系与威尼斯眼镜制作师的经验融会贯通，从眼镜制作师那里，他掌握了如何挑选最适合的玻璃、如何确定镜片的曲率等经验，学会了在保持其形状的前提下打磨和抛光镜片。伽利略成功的秘诀就在于此：将基础的光学知识同工匠们制镜时高效的生产过程结合起来。这就是为什么他转而从事望远镜制作，并成为大师，至 1609 年 8 月底，他的“望远管”已经比欧洲市场上任何的“管子”都要强大至少 5 倍。[57]

但是，伽利略远不只是优化了其性能：当时几乎所有人都认为这一装置将应用于军事或航海领域，而伽利略却在短短 3 个月的时间里，将这个基础的光学装置改造成了精密巧妙的天文仪器。这是一个新纪元的开始：天体新发现将永久改变人们对宇宙的印象和认知。

6.

1609 年 9 月至 10 月，伽利略已然尝试用望远镜观察月球。[58] 在 11 月末，他启动了系统的观测计划，当时，他成功地设计了一个能够放大 20 倍的仪器，并在短短几天内就做出了成品，在这段时间里，他采购了他在购物清单上列出的物品。伽利略清楚地知道将镜片用在哪里能获得他需要的光学特性。可以说，他辛苦的匠人工作和在各个眼镜作坊之间的奔波终于有所回报：一台可以观察月球的望远镜诞生了，月球上那些当时仍无人知晓的细节就此揭开面纱。对于这一系列在技术上和天文学上前景光明的进展，伽利略仅在一封 12 月 4 日的信中相当谨慎地提及，这也是他在这一时期的通信中唯一一次提及此事。那封信是写给米开朗琪罗 · 博纳罗蒂（Michelangelo Buonarroti）的，伽利略表示次年夏天将前往佛罗伦萨，并简短写道："我将对望远镜进行一些改进，或许还会有其他的发明。"毫无疑问，伽利略暗示的就是用新望远镜对月球进行观察一事。[59] 1610 年 1 月 7 日，伽利略给另一位佛罗伦萨通信者写了信，即安东尼奥 · 德 · 美第奇（一说是埃内亚 · 皮科洛米尼），这封长信描述了他用望远镜看见的“月球表面”，其“直径约比肉眼看到的长20倍”：

> 月球表面并不是像众多人相信的那样，同别的天体一样一马平川、光滑洁净。一眼看去，它是陡峭嶙峋、高低错落的，总而言之，能得出的结论是，它的表面凹凸不平，有丘陵也有洼地，同地球表面散布的山川河谷类似，但要比地球上的大得多。[60]

这封信后来用拉丁文做了增补扩写，成为《星空报告》中的第二和第三部分。它包含了伽利略利用放大效果强大的望远镜对月球进行的所有观测记录。当时，伽利略决定观测月球从新月变化到下弦月的整个周期，并绘制观测记录以说明其形态特征。凭借从青年时代培养的绘画才能，[61]伽利略绘制了七幅精美的水彩画，这些画作令人瞩目之处不仅在于写实，更在于其表现了月球表面的变化。[62]它们是关于这一观测结果为数不多的图像，其中四幅被重制为版画收入《星空报告》一书中。虽然这些画作均未标注日期，但通过对原版水彩画和版画的比较可知，这些画涉及伽利略在七个不同夜晚的观察：前六幅作于1609年11月30日到12月18日期间，最后一幅则作于1610年1月19日。[63]

此外，伽利略似乎是在用望远镜观测月球的同时，“直接”现场画下了所见。[64]要做到这一点，他的艺术才能尽管助益良多，却还不够。需要在多个方面展开行动，这也就意味着有一些相当复杂的步骤。伽利略在1月7日的信中明确列出了一些指示，据此可知，首要任务就是熟练使用望远镜：

> 要保持仪器相对静止，因此，为了避免脉搏和呼吸带动的手部颤动，最好将管身固定在某个稳定位置。镜片要保持清洁明净，避免呼气、湿气和雾气覆盖于上使其模糊，同理，眼睛本身带有的体温所产生的水汽也是要避免的。管身以能够灵活延长或缩短约三四指长度为上佳，因为想要清晰地看到近处物体，管身就要长一些，而想要看得越远，管身就必须越短。[65]

但重点在于一个策略："最好把凸面镜，也就是那个距眼睛远的镜片部分遮住，留下椭圆形的开口，因为这样就能更清楚地看到物体。"[66]这种用一个"椭圆形"光圈缩小物镜（凸面镜）孔径的做法，能够有效选择镜片的最佳光学区域，中和镜片边缘打磨不完善造成的失真。[67]

然而，"看"这个动作还仅仅是第一步，为了理解所见之物，伽利略还需要将其观察结果转变为纸上的图像。他绘制图像的方式具象呈现了他的观测，使其可见可感。值得注意的是，他那台能放大20倍的望远镜视野非常有限，仅有15弧分。[68]因此，伽利略观察到的画面仅是被观测物体的各个部分，是他将其仔细拼凑，才组成了完整的图像。

不妨试着想象伽利略的工作过程，当他转动望远镜观察月球时，每次只能观察到月球的四分之一。这意味着为了获得完整的图像，必须不断调整望远镜的位置，将视角从月球表面的一个区域移动到另一个区域，而且至少得做四次观测。同时需要仔细观察每次观测到的那部分，将画面牢记并尝试绘制出来，再将其同下一个部分组合，拼出尽可能忠实的最终图像。简言之，寻觅更好的玻璃、打磨加工镜片并不是唯一费时费力的工作，在整个复杂的观测过程中，还有一个更精细的方面需要解决，即绘制出图像，各个观测阶段的成功都取决于此。

7.

新发现表明，月球表面起伏不规整，沟壑纵横，这无疑是一个具有划时代意义的转折。人们不得不重新思考传统观点对于宇宙空间的等级划分，推翻根深蒂固的认知，即地球和其他天体之间有本质上的区别。然而伽利略没有停止脚步，1610 年 1 月，他观察到一些新事物，正如《星空报告》中所言，“远超所有的想象（和赞美）”[69]。那就是木星，令人称奇的是，在木星的身边还有另外三个天体。尽管前一年 12 月伽利略就已观测到木星，但似乎在那之后木星奇怪的外形才吸引了他的注意力。对伽利略来说，此事属实意外，可以体现这一点的是一份独特的资料，写在一个信封上（见图 10）。

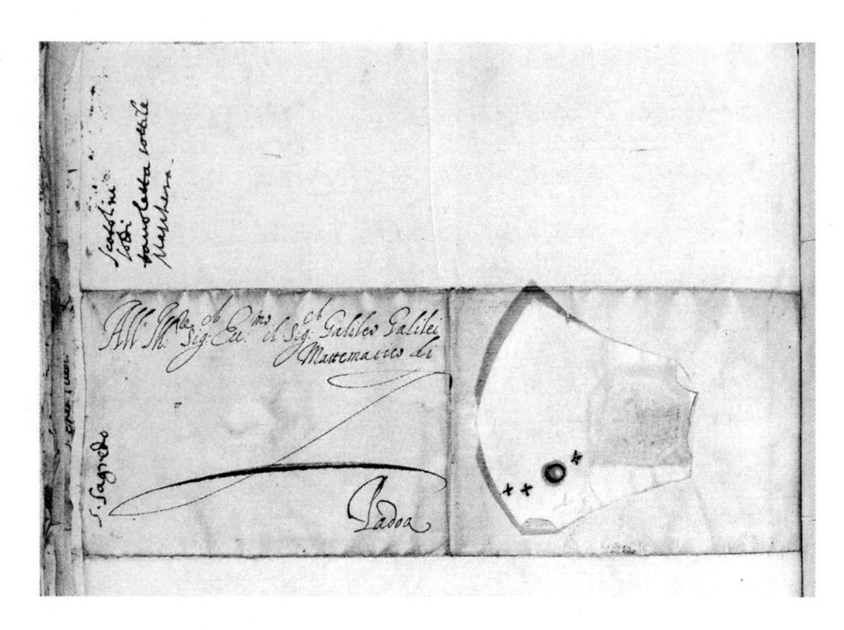

图10　伽利略·伽利雷对木星卫星的首次描绘，焦万·弗朗切斯科·萨格雷多于1609年10月28日寄出的信件，上有亲笔签名

乍一看，信封上的图案就像孩子们在纸上画着玩的小十字、小圆圈，或是我们心不在焉时的涂鸦。信封里装的是萨格雷多于 1609 年 10 月 28 日从阿勒颇给伽利略寄的信。几乎可以确定，信封上是伽利略关于木星卫星的第一幅绘图。

这像是个玩笑，伽利略刚收到一封信，就随手在信封背面匆匆勾勒了一幅草图。我们不难想象这样的场景：伽利略迅速看向天空，随即又紧盯着望远镜，然后放开望远镜，随手抓起桌面上的纸，也就是信封，然后在纸上急速画下三个小十字，中间画一个小圆圈。这个出乎意料的观察结果，他不知如何解释。

对于我们这种整理文献的人来说，这样的发现颇为尴尬，也意想不到。因为在爬梳资料的过程中，面对无穷无尽，有时令人厌倦的信件，你总想跳过那些除了收件人姓名和地址以外什么都没有的纸张。你也许会对自己说：这份文件我读过了，所以快速翻阅那些“空白”页面，然后继续读下一份就行。而这次，我们需要的资料就在那里，醒目地出现在信封上。法瓦罗把对资料的描述放在谈论萨格雷多此信时的脚注里：

> 在地址旁就能看到伽利略的手记：
>
> “小盒子
>
> 钱
>
> 薄板
>
> 面罩”
>
> 在这张纸的其余部分绘有三颗美第奇星（木星的三颗卫星，伽利略以美第奇家族为其命名）的排列结构。[70]

这就是信封上的全部内容，也许，如此珍贵的资料，此前不为人知的缘故就在于此。

但伽利略是何时收到这封信的呢？如我们所知，萨格雷多此信是在回复伽利略寄给他的信，信件虽已佚失，但可以确定是伽利略于 1609 年 4 月 4 日从帕多瓦寄出的，在 9 月 16 日“通过君士坦丁堡（伊斯坦布尔）”送至阿勒颇，[71] 差不多历经 5 个半月才送达。

如果萨格雷多的回信也要在路上花同样长的时间，那么这封信应在1610年4月初抵达伽利略手中。然而，一些情况表明并非如此，伽利略4月4日寄出的那封信，送达时间比一般信件晚得多，或是没有委托专业邮递机构所致。

从1535年起，威尼斯方面的代表在奥斯曼帝国境内的公文和通信都是由威尼斯共和国的专属信使处理的，他们的固定行程以达尔马提亚城市卡塔罗（Kattaro，今科托尔）为枢纽。来自埃及、叙利亚、安纳托利亚的信件被送往伊斯坦布尔，信使走陆路将其转运到卡塔罗，再从那里通过专用船队走水路到达威尼斯。反方向的路线也类似，唯一的区别是在卡塔罗，信件会根据收件地址先进行分拣。从16世纪末一直到18世纪中叶，伊斯坦布尔到威尼斯的送信时长基本没有变化，[72] 平均耗时30天，少则22天，多则40天皆有可能。[73]

从萨格雷多就任领事的阿勒颇出发，每个月末发出的信件到达伊斯坦布尔需15~20天。[74] 因此，在没有遇到恶劣天气、匪徒袭击等意外阻碍的情况下，信件可在一个半月或两个月内走完阿勒颇—威尼斯路线。甚至在邮件管理制度生效之前，一封公文于1507年12月20日从阿勒颇发出，1508年1月31日就抵达了威尼斯。[75] 然而，让我们认为伽利略在1610年1月初之前就收到了萨格雷多的回信的是另外的情况：如果他是4月才收到回信的，那就没必要在上面绘制木星的结构了，因为早在一个月前《星空报告》就已出版，而且如后文将详述的，伽利略从1月15日开始，将观测情况记在了日记里。

因此毫无疑问，萨格雷多来信的信封上有伽利略绘制的第一张木星卫星草图。绘制时间也确定无疑：1610 年 1 月 7 日，周四晚上。而事实上，那晚伽利略正给安东尼奥 · 德 · 美第奇（同上文，一说埃内亚 · 皮科洛米尼）写信叙述关于月球的发现，在收尾时，他又被后续观测到的景象震撼，几乎是实时地在信末补充了他刚刚在另一个信封上画下的内容（见图 11）：

> 除了观察月球，我还对其他天体进行了观察。首先，用望远镜可以看到诸多恒星，如果没有这个仪器，就很难进行辨别。今晚我还观测到木星周围有三颗固定的星星伴随，但因为它们太小了，不仔细观察几乎不可见，它们是按照如下方式排列的。[76]

尽管这次观测给伽利略留下了深刻的印象，但他还没有意识到这一结果何等重要，也没有想到那“三颗固定的星星”可能是木星

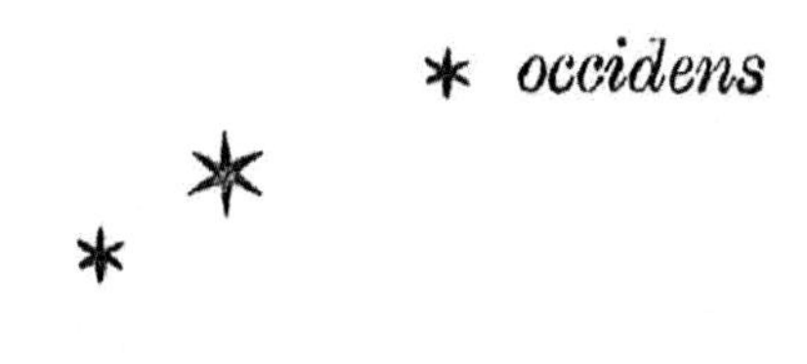

图11　伽利略·伽利雷，木星卫星图示意，出自其1610年1月7日的信（图中occidens意为“西方”，oriens意为“东方”）

的卫星。然而事情很快有了进展，伽利略科学生涯中最激动人心的一周拉开了序幕。

8.

还有其他意想不到的事。一份文件与信封同时作为主角登场，那是一张纸片。1609 年 8 月，伽利略在纸片上写下将向威尼斯总督献上 8 倍望远镜一事，在纸片剩余的部分记录了他的观测结果。[77]

1610 年 1 月 8 日，周五，可想而知，为了验证前夜利用望远镜观测到的景象，伽利略又一次望向天空，他再次观测到了木星。他刻意复制了一份 1 月 7 日观察到的图像，与之相比，8 日所见的景象颇有不同，这一次三颗小星星全都分布在木星右侧。这相当不寻常，因为这颗行星并没有像星历表预测的那样运行，而是向反方向移动，“因此是正行而非逆行”。但关于这一点，伽利略的日记出现了时间线上的空白：日记中缺少了 1 月 9 日、10 日和 11 日的记录。1 月 12 日，记录重新开始，那两张标为“10 日”和“11 日”的绘图记录同那两天的实际观测并无关联。[78] 向后翻阅到 13 日的记录，那日是周三，伽利略观察到木星周围围绕着“四颗”星，一颗在东，三颗在西。伽利略将这幅景象绘制了两遍，并在画作右下方补充了三幅小示意图，用箭头代表它们相对于木星的直线运动轨迹，就像是在来回摇摆一样。14 日晚天气不佳，伽利略没有进行观测，

“今日多云”，他如是写道。然而 15 日，这四颗卫星全都清晰可见地高悬在西方，只有新发现的第四颗，距离木星最远的那颗星，稍稍偏离了直线。伽利略特此详细说明：“那三颗在西方的星星之间的距离不超过木星的直径，它们呈直线排列。”

虽然伽利略在《星空报告》中以明显的哥白尼式论调声明，他在 1 月 11 日意识到“三颗游移的星星围绕着木星，就像金星和水星围绕着太阳一样”[79]，但这个结论实际上是他在 15 日得出的，当时他决定将观测结果系统地记录在日记中。[80] 伽利略将原本记在纸片上的笔记和图画收集起来，用他记录在另一些或已丢失的纸片上的数据填上了空白。[81]

1 月 15 日晚可谓意义非凡，伽利略观察木星直至深夜，对其周围小星星的排列方式改变了看法，因为他强调，这些星星“并不完全在一条直线上运动”[82]。伽利略连续追踪了 7 个晚上，终于茅塞顿开：那些运动轨迹怪异的星星正是围绕木星旋转的卫星。

这一发现意义重大，需要马上用插图的形式来表现：“把这幅景象刻在一整块木头上，白色的是星星，黑色的是其余的部分，然后将其锯开。”[83] 这是伽利略观察日记中出现的最后两行意大利文，剩下的所有记录，包括他当天更晚些时候的观察，都是用拉丁文写的。这种语言上的突变只有一种解释：他意识到自己可以从这一新发现中获得巨大的声名，因此需要用一种适合于在国际上发布的语言来传播它。

1 月 30 日，伽利略已到达威尼斯筹备印刷工作。[84] 事实上就

Ser.mo Principe.

Galileo Galilei Humiliss.o Servo della Ser.tà V.a inuigilando assiduam.te, et con ogni spirito per potere non solam.te satisfare al carico che tiene della lettura di Matematiche nello Studio di Padova,

Scrivere d'havere determinato di presentare al Ser.mo Principe l'Occhiale et per essere di giovamento inestimabile per ogni negozio et impresa marittima o terrestre stimo di tenere questo nuovo artefizio nel maggior segreto et solam.te a disposizione di S. Ser.tà L'Occhiale cavato dalle più recondite speculazioni di prospettiva hà il vantaggio di scoprire Legni et Vele dell'inimico per due hore et più di tempo prima che egli scuopra noi et distinguendo il numero et la qualità de i Vasselli giudicare le sue forze pallestirsi alla caccia al combattimento o alla fuga, o pure anco nella campagna aperta vedere et particolarm.te distinguere ogni suo moto et preparamento.

Adi 7. di Genaio
Giove si vedde cosi * * ♃ * cosi: 10. 11.
Adi 8 cosi ♃ * * *
era dunq diretto et non retrogrado cosi:
Adi 12. si vedde in tale costituzione * * ♃ *
Il 13 si veddono vicinissime à Giove 4 stelle * ♃ * * * ò meglio cosi
Adi 14 è nugolo
Il 15 ♃ * * * * cosi: la pross.a à ♃ era la min.e la 4.a era distante dalla 3.a il doppio incirca.
Lo spatio delle 3 occidentali non era maggiore del diametro di ♃ et erano in linea retta.
♃ long. 71.38 Lat. 1.13

图12　伽利略·伽利雷，对木星卫星的观测，1610年1月7日至15日的记录，观测记录写在1609年8月24日给莱奥纳尔多·多纳（Leonardo Donà）的信的草稿的末尾

在那天，他写信给文塔："我现在在威尼斯，为了印刷用我的望远镜观测天体得到的一些新发现。"他也同样告知了文塔关于月球的发现，还说自己已经发现了"许多恒星"，确定了"银河的样子"。他在信的末尾写道：

> 但在所有这些奇迹之外，我还新发现了四颗星星，并观察到它们特殊的运行方式，它们与其他行星的运动不同，是围绕着另一颗巨大的星星旋转，就像金星和水星，可能还有其他已知的星体围着太阳转动一样。这篇论文印刷完毕后，我将把它分发给所有的哲学家和数学家，当然也会给尊敬的大公送去一份，同时附上一台精良的望远镜，以便他亲眼见证这些事实。[85]

伽利略和文塔的书信往来几乎持续到《星空报告》出版前夕。2 月 6 日，文塔告诉伽利略，美第奇家族"非常想要尽快一睹所谓的观察结果"[86]。伽利略在 2 月 13 日返回帕多瓦时回复，表示将新的天体献给大公亦是他所愿。然而，他需要一个建议：

> 只是我尚在琢磨，到底是将所有四颗星都献给大公，借用他的尊姓大名，将其命名为"科西莫星"，还是鉴于一共有四颗星，就将其命名为"美第奇星"，献给大公和他的兄弟。

伽利略请文塔为他参谋哪个名字更"得体庄重"一些，并请求

Adi 7. di Gennaio 1610 Giove si vedeva col Cannone con 3. stelle fisse così * * O * delle quali senza il cannone niuna si vedeva. à di 8. appariva così O * * * era dunque diretto et non retrogrado come pongono i calculatori.

Adi 9. si nugolò. à di 10. si vedeva così * * O ciò è congiunto con la più occidentale sì che la occultava per quanto si può credere.

Adi 11. era in questa guisa * * O et la stella più vicina à Giove era la metà minore dell'altra, et vicinissima all'altra dove che le altre sere erano le dette stelle apparite tutte tre di equal grandezza et trà di loro egualmente lontane; dal che appare intorno à Giove esser 3. altre stelle erranti invisibili ad ogn'uno sino à questo tempo.

Adi 12. si vedde in tale costituzione * O * era la stella occidentale poco minor della orientale, et Giove era in mezo lontano da l'una et dall'altra quanto il suo diametro in circa: et forse era una terza piccolissima et vicinissima à Giove verso oriente; anzi pur vi era veramente havendo io con più diligenza osservato, et essendo più imbrunita la notte.

Adi 13. havendo benissimo fermato lo strumento, si vedevano vicinissime à Giove 4. stelle in questa costituzione * O * * * ò meglio così * O * * * e tutte apparivano della medesima grandezza, lo spazio delle 3. occidentali non era maggiore del diametro di ♃. et erano trà di loro notabilmente più vicine che le altre sere; ne erano in linea retta esquisitamente come per avanti ma la media delle 3 occidentali era un poco elevata, ò vero la più occidentale alquanto depressa; sono queste stelle tutte molto lucide benché piccolissime et altre fisse et appariscono della medesima grandezza non sono così splendenti.

Adi 14. fu nugolo. Adi 15. era così O * * * *. la prossima à ♃. era la minore et le altre di mano in mano maggiori: gl'interstitij tra ♃ et le 3. seguenti erano tutti quanto il diametro di ♃, ma la 4a era distante dalla 3a il doppio in circa; ne facevano interamente linea retta, ma come mostra l'esempio, erano al solito lucidissime benché piccole, et niente scintillavano come anco per inanzi.

♃ long. 71.38 Lat. 1.13 Mer. 2.30 / 1.13 / 1.17

图13　伽利略·伽利雷，木星卫星观测记录手稿的第一页，1610年

他做两件事：

> 其一，请务必为我保密，我相信您向来守口如瓶，在比这更严肃的事上您也未失此原则。其二，请您尽快回复，我现下搁置了印刷，因为您的建议将决定标题和献词的内容。明日我将返回威尼斯，在那里敬待您的回复，如果您愿意，可将回信交给邮政局长，以免信被交给其他人后送至帕多瓦。[87]

文塔在2月20日寄出了回信，表示新的卫星命名为“美第奇星”更胜一筹，他的信来得正是时候，伽利略在献词页和扉页上采用了他的建议。而在这段商谈过程中，伽利略除了密切跟进印刷工作的各个阶段外，也不懈怠地继续探索天空：1月31日，他观测到了昴星团，2月7日，他观测到了猎户座的“腰带”和“佩剑”。[88]他在3月2日对木星卫星最新的观测记录也收进了新出版的著作里。

在两个月的辛勤工作中，伽利略全心投入制作与作品配套的版画，办理了出版许可的官方手续，还完成了献给科西莫二世的献词，献词日期为1610年的3月12日。次日，《星空报告》终于离开托马索·巴利奥尼（Tommaso Baglioni）的印刷厂，于1610年3月13日周六晚间正式问世了。[89]

第四章

CAPITOLO
QUARTO

电光石火

I.

萨尔皮与伽利略之间冷战已久，在这一天，他们的友谊彻底破裂。依萨尔皮这位威尼斯神学家看，《星空报告》的字里行间充斥着背叛，那些为此书铺就基石的相当大一部分内容被刻意抹去，那本该是威尼斯共和国流芳千古的非凡机遇，而今留下的只有始料不及的满心失望。

书中对望远镜观测的地点只字未提，更过分的是，没有对共和国和那些一同参与制作望远镜的威尼斯人表示丝毫感谢。这足以引燃萨尔皮的怒火，不怪他宣称“没有读过”这本书。毕竟，在付出了那么多后，期待对方投桃报李也是理所当然。

然而，跳出威尼斯政坛的恩恩怨怨，《星空报告》的影响力之盛是当时任何解读方式都削弱不了的。书中展现了月球上的山脉山谷，描绘了英仙座和猎户座星云周围小星环绕的清晰轮廓，还详述了围绕木星的四颗卫星的发现，将日复一日对其运动轨迹和确切位置的观测呈现给读者，故此书在当时的同类书籍中可谓独树一帜。这本书不仅提供了看待地球的别样视角，还让人以不同的方式看待人与世界、与自然的关系。纵观现代思想史，其传播范围之广、速度之快，没有任何其他作品可以匹敌。可能只有加上地图才能充分体现《星空报告》广泛传播的程度，光用文字是不够的。说到问世后获得的国际声望，可能也只有查尔斯·达尔文 1859 年出版的《物种起源》可以与之相比。

所谓《星空报告》，无论是来自“星空”的信息还是陌生未知的“报告”，都似乎是从“另一个世界”来的。只要深入阅读几页就能意识到，这本书将在短时间内激发出大量作品，并创造现实、书写历史，伽利略编织了一张密集的事件网，其中的每个事件都是他无尽冒险的一块拼图。

2.

3 月 13 日周六晚，一份油墨未干的散页副本被送至佛罗伦萨的贝利萨里奥 · 文塔处。而献给大公的装订好的书将在下一周寄出，因为伽利略需要回到帕多瓦，将望远镜与书一同献上。[1]

可见，伽利略首先考虑的是大公以及他在宫廷的朋友，这些人尤为支持他搬到佛罗伦萨。他特意给文塔写信，提醒文塔要做好心理准备，因为如果使用望远镜不当，他们也许会大失所望，“对非专业人士来说，从操作一开始就需要有极大的耐心，因为没有人从旁协助调整仪器并将其完美固定”[2]。伽利略还提到，由于木星的四颗卫星距太阳较近，整个夏天都不太可能观测到它们。

最初的信息送往佛罗伦萨时，其他渠道的消息也纷纷传来。如果说 1608 年秋，荷兰望远镜发明后，海牙立刻成了欧洲主要国家间密切通信往来的中心城市，那么这个位置如今要让给威尼斯了。最早传播相关信息的人之中，值得一提的是马克 · 韦尔泽（Mark Welser），此人是巴伐利亚银行家，与耶稣会关系密切。就在《星空报告》出版的前一天，韦尔泽从奥格斯堡写信给身在罗马的耶稣会权威数学家克里斯托弗 · 克拉维乌斯（Christoph Clavius）[1]，恰好提及此事：

> 我从帕多瓦获悉，帕多瓦大学的数学家伽利略 · 伽利雷先生用一种新仪器发现了四颗新星。许多人称那种仪器为“visorio”，伽利略先生自称是该仪器的制作者，这一仪器对我们而言是全新之物。就我们所知，常人从未见过那些星星，而伽利略先生还观测到了许多闻所未闻的恒星和银河的奇妙景象。我很清楚，凡事须三思，不可轻信，故我并不打算做什么决定，但请阁下稍稍透露一些您对此事的看法。[3]

1 克里斯托弗·克拉维乌斯（1538—1612）：德国数学家、天文学家、耶稣会士，利玛窦的老师，曾与诸多学者在儒略历基础上，制定了现行的格里历。

一说韦尔泽的消息来源可能是帕多瓦人洛伦佐·皮诺利亚。这一消息来源虽然可靠，但它所述之事过于惊人，很难让人不经调查就相信。在相信之前，韦尔泽需要权威之言来证实他了解到的情况，而世界上没有比克拉维乌斯更紧跟时代、更博学多才的人能帮助他消除疑虑了。

英国驻威尼斯大使亨利·沃顿（Henry Wotton）爵士也谈到了这一奇迹。此事反响巨大，必须立刻向英国传达这一消息。他表示，这是“传遍世界各地的非凡之事（我愿称之为‘非凡’）”。在3月13日，即《星空报告》出版的当天，沃顿向索尔兹伯里伯爵罗伯特·塞西尔坦言：

> 就在今天，这位帕多瓦的数学教授出版了著作。他对佛兰德人率先发明的光学仪器（可以放大并拉近远处物体的仪器）进行改进，借助这一仪器，他发现了四颗围绕木星旋转的新星，以及其他一些从前未知的恒星。[4]

沃顿立刻将此书寄给了塞西尔伯爵，接下来他还将寄去“一台这样的仪器，是由伽利略本人改进的”。然而，与韦尔泽不同的是，沃顿总结了新发现：从四颗新卫星到银河的“真正成因”，从月球上的诸多凸起到他认为“最奇怪的事”，即月球除了接受太阳直射外，还接受来自地球的反射，而这与当时人们的认识相悖。但沃顿颇有见识，他毫不犹豫地断言，这必将引发一场超出天文学领域的争议。

> 由此，伽利略先是推翻了传统的天文学（因为我们需要一个新天球来保存现象），后又推翻了所有的占星术。事实上，这些新星的发现注定要冲击审判的力量，为什么不会有更多呢？因此，我冒昧地向阁下汇报这些事情，因为这已成当地大街小巷的谈资。伽利略无疑是在豪赌，赢则名满天下，输则沦为笑柄。[5]

可见，伽利略的这些发现着实令人震惊，威尼斯的每个人都对此津津乐道，而如果这些论述被证明是真的，其影响将难以估量。诸多数学家、天文学家著书立说的那片平静却狭隘的领海，将立刻掀起惊涛骇浪。这也就是沃顿立即向詹姆士宫廷去信的原因：伽利略的《星空报告》已不是只有专业人士和文化大家在谈论的话题，这一话题将牵涉到范围更大的政治领域。

尽管正如《星空报告》的扉页所言，这是一本写给哲学家和数学家的书，但它将带来的颠覆性变革具有普遍性。也正因如此，它的受众不会局限于普通的专业人士。可以说，不同于当时流通的哲学或天文学书籍，《星空报告》是一本适合所有人阅读的书，人们也不需要精通拉丁文才能理解它。实际上，“阅读”它并不重要，因为只要翻开这本书，浏览 5 张月球插图、4 张银河插图和按时间顺序排列的木星卫星“绘画”，就能体会到这本书与其他描述天体

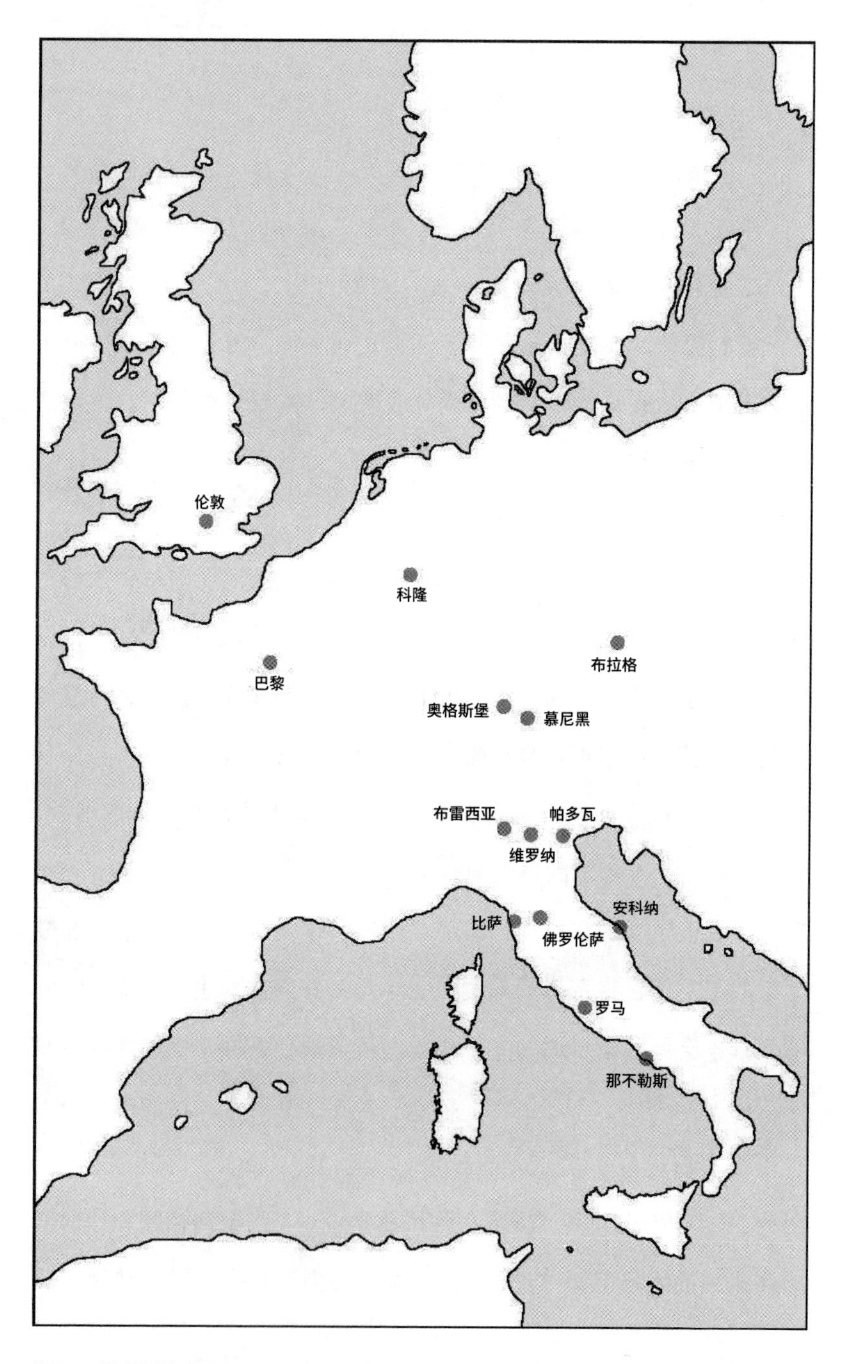

地图2 《星空报告》的发行：从1610年3月13日到4月30日，该书出版的消息和第一批副本的传播范围

和测量行星间距的书的不同之处。正是这些图像令此书脱颖而出，秘密不藏在字里行间的描述中，也不在过去的天文书中，而是在文字世界之外，存在于崭新的仪器——望远镜——中。相对于文字，图像才是《星空报告》的主角，故它与所有关于天体的前作都截然不同。《星空报告》的革新性和独创性就在于此：所有的文字都是为图像服务的，而不是图像为文字服务。

3.

消息很快传到了罗马。伽利略在佛罗伦萨的朋友乔瓦尼·巴蒂斯塔·阿马多里（Giovanni Battista Amadori）告知齐戈里此书业已出版。3月18日，就在《星空报告》出版的5天后，齐戈里敦促伽利略给他寄一份副本。[6] 同日，那不勒斯的焦万·巴蒂斯塔·曼索（Giovan Battista Manso）也按捺不住，此人是托尔夸托·塔索（Torquato Tasso）[1] 和詹巴蒂斯塔·马里诺（Giambattista Marino）[2] 的诗友，后来写下了著名的塔索传记。曼索赞扬伽利略“几乎又是一

1 塔索（1544—1595）：意大利诗人，文艺复兴运动晚期的代表，跟人文主义者交往甚密，代表作是叙事长诗《耶路撒冷的解放》。

2 马里诺（1569—1625）：巴洛克文学的代表诗人，以他的名字命名的“马里诺主义”追求繁丽的创作格调，较多地运用比喻和象征的艺术手法，以新奇怪诞给读者在感官上造成快感，代表作有长诗《阿多尼斯》等。

个哥伦布”，在“前人未曾踏足的道路”上卓有勇气。[7]尽管他手中的望远镜质量不高，无法分辨出“月球表面的沟壑、山脉和起伏之处”，保罗·贝尼（Paulo Beni）从威尼斯传来的消息无疑表明：那些不是望远镜的把戏，而是实际存在之物。然而，曼索对这些消息仍不甚满意，他认为，伽利略在公开这些发现之前应准备好一些东西，首先是哲学支撑，而这样的哲学尚不存在。面对月球像地球一样多山的事实，曼索表示“我不知在哲学中能找到什么原理对此进行解释，无论是亚里士多德构想的‘第五元素’论还是柏拉图的理论都不符合”。更不用说他如何看待木星的四颗新星及其运动了，“这不符合哲学家或占星家的任何理论，更不符合托勒密、哥白尼或弗拉卡斯托罗（Fracastoro）[1]迄今为止的观察和论证”[8]。此外，同沃顿一样，曼索也提及了占星家和医生对此事的不安和抗议，他们面对刚传来但未经证实的关于望远镜的消息，已经开始为自己的职业感到担心。

> 对他们来说，新天体一经发现，占星术必然土崩瓦解，医学领域的很大一部分理论也摇摇欲坠。因为黄道十二宫的分布、星座理论的统治地位、恒星的性质、历法的顺序、人的寿命限制、胚胎形成的月份、关键日期的成因，以及其他成百上

---

1 弗拉卡斯托罗（1479—1553）：意大利文艺复兴时期医学家、哲学家、天文学家、诗人。

千件取决于“七”这个行星数量之事，都将彻底被颠覆。[9]

当时人们从各个角度进行对天体的解读，因此，人们对《星空报告》的兴趣[10]远超出了天文学范围（此书在法兰克福博览会上被归入“天文学”一类），也就不足为奇了。3月19日，此书出版仅过了6天，印出的550册书就售罄了，而伽利略自己从印刷厂本应收到30册书，但只拿到了6册。[11]

伽利略计划不久后出版第二版，这版用俗语写作，增补新的观察结果，尤其是插入完整的月球图像。[12]同日，他给佛罗伦萨方面发了两封信：第一封是给大公的，随信献上了《星空报告》和一台“相当精良”[13]的望远镜；第二封是给文塔的，随信附上的还有一份未完成的手写草稿，给文塔的信中详细列出了需尽快将书和望远镜送至的人员名单。这项任务专由文塔负责，因为它需要一定的外交手段，得是大公国的官方行为。然而，有一个不可忽视的缺陷：截至那时伽利略所制的60多台望远镜中，真正精良的很少。

我曾计划将这些［望远镜］献给诸位王公，特别是献给尊贵的大公的亲属；尊贵的巴伐利亚公爵和科隆选帝侯已向我要求获得这些［望远镜］，还有尊贵和虔诚的枢机主教达尔蒙特（Dal Monte），我将尽快把［望远镜］和我的论文一同献给他。我的愿望是把这些望远镜送到法国、西班牙、波兰、奥地利、曼多瓦、摩德纳、乌尔比诺，以及阁下认为应当送去的地方；

但如果没有支持和帮助，我就不知道如何将它们运送出去。[14]

这些地方都与佛罗伦萨交好，更重要的是，它们都是严格信奉天主教的地区。大公府上的机器开始运转，使书和望远镜尽可能广泛地传播出去，这么做与其说是为了支持其“仆从”和“家臣”的工作，不如说是为了彰显美第奇家族的威望和权力，毕竟，抢在其他任何君主之前，他们的名字刻在了上帝的天书上。

因此，书和望远镜成了“国家事务”。伽利略向他的政治联络人明确表示：“我别无所求，只愿继续这项伟大的事业，以效忠我们尊贵的主上”[15]。而如果“更多人都能看到并认识真相”[16]，这项事业就会愈加伟大。为了实现这一目标，托斯卡纳的外交合作是必不可少的。从文塔下达给阿斯德鲁巴莱·巴尔博拉尼的精确指示中可见，这种合作将如期而至。

如果伽利略·伽利雷先生愿意给皇室送一些他出版的关于美第奇星的书，请接收它们，并将其放在尊贵的赞助人的信件里，唯有此种做法才令人满意，如果伽利略先生还想送一些望远镜，用于观察美第奇星，也请接收。但有必要考虑如何将它们缩小到可以包装的大小，不至于占用很大的空间，因为如果它们像喇叭一样长，就需考虑通过特殊方式运送，或通过商队，或通过专用路线。而若需将同样的物品送给伦敦的洛托秘书，也请同样接收，尽可能提供帮助，行个方便，使它们可以完好无缺地运送，令尊贵的赞助人满意。[17]

《星空报告》已然成了《美第奇星》，即“关于美第奇星的书”，此书通过外交信函寄给布拉格和伦敦的大使，就像几乎每天送往欧洲各地的军事、宗教和政治公文一样。因此，无怪乎书和望远镜会送到王公贵族和枢机主教手中，而不是数学家和天文学家手中。[18]正如文塔观察到的，“尊贵的赞助人十分满意”，尽管美第奇宫廷的人并不都欣赏伽利略，而且不友好的声音还源源不断地传到佛罗伦萨。其中就有乔瓦尼·巴尔托利，他无时无刻不提及伽利略和萨尔皮之间的亲密友谊，还对各方谣言火上浇油，这些谣言将伽利略形容成一个狡猾、不择手段的人。“他是一个非常杰出的人物，也是保罗·萨尔皮神父的至交”，这句话被巴尔托利在各个场合翻来覆去地念叨，虽然他也不得不补充说，伽利略的书在威尼斯“大受欢迎”，“在那里他宣布用望远镜又发现了四颗新星，看到了月球上的另一个世界，以及诸如此类之事，这给那些科学教授提供了有趣的谈资，特别是关于‘美第奇星’这个标题”。[19]

4.

3 月 27 日，距《星空报告》印刷出版已过去了两周。这一天，埃内亚·皮科洛米尼和亚历山德罗·塞尔蒂尼（Alessandro Sertini）

分别从比萨和佛罗伦萨给伽利略寄来了满怀钦佩的信，告诉他人们对他的仪器充满好奇。

埃内亚称，大公急于试试望远镜，“希望看到一个新的奇迹”，并抨击一些顽固者，他们拒绝承认“阁下声称已经观察到并想让更多人一观的景象”[20]。塞尔蒂尼则告诉伽利略，“佛罗伦萨到处都是应不同需求从威尼斯运来的望远镜，这已超出常理”。不仅是宫廷，整座城市都做好准备，期待关于天体的新消息，等着隆重迎接它们的发现者。塞尔蒂尼带着打趣的口吻向伽利略讲述，想要观看和试用望远镜的人们是何等紧张激动：

> 昨天早晨我一到新市场，正巧遇见菲利普·曼纳利先生，他说他的兄弟皮耶罗先生来信称，威尼斯的送货员从阁下那里给我捎来了一个小盒子。消息传开，周围人都以为盒子里是一台望远镜，迫切想一探究竟，我也无法拒绝。而当人们知道盒子里是本书时，他们的好奇心并没有消减，文人更是如此。我相信安东尼奥先生［安东尼奥·德·美第奇］会有办法让我一观的。昨天在弗朗切斯科·诺里先生家里，我们读了《星空报告》中的一段，即有关新星的部分；总之，此书无疑是一部非同寻常的巨作。[21]

令人惊讶的是，很快就有越来越多的佛罗伦萨人知悉了这些天文发现。可怜的塞尔蒂尼发现，他收到了伽利略的“小盒子”之事传出，他就插翅难飞了。这些在不久之后将震惊圣马可的多明我会修士的公众，现在正准备接受“散布在我们城中的无礼之举，而我们的城市因子民天性善良、主上勤政警醒，保持着如此纯粹的天主教信仰”[22]。

不到两周，望远镜和天体新发现之事就传遍了欧洲大陆。伽利略此前还是位默默无闻的数学家，如今他的声名在伦敦、奥格斯堡、罗马和那不勒斯流传开来，或引起广泛赞同，或产生激烈争议。其他地方也紧随其后，首先是皇帝鲁道夫二世的住所布拉格，然后是乔瓦尼·安东尼奥·马吉尼（Giovanni Antonio Magini）教书的城市博洛尼亚，博洛尼亚也是伽利略最早去给望远镜“施洗”的城市之一。

第五章

CAPITOLO QUINTO

漂泊

1.

1610 年 4 月 25 日，周日，博洛尼亚。这一天是圣马可节，在该市满满当当的仪式庆典中，人们尤其重视这个节日。仪式从清晨人们前往萨索圣母教堂朝圣开始，一直持续到晚间，由大祈祷日的祈祷仪式和大主教莅临时庄严的弥撒曲将这一天画上句号。[1]

圣马可是公证人、作家、玻璃匠、玻璃画家、配镜师的主保圣人。对伽利略那一日的活动而言，他是最合适不过的圣人。在拉文尼亚纳门广场上，离圣徒教堂不远的地方，伽利略向当地的“博学者”和有识之士游说，希望他们相信木星卫星是真实存在的。

在如今的卡普拉拉–蒙庞西耶宫，旧日贵族马西莫·卡普拉拉（Massimo Caprara）的宅邸中，[2] 一场聚会开始了。[3] 伽利略也位列其中，前一晚他刚在乔瓦尼·安东尼奥·马吉尼家中参加了一个相似的聚会，今天又在二十多人面前露面。出席的有：波希米亚人马丁·霍奇（Martin Horky），此人在马吉尼家中暂住，担任抄写员和秘书；勤奋的占星学年刊编辑乔瓦尼·安东尼奥·罗芬尼（Giovanni Antonio Roffeni）；音乐家、数学家埃尔科莱·伯特利加里（Ercole Bottrigari）；神学家保罗·马利亚·齐塔迪尼（Paolo Maria Cittadini）。哲学家弗拉米尼奥·帕帕佐尼（Flaminio Papazzoni）可能也到场了，据称此人打算以“前公立学校教授”的身份驳斥天体新发现。[4] 在场所有人都盼望亲眼见证《星空报告》所述的新发现，即木星卫星。对其中许多人来说，好奇心是一方面，还有一方面是等着失败看笑话的恶意心态，因为这些耸人听闻的发现有值得怀疑之处：骗局就是骗局，不管设计得多巧妙都不能掩盖其本质。

有名望也有资格评价此事的人，非马吉尼莫属，他对望远镜的可靠性仍持较大的保留意见，因此，他对木星卫星的真实性也抱有怀疑。马吉尼是一位优秀的天文学家，因精通占星和计算行星运动而誉满国际，甚至就在此前几日，布拉格的开普勒还邀请他前去协助完善新的星历表。[5] 因此可以理解，要他心甘情愿接受伽利略这突然的成功，是何等艰难，毕竟他不能原谅伽利略在其家乡帕多瓦的大学里占了一个教席。“百事通”马丁·哈斯戴尔（Martin Hasdale）在布拉格写道：“这令马吉尼不悦，因为有人领先他一步，还偏偏是在他自己的地盘［指帕多瓦］；哪怕此人是在其他地方后来居上，马吉尼都不会如此恼火。”因此，马吉尼下定决心要在这个自己擅长的领域中“抹杀对手的功绩”[6]。尽管马吉尼有这种敌对情绪，但他还是邀请伽利略来到家中，将其奉为上宾，甚至为他准备“奢华精美的宴席”[7]。

马吉尼并没有望远镜，或许也从未有机会使用过，但他却坚持一个先入为主的定论，即望远镜是一种“阴险”的仪器，专以光学错觉迷惑人眼。

> 至于伽利略的书和他的仪器，我认为那是一个骗局，因为当我用自制的有色眼镜观察日食时，甚至能看见三个太阳；我相信伽利略也产生过这种错觉，他定是被月球的反射欺骗了。[8]

马吉尼的合作者马丁·霍奇也认同这一观点，他决心加入反对伽利略天体新发现的行列。在3月末，他向开普勒请教关于木星卫星的看法时表示：“这是个奇迹，令人震撼，尚不知其真伪。”[9] 4月6日，他表示自己将发表文章，反驳《星空报告》和其中提到的“四颗想象中的行星”，10天后，他公开谴责伽利略，称其论述为“无稽之谈”，若人们信以为真，则是整个天文学界的灾难：因为这样一来，马吉尼“以第谷·布拉赫原理为基础”准备出版的星历就必须做出调整，要将整整11颗行星纳入考虑范畴，而不是学界通常认为的7颗。[10]

在博洛尼亚，持怀疑态度的不是只有马吉尼和霍奇。从罗芬尼一段鲜为人知的言论中可以看出，其他人也有同样的怀疑，并准备用他们认为合适的方式迎接这些惊人的发现：

> 不可否认，《星空报告》传到博洛尼亚后，许多人都对其中的新发现惊愕不已。事实上，令一些人感到惊讶的是，那么多出色的天象观察家数世纪以来都没能发现环绕木星的四颗新星。另一些人则一口咬定，这些新的天体奇观是望远镜两端的凹凸透镜折射而产生的一种错觉。[……] 诸如此类，说法不一。然而，每个人都想试试（伽利略的）望远镜，这样在实际使用后，他们拒绝这些新发现就会更有理据。[11]

人们的期待显而易见，而“伽利略来到博洛尼亚”也有了几分“重大事件”的味道。读罢《星空报告》后，人人都会想用这样的望远镜来检验书中内容的可靠性。

2.

霍奇称，在马吉尼和卡普拉拉家中开展的验证可谓失败。4 月 27 日，他写信给开普勒道：

> 4 月 24 日和 25 日两日，我不眠不休，反反复复测试了伽利略的仪器，用它进行陆地观察和天体观测，陆地观察十分顺利，但观测天体就很不可靠了，因为从望远镜中看到的恒星都是重叠的。[12]

一段时间后，他创作了一个题目里有“短暂漂泊”的小作品，其中强调了这一点：

> 那晚，在尊贵的马西莫·卡普拉拉先生的府邸，蒙诸位贵客亲临见证，我们用您［指伽利略］的望远镜观察处女座，却发现角宿一是重叠的，这一重叠现象起先是由安东尼奥·罗芬尼向您展示的，而您却固执己见，不肯承认错误，否认看到了重叠。[13]

与马吉尼一样，霍奇也发现，星光经透镜反射产生了迷惑性的幻象。然而对霍奇来说，试验望远镜并不是什么新鲜事：3 月，在帕多瓦，他在伽利略家中举办的公开观测会上试用了望远镜。[14] 而也许正因接受过如何使用望远镜的训练，霍奇才没有否认在博洛尼亚聚会期间看到了木星的卫星，他讲述道：“在 4 月 24 日那天，我只看见了两个球体，或者说两个极小的斑点”，然而在“4 月 25 日，上帝应我祈祷，天空明净澄澈，木星缓缓从西方升起，同它的‘四个新伙伴’一道，出现在我们博洛尼亚的地平线上”。[15]

然而霍奇揪住伽利略否认“重叠”一事不放，还坚称那些“球体或小斑点”不足以证实任何天文现象。那并不是前人从未见过的新星，而是一些幻象，是仪器不可靠造成的错觉。为了支持他的理论，他还引用了“哲人学者们”的证词，他们“在 4 月 25 日晚进行了种种天文观测，所有人都认定这个仪器是骗人的”[16]。霍奇写道，最终，伽利略受尽羞辱，在争执中一蹶不振，身体和精神濒临双重崩溃：

> 他在博洛尼亚名誉尽失。头发脱落，皮肤被梅毒折磨得不成人样，神志不清，视神经也出了问题，因为他过分好奇，竟敢自以为是地观察木星周围。他失去了视觉、听觉、味觉和触觉；他的手还得了痛风，因为他肆意践踏哲学家和天文学家的信任；他患上了心悸，因为他四处兜售"天体奇迹"；他的肠道长了异常的肿瘤，因为他居功自傲，不屑说服其他学者和杰出人士；他的脚也苦于痛风，谁让他四处流浪呢？让我们祈祷有位名医，能让伟大的"信使"恢复健康。[17]

这是一段阴毒的描述，连最仇视他的敌人也很难吐出比这更无情的话语。以上所述连"真相"二字的边都沾不上，但我们很清楚，所有那些肮脏的诽谤、卑劣的中伤，无论在今时还是往日，其滋长蔓延出的历史都远超我们的想象。显然，坚称相比马吉尼和霍奇等人伽利略才是正确的，大费周章为伽利略正名也于事无补。我们只需要知道事实恰恰相反，伽利略并没有患上前文所述的疾病，他在 4 月 24 日和 25 日的观测数据（图 14）表明，第一日晚仅有两颗卫星较为明显，而第二日晚四颗卫星全部显现。[18]

但现实是残酷的，短期内，马吉尼和霍奇的大肆传播立竿见影，而伽利略苦苦正名则没有人在意。由于他们大张旗鼓地宣传此

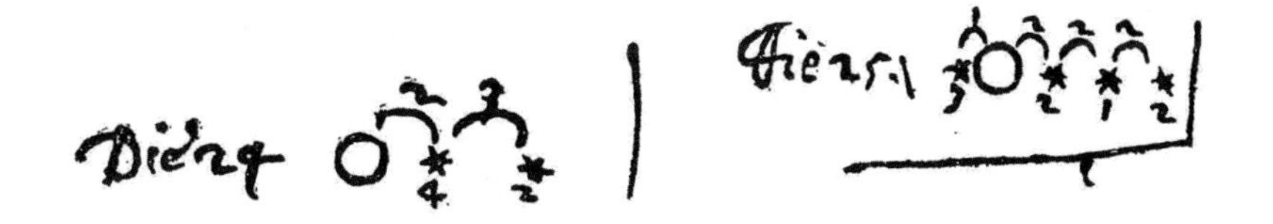

图14　伽利略·伽利雷，木星卫星位置图解，1610年4月24—25日

事，博洛尼亚上演的这场闹剧几周内就在欧洲各宫廷传开了。在发往布拉格的 3 封信中，那些目击伽利略“用仪器证明书中内容”的人，一共 24 位“业内”专家，“全都表示自己没有看到（伽利略）声称看到的东西，连一个不同的声音都没有”[19]。即使是其中最权威的专家马吉尼，也在 5 月 26 日毫不犹豫地向开普勒断言了望远镜的失败：

> 伽利略再也不昂首挺胸地出门了，4 月 24 日和 25 日，他带着望远镜暂住我家，想展示木星的新卫星，但没有成功。当时有二十多位博学之士在场观摩，却没有一个人能清楚地看到新的卫星。[20]

根据霍奇的描述，最终，4 月 26 日，周一清晨，伽利略决定离开这个充满反驳与批评的伤心地，沮丧地踏上了返回帕多瓦的路，对于他在博洛尼亚逗留期间，受东道主马吉尼照顾和得到无数“精神食粮”之事，没有表示一句感谢。[21]

3.

《反〈星空报告〉的短暂漂泊》(以下简称《短暂漂泊》)，这就是马丁·霍奇给自己的小作品取的名字，也是首部同望远镜发现针锋相对的作品。

漂泊可谓文学作品中的常见题材，它旨在宣扬旅行的意义，认为旅行是修习道德、收获知识的过程，将其视为真理之路，途中或许状况频出，但我们正是从这些状况中习得有用的知识，这些知识既关乎世界，亦关乎我们自身。正如西班牙剧作家、诗人巴尔托洛梅·凯拉斯科·德·菲格罗亚（Bartolomé Cairasco de Figueroa）所写：

漂泊，不属于心血来潮的好奇之人
他们无序地游走
或焦虑不安地徘徊。
漂泊，也不属于那些被迫漂泊的人
他们或囿于黯淡的命运
或困于缺乏与虚荣
或出于肤浅的意图。
在地上和在天上
值得赞美和纪念的
故事中歌颂的漂泊之路
即以虔诚的热情

或从心愿，或因义务

探访上天为我们指出的地方。[22]

怀着真理精神“探访上天为我们指出的地方”，这恰恰是霍奇的打算。现在的天空已然是伽利略的新天空，指出的地方自然是木星，以及四颗围绕着木星运行的神秘的“新行星”。如霍奇所言：

我在地球上已然游荡够了，现在，《星空报告》向世人解释伟大非凡的奇迹，促使我围绕木星进行一次崇高的天体朝圣之旅。自然，我不是出于自己的意志开始这段危险旅程的，而是被同一位使者引领到了木星的殿堂。[23]

寻回真理，那真理正是关于自身和世界的真理，在一个人的旅途中，在地区与地区、城市与城市的辗转中，我们不断探索着，追寻着：对霍奇而言，“天体朝圣”就是他在地球上未曾止歇的漂泊的延续。他对未知之地、新奇知识进行着无尽探索，从故乡波希米亚的洛霍维茨出发，先后前往法国、意大利学习哲学和医学。[24] 从1610年1月他写给开普勒的一封信中，我们可以看出他在欧洲的具体旅程：

1608年，我访问了蒂宾根，后又去往斯特拉斯堡、海德堡、阿尔特多夫、巴塞尔和弗赖堡，与西里西亚贵族瓦伦丁·泽德里克（Valentin Zeidric）一同前往巴黎，一睹美丽的法兰西首都。一年后，我又去往威尼斯，威尼斯是海之女神，是维纳斯宝座的基底。（用利普修斯的话说）它的美丽令人嫉妒，因为那里有爱与美的所有乐趣，丰饶怡人，我在那里待了3个月。但它并不完全符合我的兴趣，（用利普修斯的话说）它更像是商业的伙伴，而非智慧的朋友。我辗转到帕多瓦，但也不太喜欢那里。我真正想的是，前往博洛尼亚，投入学术和学者的摇篮中。我将在那里待上几年，学习医学和数学。[25]

尽管霍奇有这样的打算，但他驻足于博洛尼亚的时间也十分短暂，很快他又踏上了新的旅程。据我们所知，他在布拉格短暂停留后，于1610年年末回到故乡行医。1616年至1618年间，他在伊斯坦布尔为帝国大使馆工作。1619年他又返回故土，这时三十年战争已然打响，被波希米亚驱逐的他只得在德国漂泊。[26] 1624年，他可能在罗斯托克出版了一本关于防治瘟疫的小册子[27]，1632年，他定居汉堡，一边行医，一边搜集编纂预言。同年，他在莱比锡出版了一本占星术预言手册，[28] 在那之后为此领域贡献良多，直至他去世。那时可能已是17世纪70年代初。[29]

当1609年11月他到达博洛尼亚时，一颗不安的漂泊之心终于安定下来，虽然这安定只是暂时的。马吉尼府上接纳了他，还给他安排了一份抄写员的工作。[30] 霍奇十分喜爱这座城市和著名的博洛尼亚大学，他满怀钦佩地写道：“光荣的国度，优秀的大学。这里有杰出的导师、渊博的学者。”[31]霍奇对博洛尼亚大学自由的学术氛围尤为赞赏，考虑到他的论战目标是伽利略，不难理解他为何用一种说反话的方式来赞美这种氛围：

> “信使”[1]［指伽利略］必须记住，在大学里，虽说每个人都喜爱哲学，但亚里士多德学派人士的武断之言是没有权威性的。学校虽不要求任何人对大师的话绝对服从，但人们全都仰望伽利略的权威，信赖望远镜的能力，切磋讨论，亲如一家。[32]

1610年5月末，霍奇告诉开普勒，他写了一本“言辞相当激烈”的作品反对关于木星卫星的新发现，又补充道，只有在回到本国后才能出版《短暂漂泊》，因为在意大利“若未经教宗保禄五世的审判官阅览批准，任何作品都不能发表”[33]。

除了出版许可的困难外，霍奇的作品还受到马吉尼派的阻挠，他们似是对伽利略心怀敬畏，用霍奇的话说，是“狐狸不咬其他狐狸，狗也不向同类吠叫”的那种心态。[34]

渴望走上主角之路的霍奇决心排除万难，着手印刷自己的作品。但这样做就需要他从博洛尼亚到摩德纳进行一番“短暂的漂泊”，恰好书名和他的生活方式完全一致，原因无他，只为了逃避

1 这里霍奇是把《星空报告》拉丁文名中的“Nuncius”一词理解为“信使”，并用这个称呼来讽刺伽利略。译名理解的问题详见前文注。

马吉尼的禁令。6 月中旬，他秘密前往摩德纳，在那里自费出版这本书，发行了 500 册。[35]

此书出版的消息传到了马吉尼那里，他勃然大怒，对这种“诽谤的文章”带来的“严重侮辱”怒不可遏，立刻严词训斥了霍奇，将其赶出家门。6 月 20 日，周日晚间，有人看见霍奇“在摩德纳的大街上游荡，整个人失魂落魄”[36]。

实际上，《短暂漂泊》给马吉尼也惹出了不小的麻烦，他担心就算旁人不认为他是幕后主使，也必定会觉得他脱不了干系。为了打消这种怀疑，他急忙声称《短暂漂泊》不过是“寄宿寒舍的那个德国人的蠢话”[37]，自己只是个局外人。在马吉尼看来，此时的上策莫过于第一时间联系他和伽利略沟通的中间人安东尼奥 · 圣蒂尼（Antonio Santini），向他保证霍奇是在自己完全不知情的情况下，擅自印刷了这部作品。[38] 他那些可靠的朋友也纷纷表态，以明确印刷《短暂漂泊》一事为霍奇个人行为，而且该行为引起了博洛尼亚的教授圈对霍奇的不满情绪：

> 例如，颇有名望的保罗 · 马利亚 · 齐塔迪尼表示：“我深感痛心，马吉尼的灵魂遭受了巨大的折磨。他被痛苦包围着，因为他的那个仆人［指霍奇］，他曾经飨以美食，赠以学识，现在此人恩将仇报，虽非用剑，却试图用更恶劣的诽谤和谩骂，在世人面前打击那位对他恩重如山的人。”[39]

为了证明自己对这一行为极为不忿，马吉尼甚至声称曾威胁过霍奇，试图截下他的作品，而后霍奇吓破了胆，逃往帕维亚避难，在那里，他住在伽利略的老对手巴尔达萨雷·卡普拉（Baldassare Capra）家中，随后又在米兰找到了避难所。[40]

尽管马吉尼力证清白，但他“知情并同意一切安排”的谣言不见止歇。[41] 毕竟他与霍奇的联系那么密切，他们对天体新发现的共同敌意也路人皆知。正如伊莎贝尔·潘廷（Isabelle Pantin）指出的，马吉尼接二连三的免责声明恰恰“证明霍奇在博洛尼亚的计划已经酝酿一段时间了”；然而马吉尼和其友人的借口倒“并不完全是要找个替罪羊”。[42] 因为事实上，《短暂漂泊》出版成书的确是霍奇一意孤行的结果，回想他几经漂泊，渴望被吹捧为“揭露《星空报告》‘骗局’”之人，很大程度上是因为他的野心膨胀，想要扬名立万。可若论对名声的追求，其他人与霍奇又有何分别呢？就算霍奇远赴他乡，同他们不相往来，但在情感和愿望上，那些人无疑和他身处同样的境地。

1610 年 5 月末，霍奇去信在佛罗伦萨的瓦隆布罗萨修士奥拉齐奥·莫兰迪（Orazio Morandi），表示他想寻找反伽利略斗争中的盟友。[43] 虽然二人素未谋面，但莫兰迪称自己早已耳闻霍奇的反伽利略倾向，并告诉他有四名“博学之人”正准备出面反对《星空报告》。霍奇请求莫兰迪从中引荐，让他能同佛罗伦萨的反对者们共商大计。在霍奇提到的那些人中，有一位不知真名的“月亮夫人的秘书”，还有弗朗切斯科·西兹（Francesco Sizzi）。[44] 这位西兹正着笔于一篇反对望远镜发现的文章，题为《天文学、光学和物理学的理性思辨》（以下简称《思辨》），将于1611年2月发表。[45] 而正是由这篇《思辨》可见霍奇与西兹来往密切。文中，西兹表示他与马吉尼的"仆人"（他如此称呼霍奇）甚至早在《短暂漂泊》出版之前就有通信往来，也承认在《短暂漂泊》一书的写作过程中，两人会互相交流各自作品的进展。[46]

霍奇同佛罗伦萨的许多反伽利略人士都有直接联系，在交往中不断增补能够批评伽利略的内容，这一点被罗芬尼抓住，视为马吉尼也知情的证据。[47] 但这并不出人意料，因为这个反伽利略团体的所有成员都同马吉尼关系匪浅，当时在他家中当抄写员的霍奇无疑就是通过浏览雇主的这些通信，意识到了莫兰迪的反伽利略倾向，从而备受鼓励，主动给他写信。[48] 总而言之，就算马吉尼完全没有参与霍奇的出版行动，他也应对《短暂漂泊》负有一定的责任，既因为这部作品中收入了他对天体新发现的看法评论，也因为他在霍奇和其他反伽利略人士的联系中起到了关键作用。[49]

那群反伽利略的佛罗伦萨人着实是个非同寻常的团体：来自瓦隆布罗萨的修士莫兰迪，贵族家庭的毛头小子西兹，还值得一提的是坚定的亚里士多德学派文人、哲学家卢多维科·德莱·科隆贝（Ludovico Delle Colombe），此人当时正埋头创作反对伽利略的文章。而这些人或多或少都与科西莫一世之子乔瓦尼·德·美第奇和阿尔比齐家族的埃莱奥诺拉（Eleonora degli Albizi）有些联系，这两人都十分反感天体新发现，而对占星术颇有兴趣。[50]

霍奇平日里靠影响力和预言糊口，这一点也令他和新朋友们的关系更加融洽。为了展示占卜天赋，霍奇在给莫兰迪的信中用一条占星线索预测了“《星际使者》之父”[1]（指伽利略）即将遭遇的灭顶之灾：

> 伽利略正处于木星的威胁下，因为在他出生之时，木星就与邪恶的土星在第十二宫会合。故我相信，双星会合，预示着伽利略将因那四颗幽灵般的新星而受到天文学家的种种刁难，毕竟天文学家相当了解木星和月球，也能分辨出全部星辰。[51]

这仿佛是在说，连上天都暗示伽利略即将万劫不复。而且根据霍奇的想象，他自己的那部《短暂漂泊》将替天行道，对子虚乌有的“木星伙伴”这一发现执行相应的处罚。

4.

《短暂漂泊》一经刊印，霍奇就“向各地”发送副本“以对真相做出判断”。[52] 起初，他甚至计划将书稿私下交给伽利略，但

1 见上文注，霍奇似乎更喜欢将此书称为《星际使者》。

是这个时机“从未到来”，在等待期间，他把书分发给了好几个人。[53] 比如在布拉格，马托伊斯 · 韦尔泽（Matthäus Welser）收到副本后，又将其转给开普勒传阅，而事实上霍奇已给开普勒寄了一份副本，或许还未送至；[54] 在威尼斯，自不必说，保罗 · 萨尔皮也收到了一份副本。[55] 同样，在帕多瓦，人们激烈讨论天体新发现的同时，也在谈论这本书，以至于一位过路的英国旅行者托马斯 · 伯克利（Thomas Berkeley）爵士，也在日记中提到了此书，并简要概述了其中内容。[56] 此外，在蒂宾根，开普勒的导师米夏埃尔 · 马斯特林（Michael Maestlin）收到此书非常欣慰，认为此书揭露了望远镜的视觉骗局，用“他自己的宝剑”压制了伽利略。[57]

《短暂漂泊》也迅速传入佛罗伦萨。西兹在 6 月收到了这本书，随书附上的还有一封热情洋溢的信，霍奇在信中断言，经他一番反驳，伽利略将“永无可能”证明天空中有四颗木星卫星。[58] 霍奇认为自己的倡议不仅令“《星际使者》之父（伽利略）”在意大利的反对者深感满意，还取悦了持有同样观点的开普勒本人。在霍奇看来，开普勒的《与〈星空报告〉的对话》与《短暂漂泊》可谓意气相投，甚至可以说，是《与〈星空报告〉的对话》提出了理论前提，而《短暂漂泊》补充了必要的经验性证据：“我知道骗局在哪里，阁下［指开普勒］在《与〈星空报告〉的对话》第 34 页的最后一段论述中也谈到了这一现象。而与阁下不同的是，我是通过伽利略自己的望远镜，发现并论证了天体的幻象。”[59]

因此，霍奇承认开普勒是他这部作品的启发者和保护神。甚至于霍奇认为《与〈星空报告〉的对话》不仅质疑了伽利略号称发现的月球上的山脉和银河，还大张声势地否定了伽利略令人称奇的天体新发现，即那些木星的“伙伴”。但令霍奇失望的是，他为支持自己的解释而引证的那段话并不涉及卫星的真实存在与否，而仅是提出了卫星大小变化的可能原因。[60] 正如伽利略指出的，《短暂漂泊》中那些“极其愚蠢的话”，说明霍奇“对开普勒先生设想的理由一无所知……他对于美第奇星（木星卫星）为何看起来时大时小也全然不知，他的所作所为无非是为了消灭我”。[61]

霍奇却自吹自擂，称自己所有反伽利略的意见都得到了开普勒权威之言的认可，这种自以为是何其荒谬。讽刺的是，当霍奇沉醉在《短暂漂泊》大获成功的幻想之中时，正是开普勒这位德国天文学家给予其致命一击，完完全全否定了那些与自己毫不相干的理论。

开普勒在 8 月 9 日给伽利略的信中说：“（《短暂漂泊》）不值一提，别在上面浪费时间。”[62] 同日，他写信给霍奇，同他绝交，并警告他不得再给伽利略寄信挑衅。霍奇正在米兰避难，米兰当时归西班牙管辖，开普勒暗示，当地的西班牙大使已经知道了其父是一名新教传教士，并通知了许多在布拉格的意大利人，因此霍奇应当识点时务，尽快离开意大利为妙。[63]

但这封信并未送达，霍奇也一直不知道他曾经冒着多么大的风险。[64] 在那性命攸关的时刻，他的漂泊使命再一次召唤了他。怀着一贯的漂泊之心，他很快离开了意大利，重新踏上了漂泊之路。

10月，他在布拉格当面见到了开普勒。据开普勒的叙述，霍奇对几个月前的那封回信一无所知，还以一种胜利者的姿态卖弄炫耀，深信自己是在和一个盟友亲切交谈。他坚称自己所提出的观点是博洛尼亚学界普遍认同的，得到了诸多意大利学者的肯定，不怕任何抗议和尖锐责难。然而最后，面对开普勒严谨的论证，他不得不低头认错，宣布悔改。[65]

霍奇本想揭穿伽利略的谎言，但他的企图以耻辱的自我批评告终。他追名逐利如此急不可耐，最终遭受了屈辱的失败。

5.

伽利略对批评的话语置若罔闻，面对别人的攻击也不予回击。《短暂漂泊》中的侮辱之词并没有令他分神焦虑，用他自己的话说，他根本不打算因为这点事就“从天堂坠入地狱”（ex caelo denique descendis ad Orcum）[66]。

自有旁人替他反驳。首先是苏格兰人约翰·韦德伯恩（John Wedderburn），他于1610年10月发表了一篇驳斥霍奇作品的文章。[67] 1611年，罗芬尼更进一步，在博洛尼亚印刷出版了《反对马丁·霍奇“漂泊”的论辩书》。[68]参考罗芬尼同年6月末的预告，这项工作很可能是他同马吉尼合作完成的。[69]而存于博洛尼亚大学图书馆的一份副本证实了这一猜想，因该副本尾页上有一句不知是当时的哪个人写下的注释：此书真正的作者是马吉尼。[70]

马吉尼一再强调自己“清白无辜”，再加上有罗芬尼的担保，伽利略或多或少也相信他同霍奇的举动无关。而伽利略在最终决定返回托斯卡纳的途中，又于1610年9月在博洛尼亚停留。自4月以来，此地发生了许多变化。这段时间内马吉尼已经开始使用望远镜，以求证《星空报告》所述内容是否合理。[71]尽管如此，关于木星卫星和其他发现的“混战”和争论仍然如火如荼。8月，伽利略在写给开普勒的信中描绘了这样一幅景象：

> 在比萨、佛罗伦萨、博洛尼亚、威尼斯、帕多瓦……我的朋友开普勒啊，你看，众人皆亲眼得见，却缄口不言，犹豫再三。[……]我该怎么办？是应该像德谟克利特那样欢笑，还是应该像赫拉克利特那样哭泣呢？亲爱的开普勒，我唯有嘲笑庸人无知愚昧。反观这帮大学的首席哲学家们，他们铁石心肠，像蛇一样冷血，无论我卑躬屈膝任他们处置多少次，他们又何曾想过要观察行星、观察月球、研究望远镜呢？[……]这类人认为，哲学无非就是《埃涅阿斯纪》和《奥德赛》一类的书，用他们的话说，就是在抠字眼中寻找真理，而不是在现实或自然世界中追寻真理。[72]

面对重重阻碍，要战胜其中的艰难险阻，很大程度上要依靠当时最权威的一批天文学家的判断和支持，而作为皇家数学家[1]，开普勒发挥了关键的作用。那场在布拉格的论辩生死攸关，“星际使者”的命运在此决定。

1 开普勒师从第谷·布拉赫，受第谷邀请，他前往布拉格附近的天文台担任其助手。1601 年，第谷去世，不久鲁道夫二世就委任开普勒接替第谷，担任皇家数学家。开普勒余生一直就任此职。

第六章

CAPITOLO
SESTO

布拉格论战

I.

1619 年 4 月，布拉格。开普勒去信帝国驻威尼斯大使格奥尔格·富格尔（Georg Fugger）：

> 我相信，如今《星空报告》在宫廷中引起了广泛讨论，或许这位天文学界的新星本人就足够引人注目了。皇帝陛下慷慨，允我阅读他的副本，但在此之外，我只能尽量克制自己。一周前，伽利略自己将他的作品寄给我，并征询我对此书的意见，可见他打算将其出版。本月 19 日邮差将返意大利，这意味着我只有四天时间来思考做何答复了。望您毋怪此信匆匆写就；您对我的支持，我向来铭记于心，感激不尽，恳请您勿要对我的回应愤懑不快。我同您讨论过众多科学问题，故您定能理解我，我向来对事不对人，虽说我不喜欢伽利略，但我不能

不佩服他。

但这封信完全是后人捏造的。又或者说，它是一个绝妙的虚构：此信是作家约翰·班维尔（John Banville）发挥想象力的产物，被收录在其小说《开普勒》的第四章中。[1]那一章名为“天体和谐论”，其中所谓开普勒1605—1612年间的书信，无非是班维尔自己的杜撰罢了。班维尔虚构了20封回信，对应开普勒实际收到的20封信。

这着实令人失望：这些信与原始文件十分契合，很难相信它们全是一位生活在4个世纪以后的作家的想象。如果我们把班维尔虚构的“开普勒”回信与富格尔在4月16日写给开普勒的真实信件放在一起，会觉得虚构的信如此真实，无论是语言风格的严谨性，还是历史和科学论点的精准性，都如同开普勒本人在写作一般。我们甚至会惊讶，在收录了这位德国天文学家所有书信的《作品集》中，居然难觅此信的踪影。富格尔的信写道：

> 至于伽利略的《以太报告》（*Nuncius aethereus*），我刚入手不久。对许多精通数学的人来说，他那种枯燥的论述与哲学前提相去甚远，字里行间有种精心掩饰的虚伪，我又岂敢将其送给皇帝陛下。他那个人，只会像伊索寓言里的那只乌鸦一样，到处搜集别人的羽毛装点自己，甚至自称是那种特殊眼镜的发明者，实际上，是一位比利时人最先带来了那种仪器，他

从法国远道而来，向我和其他人展示了仪器。而伽利略看到后，就制作了相似的东西，或许他在发明中加入了一点自己的东西吧，但那也轻而易举就能做到。[2]

这封信字字沉重，打响了布拉格论战。《星空报告》出版仅一个月左右，关于天体新发现的讨论就愈演愈烈，迅速上升为远超出狭义科学领域的重大问题。

富格尔的观点在威尼斯极为普遍，他写信寻求确认的这个人身份不凡，比其他任何人都有能力轻易地粉碎这个意大利“新贵”狂妄的野心，终结这个过于耸动的新闻。有人甚至认为富格尔戏称的“《以太报告》”是一个巨大的骗局，其中满是想象和臆测，而非真正看到的东西。医生兼占星家奥塔维奥·布伦佐尼（Ottavio Brenzoni）就是如此，他不仅从所在地维罗纳搜罗信息，还从通信中旁征博引，断言道：

据称，能看到月球也罢，看不见星星也罢，都是那种眼镜的把戏：首先，玻璃中总有些斑点，打磨时也很难保证绝对平整；其次，透过光亮的玻璃观察会产生视疲劳，这时再看空气中那些较大的水汽团，很容易将其当作发光的天体。[3]

所以那片天空是虚无的，是根本不存在的，是望远镜虚构了月球上的山脉和另一些前所未见的景象，将幻象当作真实，因为在自然界中找不到类似的东西。因此，伽利略所称看到围着木星旋转的那些“小光点”也好，被他判定是“山”的光影也好，都只不过是镜片不规整、有瑕疵带来的视幻觉罢了。一言以蔽之，伽利略的报告就是一系列谬误的集合，没有任何理论依据。布伦佐尼的这番批评比富格尔要尖锐得多，但总体来说并不危险，因为不久之后连望远镜的可靠性也受到重重质疑，当第一波抨击到来时，上文这番尖刻言辞都要自愧弗如。

富格尔向开普勒表达了另一种观点，并询问他的意见。他的态度与其说是否定仪器的价值，不如说是质疑伽利略作为发明者的身份，以及他妄自尊大地要求获得这项发明优先权的野心。仔细想来，比起那些否认望远镜观测具有科学价值的批评，富格尔的这番话更为危险，更含恶意，言下之意，伽利略是最恶劣的剽窃者，是不择手段的机会主义者，他的作品毫无优雅和学识可言，根本不配作为礼物献给皇帝。

极有可能，在富格尔写信给开普勒时，他还没翻开过《星空报告》，所谓的“我刚入手不久”，无非是他顺口说说罢了。然而，这位大使在科学领域绝非门外汉。他驻威尼斯多年，声名早已超出政界。例如，他同马吉尼有书信往来，醉心数学，还在乔瓦尼·卡米洛·格洛里奥西那里私下进修，但对于这位格洛里奥西，我们目前知之甚少。[4]

唯一可知的是，这位格洛里奥西后来继任了伽利略在帕多瓦大学数学系的职位，至少从1606年起，这个那不勒斯人就定居在威尼斯。虽然当时他还没有发表过作品，但他和伽利略有交情，同马吉尼也过往甚密。他痴迷代数，是韦达的崇拜者，或许正因如此，萨尔皮对他也不陌生。我们还知道，他经常拜访阿戈斯蒂诺·达·穆拉和其他两位当时在威尼斯的数学家，即安东尼奥·圣蒂尼和马里诺·盖塔尔迪（Marino Ghetaldi）。[5] 此外，他还同驻罗马的科学家和博物学家通信，其中包括耶稣会士克里斯托弗·克拉维乌斯和未来的林琴科学院[1]院士、传教士约翰内斯·施雷克（Johannes Schreck，拉丁文名为 Terrentius，中文名为邓玉函）[2]。1610 年 5 月 29 日，格洛里奥西写了一封详细的长信，诋毁《星空报告》及其作者，因为施雷克曾询问他对这本书的看法，信中说尽了这本书及作者的坏话。仔细阅读这封信，再考虑到他的"学生"富格尔一个月前写给开普勒的内容就能明白，这两份证词在某些观点上完全吻合，完全有理由相信，那位大使的信无非是对格洛里奥西看法的总结。

和富格尔一样，格洛里奥西也提到伽利略在制作自己的望远镜之前，已经见过那个比利时人献给威尼斯共和国的一个样品，因此不可否认，他的望远镜并不像《星空报告》中所述，是依据折射学说制作的。但格洛里奥西不仅指控伽利略剽窃望远镜的创意，还

1　林琴科学院是意大利科学院前身，也是意大利最高学术研究机构。它于 1603 年在罗马成立，是欧洲历史最悠久的科学院。

2　约翰内斯·施雷克（1576—1630）：德国天文学家、自然学家，耶稣会传教士。他曾在中国传教，著有《远西奇器图说》。

质疑圆规与军用罗盘的发明，他表示，伽利略的发明绝非他本人之功，而应该归功于另一个比利时人，即奥地利大公阿尔布雷希特的数学家米歇尔·夸涅（Michel Coignet）。[6]

话说回来，让我们接着上文富格尔引用的那则寓言，所谓伽利略搜集的“别人的羽毛”，其实要比想象中厚得多。从月球的“羽毛”开始，远至毕达哥拉斯和普鲁塔克，近至马斯特林和开普勒，尤其是后者的那篇《维帖洛理论增补》，全被伽利略引为己用。即使是关于木星的非凡发现，也遭到抨击，因为据称那些发现也不全是伽利略的成果：

> 传言说，已有人用望远镜发现了（木星四颗卫星的）其中两个。而公开说法称，威尼斯贵族阿戈斯蒂诺·达·穆拉是首个观测到这些星星的人，并将其告诉了当时一无所知的伽利略。尊敬的富格尔先生告诉我，据他所知，木星的卫星是荷兰人观测到的，他们也是望远镜的原始发明者。或许伽利略从中获得启发，而为了追名逐利，哪怕自己不是第一个发明者，也要做第一个写作者。众所周知，佛罗伦萨人狡猾能干，伽利略也不例外，他抓住时机，声称自己是望远镜的发明者，是新星的发现者，从威尼斯共和国和托斯卡纳大公那里获得了诸多荣誉和利益。[7]

格洛里奥西和富格尔两人配合得天衣无缝，不禁令人想到博洛尼亚的马吉尼和霍奇的一唱一和。他们的目的都是让那个眼里只有“荣誉和金钱”的“诡计多端”的托斯卡纳人身败名裂。《星空报告》出版后不到一个月，伽利略不仅没有获得赞同和尊敬，反而招来了一场有组织有计划的狂风暴雨。在这场风暴中，一个真正意义上的党派诞生了，此后不久，以乔瓦尼 · 德 · 美第奇和大主教亚历山德罗 · 马尔奇美第奇（Alessandro Marzimedici）[1]为首的佛罗伦萨派也出现在舞台上。[8]

2.

要让这些流言不只是捕风捉影，而是板上钉钉，获得广泛认同，还需要下点功夫。为此，马吉尼、霍奇、富格尔、格洛里奥西等人都盯紧了布拉格，等待开普勒——举世无双的第谷 · 布拉赫的继承人——介入此事，让那个“搜集别人的羽毛装点自己”的伽利略名声扫地。

在威尼斯，格洛里奥西也获得了一台精良的望远镜，并用它观测天空，发现了木星附近的两颗天体，但没能确定它们是恒星还是行星。对此，他极力想弄个水落石出，故而将探寻的目光转向了布

1　一说名为亚历山德罗·马尔齐·美第奇（1557—1630），在 1605—1630 年任佛罗伦萨大主教。

拉格：

> 想要获得更完美的结果，尚需更精密的仪器、更长的时间和更多的观察。然而，我不能因此就沉默不言，目前的研究成果仍有待确定，或许只有时间才是最好的证明。世间永远不乏积极探究新事物的人，尤其是开普勒先生，他一直孜孜不倦地从事星体观测。[9]

先是尼德兰，然后是威尼斯，如今又是布拉格：历史的中心不断转移，这一次到了波希米亚的首府，首屈一指的文化交叉口，也一度是一座自由宽容的城市。布拉格成了必争之地，可谓真伪发现的论战场，人们在此等待那位帝国天文学家的回音。若非寻得一名鲜为人知的小人物的信件，我们也许要误会此事在布拉格未能激起声响。此人便是马丁·哈斯戴尔，其准确籍贯不得而知，或许是德意志，或许是瓦隆。1610 年 4 月到 12 月，《星空报告》的首批副本传入宫廷和使馆，引发激烈争论，在此期间，哈斯戴尔将这些事一一报告给伽利略。他犹如伽利略同布拉格之间的纽带，告诉这位意大利科学家，在许多对他有直接影响的问题上，人们是如何拉帮结派的。[10]

存留下来的信件共有 10 封，但伽利略的回信都没有保存下来。仅需阅读 4 月 15 日的第一封信，就足以意识到哈斯戴尔的信件有多重要，他的信是整个事件拼图的关键一块，亦有助于理解当时关于天体新发现的文章：

> 在下已考虑了一段时间，打算返回意大利，尤其要前往帕多瓦和威尼斯，而与其说是为了凡尘琐事，不如说是为了享受同阁下亲切友好的交谈；在下愈是如此作想，便愈盼一睹阁下震古烁今的新篇章；阁下取名为《星空报告》的这本书，最近在宫廷中流传开来，广受钦佩赞叹，大使和贵族纷纷请来数学家，听听他们是否能反驳阁下的论证。[11]

这封信言辞恳切。尽管我们不知道哈斯戴尔在威尼斯逗留了多长时间，但他一定数次同伽利略会面长谈。从这些通信的结尾可见，他还同“保罗神父和福尔简齐奥神父”往来，即萨尔皮和米坎齐奥。米坎齐奥本人也间接证实了这一点，他在《保罗·萨尔皮的生平》一书中生动刻画了哈斯戴尔的形象，称他看上去不可靠，是顽固的加尔文教徒，是个投机取巧的人：

> 马丁·哈斯戴尔，瓦隆人，是个精明的间谍，他对宫廷不满，来威尼斯大吃大喝。他私下在一个加尔文派商人赛齐尼的作坊里当学徒。[……] 没人比他自己更清楚在罗马的那场争辩［指禁令］，也没人比他更公开地谴责教宗的怒火。[12]

或许这番话不算冤枉他，因为 1607 年 7 月 5 日，“从列日城来的马丁·哈斯戴尔”被十人委员会[1]的负责人召见，他们“十分严厉”地要求他立刻离开威尼斯：

> 此人必须在三天之内离开威尼斯，四天之内离开意大利，未经委员会许可，不得擅自返回，否则将被处死，除此以外，其津贴将支付给其合法监管人。[13]

总之，这个男人到布拉格时四十多岁，他总在宫廷游走，熟知种种风流韵事、阴谋诡计和没完没了的流言蜚语。

1607年，哈斯戴尔被驱逐出威尼斯，在几所德国大学漂泊后到达布拉格，很快跻身鲁道夫二世的亲信之列。他担任宫廷的图书管理员，成了议会中的绅士，在能接触到鲁道夫二世的极少数合作者和顾问中，也有他的名号。[14]那个小圈子包括卡斯帕·鲁茨基（Caspar Rutzky）、丹尼尔·弗勒施（Daniel Frösch）、克里斯托夫·库巴赫（Cristoph Kühbach）、克里斯蒂安·海登（Christian Haiden）、汉斯·马尔克（Hans Marcker）和科尔内留斯·德雷贝尔（Cornelius Drebbel），而这些人都在皇帝去世后被逮捕囚禁，卡斯帕·鲁茨基自缢而终，包括哈斯戴尔在内的其他人都遭受审判，但最终全部获释。[15]

---

1 十人委员会：威尼斯共和国从1310年到1797年的最高管理机构之一。该委员会由十名成员组成，每年由大议会选举产生。

3.

哈斯戴尔写给伽利略的首封信中处处提及那本在宫廷中搅动风云的小书，他称《星空报告》“最近在宫廷中流传开来，广受钦佩赞叹”，大使贵族纷纷“请来数学家，听听他们是否能反驳阁下的论证”。[16] 此时没必要深究哈斯戴尔如何对这一消息添油加醋，以获取他“尊贵的通信人”的共情，重要的是这一系列通信中包含了详细的信息，可令伽利略掌握一张近乎完整的阵营分布图，实时了解他人赞同和反对的立场。这些信息让他理解了那些在表明自己立场之前等待进一步证据的人的谨慎，但也让他揭露了其他人似是而非的理由，发现了他原本不可能知道的证据。不妨就从 4 月 15 日，哈斯戴尔同开普勒在萨克森大使的早餐会上进行的长谈开始：

> 在下询问了他［指开普勒］对阁下著作和阁下本人的看法，他称与阁下通信数年，无论是从前还是如今，在这一领域都不知道有何人比阁下更出色；尽管第谷先生可谓大家，但阁下仍远胜于他。开普勒先生还认为，阁下的著作展现出了神圣的天资。但是，阁下不仅给德国，也给自己留下了一些隐患：有些人曾向您提及望远镜，并支持赞助您研究如今发现的事物，而阁下却未曾提及他们的名字，其中就有您的意大利同胞乔尔达诺·布鲁诺、哥白尼，还包括开普勒先生本人。开普勒先生表示自己曾提出过类似之事（但没有实验，也没有论证，

同阁下一样），还曾带着他的著作同阁下的一起，在此向萨克森大使展示。[17]

这段话不是凭印象随便写的，因为开普勒当时正在撰写的《与〈星空报告〉的对话》中也谈到了同样的想法。4月19日，开普勒给伽利略寄去了该书的一份手抄本，5月初，成书在布拉格出版。开普勒准备与《星空报告》一同展示给大使看的作品很可能是《维帖洛理论增补》，在此书中，开普勒描述了镜片的不同特性，对视觉机制给出了第一个正确的解释，并从光学角度说明了一些天体现象，如月亮的斑点等。他的目的十分明确，就是要向对方展示伽利略《星空报告》的理论弱点，即书中欠缺对望远镜构造的详细解释。然而，开普勒指出《星空报告》中的漏洞，指出书中未曾提及的相关作品和作者，皆意在突出这些发现的价值和绝对的新颖性。与此同时的另一个目的，就是展示伽利略"神圣的天资"，无论是哈斯戴尔提及的只言片语，还是开普勒在《与〈星空报告〉的对话》中的圈点评价，都表现出对伽利略及其发现的坚定支持："我反对那些固执批评新发现的人，对他们来说，所有未知的事物都难以置信，所有超出亚里士多德学派惯有的狭隘眼界之物都是渎神和可耻的。"[18]

直至1610年10月，开普勒才在出版的《关于亲自观察木星四颗卫星的叙述》[1]证实这一观测结果，但早在那之前，这位德国的哥白尼信徒就站在了意大利的哥白尼信徒一边：

> 或许我有些鲁莽，全无个人的经验支撑，就如此轻信论断。但他为人的风格本身就表现出他判断的正确，我又怎么会怀疑这样伟大的数学家呢？[……] 他公开写作，若有任何欺骗行为，怎么能侥幸掩盖呢？[……] 他邀请众人进行同样的观察，甚至提供与自己同样的工具，人云眼见为实，我又为何不相信他呢？[19]

尽管《星空报告》缺乏对其他作品和前人成果的必要引证，但它仍是一部非凡的作品。它使第谷·布拉赫的工作得到完善。布拉赫的计算和观察有助于研究火星，还促使开普勒发现了椭圆轨道，同样，凭借望远镜和伽利略的宝贵合作，开普勒希望完善对"喜帕恰斯环形山"的研究，这是一项耗时良久、颇具野心的工作，开普勒在《与〈星空报告〉的对话》中写道：

> 我希望能借阁下的仪器来观测月食，还希望能凭借它完善和修正对喜帕恰斯环形山的研究工作，用它观察太阳、月球和地球三颗天体的距离和大小。[20]

1 原文"Narratio"，全名为"Narratio de observatis a sé quattuor Jovis satellitibus"，即《关于亲自观察木星四颗卫星的叙述》，下文简称《叙述》。

5月初，开普勒非常清楚人们对他的意见何等期待。不仅是在布拉格的人，博洛尼亚的霍奇和马吉尼也多次催促他介入此事，大使富格尔同样急不可耐，甚至连哈斯戴尔4月初在西班牙大使府上见到的马克·韦尔泽也表示“想听听开普勒先生对此书的看法”[21]。众望如此，更不用说约翰·马托伊斯·瓦克尔·冯·瓦肯费尔斯（Johann Matthäus Wacker von Wackenfels）男爵了，此人是开普勒的保护人，也是深受皇帝信任的顾问之一，笃信布鲁诺的“宇宙无限论”。他是第一个把发现四颗新行星的消息告诉开普勒的人（虽然此事后来被证明是子虚乌有），这让他陷入了深深的绝望。

正如伊莎贝尔·潘廷指出的，《与〈星空报告〉的对话》“不是一个人独立思考的结果，而是受到了宫廷中讨论的影响”[22]。须知《与〈星空报告〉的对话》并不足以让伽利略遇到的众多反对者信服，却有助于将《星空报告》中的发现传播到德语世界。甚至在1610年8月，天文学家兼托尔高[1]路德学院院长保罗·内格尔（Paul Nagel）就在次年的历书（Schreibkalender）中明确提到了“四颗美第奇星”[23]。

显然，开普勒很清楚哈斯戴尔掌握的信息。马吉尼开始策划对伽利略的抹黑后，找到了一个坚定的拥护者，即约翰·奥伊特尔·楚克梅塞尔（Johann Eutel Zuckmesser），他是科隆选帝侯巴伐利亚公

1 托尔高：德国易北河畔的一座小城，因托尔高联盟而著名，即德意志萨克森、黑森和其他新教诸侯反对天主教诸侯的同盟。

爵恩斯特的数学家。在布拉格，有传言道："马吉尼已写信给科隆的数学家，试图将其拉到自己这边，对抗伽利略。"而且马吉尼正在"对德意志、法兰西、佛兰德、波兰、英格兰等地的数学家做同样的事，不是一个人，而是几个不同国家的人都这么说，那些人背后都是各国的王公贵族"[24]。有时，开普勒本人也给哈斯戴尔提供一手资料，比如在4月末，开普勒给哈斯戴尔看了一封马吉尼写给皇帝的信，信中称望远镜就是一个巨大的骗局，发现的那四颗新天体更是"滑天下之大稽"。[25]在这乌烟瘴气的谣言和影射中，也不能忽略政治因素，政治因素盖过了科学因素。就这样，由哈斯戴尔的证言可见，《星空报告》最终被视为一本危险读物，因为其中包含了强烈反对西班牙的内容：

> 西班牙人认为，出于政治原因，阁下的书应该被查封，因为它威胁到宗教。若披着这样的外衣，则为维护统治所做的任何事就都合法了。组织反对阁下的这个联盟的，正是他们和他们的从属追随者，其中就包括卢卡的居民。[26]

在教宗禁令一事之后，任何事都成了西班牙对抗"异端"威尼斯这个老对手的绝佳机会。从狭义的政治外交角度来说，这样的推论是合理的：著名的帕多瓦大学教授公布了新发现，无疑会提高威尼斯的文化声望，这些发现可能转变为无可争议的政治成功。

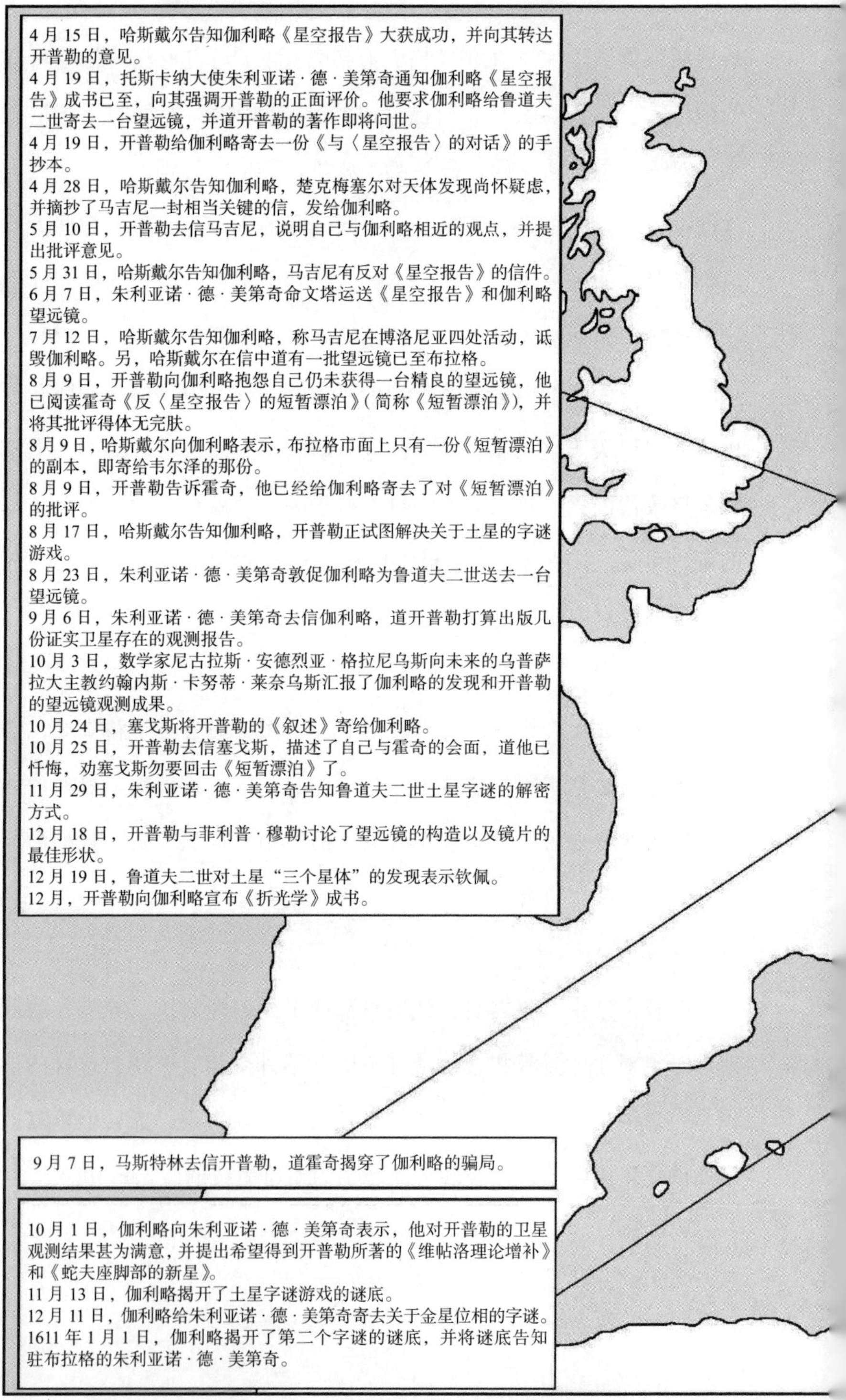

4 月 15 日，哈斯戴尔告知伽利略《星空报告》大获成功，并向其转达开普勒的意见。
4 月 19 日，托斯卡纳大使朱利亚诺 · 德 · 美第奇通知伽利略《星空报告》成书已至，向其强调开普勒的正面评价。他要求伽利略给鲁道夫二世寄去一台望远镜，并道开普勒的著作即将问世。
4 月 19 日，开普勒给伽利略寄去一份《与〈星空报告〉的对话》的手抄本。
4 月 28 日，哈斯戴尔告知伽利略，楚克梅塞尔对天体发现尚怀疑虑，并摘抄了马吉尼一封相当关键的信，发给伽利略。
5 月 10 日，开普勒去信马吉尼，说明自己与伽利略相近的观点，并提出批评意见。
5 月 31 日，哈斯戴尔告知伽利略，马吉尼有反对《星空报告》的信件。
6 月 7 日，朱利亚诺 · 德 · 美第奇命文塔运送《星空报告》和伽利略望远镜。
7 月 12 日，哈斯戴尔告知伽利略，称马吉尼在博洛尼亚四处活动，诋毁伽利略。另，哈斯戴尔在信中道有一批望远镜已至布拉格。
8 月 9 日，开普勒向伽利略抱怨自己仍未获得一台精良的望远镜，他已阅读霍奇《反〈星空报告〉的短暂漂泊》（简称《短暂漂泊》），并将其批评得体无完肤。
8 月 9 日，哈斯戴尔向伽利略表示，布拉格市面上只有一份《短暂漂泊》的副本，即寄给韦尔泽的那份。
8 月 9 日，开普勒告诉霍奇，他已经给伽利略寄去了对《短暂漂泊》的批评。
8 月 17 日，哈斯戴尔告知伽利略，开普勒正试图解决关于土星的字谜游戏。
8 月 23 日，朱利亚诺 · 德 · 美第奇敦促伽利略为鲁道夫二世送去一台望远镜。
9 月 6 日，朱利亚诺 · 德 · 美第奇去信伽利略，道开普勒打算出版几份证实卫星存在的观测报告。
10 月 3 日，数学家尼古拉斯 · 安德烈亚 · 格拉尼乌斯向未来的乌普萨拉大主教约翰内斯 · 卡努蒂 · 莱奈乌斯汇报了伽利略的发现和开普勒的望远镜观测成果。
10 月 24 日，塞戈斯将开普勒的《叙述》寄给伽利略。
10 月 25 日，开普勒去信塞戈斯，描述了自己与霍奇的会面，道他已忏悔，劝塞戈斯勿要回击《短暂漂泊》了。
11 月 29 日，朱利亚诺 · 德 · 美第奇告知鲁道夫二世土星字谜的解密方式。
12 月 18 日，开普勒与菲利普 · 穆勒讨论了望远镜的构造以及镜片的最佳形状。
12 月 19 日，鲁道夫二世对土星"三个星体"的发现表示钦佩。
12 月，开普勒向伽利略宣布《折光学》成书。

9 月 7 日，马斯特林去信开普勒，道霍奇揭穿了伽利略的骗局。

10 月 1 日，伽利略向朱利亚诺 · 德 · 美第奇表示，他对开普勒的卫星观测结果甚为满意，并提出希望得到开普勒所著的《维帖洛理论增补》和《蛇夫座脚部的新星》。
11 月 13 日，伽利略揭开了土星字谜游戏的谜底。
12 月 11 日，伽利略给朱利亚诺 · 德 · 美第奇寄去关于金星位相的字谜。
1611 年 1 月 1 日，伽利略揭开了第二个字谜的谜底，并将谜底告知驻布拉格的朱利亚诺 · 德 · 美第奇。

地图3　布拉格，1610年3月31日—1611年1月1日，《星空报告》和伽利略望远镜的传播

布拉格
蒂宾根
8 月 19 日，伽利略去信开普勒，道自己不能满足他对望远镜的要求，因为制作过程十分费力。
4 月 16 日，在同开普勒的通信中，富格尔对《星空报告》给出的评价颇低。
5 月 28 日，富格尔去信开普勒，道自己已阅读《与〈星空报告〉的对话》，支持他揭开伽利略的骗局，还表示已安排送一台望远镜去布拉格。
帕多瓦
威尼斯
博洛尼亚
佛罗伦萨
罗马
1610 年 3 月 31 日，霍奇告知开普勒，《星空报告》业已问世，有人发现了木星卫星。
4 月 6 日，霍奇告知开普勒，自己打算写关于卫星的文章。
4 月 16 日，霍奇询问开普勒对木星卫星的看法。
4 月 20 日，马吉尼等待开普勒的意见。
4 月 27 日，霍奇告知开普勒，伽利略在博洛尼亚遭遇惨败。
5 月 26 日，霍奇向开普勒宣布，自己的《反〈星空报告〉的短暂漂泊》即将问世。
5 月 26 日，马吉尼收到《与〈星空报告〉的对话》并告知开普勒，伽利略在博洛尼亚进行的观测失败了。
5 月 16 日至 26 日，路易吉·卡波尼告诉哈斯戴尔，伽利略在佛罗伦萨带领大公亲眼见证了卫星。

4.

1610年一整年，开普勒、哈斯戴尔同托斯卡纳大公的大使朱利亚诺·德·美第奇之间联络频繁。但比起其他人，皇帝鲁道夫二世更渴望获得信息，他追根究底，不厌其烦地询问开普勒关于望远镜和《星空报告》之事。他将这本书带到了布拉格，要求开普勒仔细研读，并对其中观点进行评论。在3个月前，鲁道夫二世还向开普勒提出一系列关于月球光斑性质的问题，“他［指皇帝］坚持认为，月球像镜子一样反照出地球上的国家和大陆”[27]。后来，他提供给开普勒一台望远镜，请他证实或驳斥伽利略的发现。

正如大使罗德里戈·阿利多西（Roderigo Alidosi）对托斯卡纳大公[28]所言，鲁道夫二世对“秘密、魔法、巫术、杂耍、炼金术、绘画和雕塑”的痴迷程度是众所周知的，对此我们无须多谈。[29]另一位托斯卡纳大使科西莫·孔奇尼（Cosimo Concini）也颇为微妙地说，这位皇帝喜爱所有与占星术相关的事物，“或许也包括巫术”[30]。如此，更不必言种种发明创造和神秘的自动装置对他来说有着多么不可思议的吸引力。他在世界各地搜罗这些物件，纳入自己丰富的“奇观之屋”，那是欧洲最可观、最知名的艺术奇迹收藏，就位于赫拉德钦宫的西侧殿，只有少数人有幸参观。

他的这些怪癖和忧郁的状态自然引出一些闲言逸事，许多人怀疑他是否为虔诚的天主教徒，在他去世后，枢机主教希皮奥内·博尔盖塞表示：“陛下不仅没有忏悔，连做做样子都没有。”[31]孔奇尼也在给大公的汇报中记述了一事：“皇帝问一名大臣是否会对自己忠诚，大臣回答是。在他领受圣餐时，皇帝说‘既然如此，你就已经领过了’，随即向后退了几步。”[32]

威尼斯大使托马索·孔塔里尼（Tommaso Contarini）说：“（皇帝）以探究自然和人为的秘密为乐，无论谁在讨论这类事情，他都会凑过去一探究竟。”[33] 奥地利大公也称：“皇帝仅对巫师、炼金术士、占卜者这类人感兴趣，不遗余力搜集各种珍奇，试图了解其中的秘密，意在用这种为人不齿的方式对付敌人。”[34]“奇观之屋”起到了重要作用，埋头此处的鲁道夫二世俨然是全能的统治者，是无所不知的君王。可想而知，在伽利略公布天体新发现后，那个最新出炉的秘密、名噪一时的奇观——“长管眼镜”是如何令其深深着迷。由哈斯戴尔的信可见，对鲁道夫二世而言，那台革新整个天文学界的新仪器具有如此奇妙的特性，几乎是天地世界联结的奇迹象征：正因如此，他决不愿任当时流通的最精良的“眼镜”——伽利略望远镜——白白溜走，定要将其纳入自己那个自然和人工的小世界中。

1610年7月，鲁道夫二世和开普勒亲自进行天文观测，但结果不佳。通过富格尔大使、奥塔维奥·潘菲利（Ottavio Panfili）和帝国–威尼斯邮政总领费迪南多·塔克西斯（Ferdinando Taxis），鲁道夫收到了一批主要从威尼斯运来的望远镜。[35] 自然，这批货的质量优于之前送来的荷兰望远镜，作为德拉波尔塔的崇拜者和光学奇观的忠实爱好者，鲁道夫二世立刻购入了这批望远镜，[36] 但到手后却不如期待的那样出色，故他一直希望托斯卡纳大使送来一台由伽利略制造的望远镜。[37] 而终于等到那一刻时，交货却不怎么顺利，原来，为鲁道夫二世准备的那台望远镜在发出前最后一刻被枢机主教希皮奥内 · 博尔盖塞“偷走”了。要复述这段插曲，还要再一次请哈斯戴尔出场，而根据他同伽利略说话的语气，这次“偷窃”最终倒并未演变成重大的外交事件，不过鲁道夫二世确实怒火中烧。哈斯戴尔在给伽利略的信中写道：

> 我引起了皇帝的兴趣，却又令他不快，因为我告诉他枢机主教博尔盖塞从他手里抢走了您亲制的望远镜。皇帝说道：“这些教士贪得无厌。”他命在下以其名义写信给您，在下推脱说，您必然已写信给托斯卡纳大使，大使阁下定会送来比博尔盖塞抢走的更精良的一对。皇帝雷霆未息，在下百般劝阻，道您已被大公召到佛罗伦萨，正制作一批新仪器送给各位王公。[38]

但此事并未平息，一周后，哈斯戴尔不得不再次面对皇帝的怒火：

> 在望远镜这个问题上，皇帝已要求托斯卡纳大公替在下向您写信，望您在自己制作的这台望远镜上多下点功夫，毕竟他只得咬牙忍受囊中之物被那个教士生生夺去的耻辱，总之，期待您制造出一台无可挑剔的仪器，哪怕一台也好。[39]

“哪怕一台也好”，至少要有一台“无可挑剔”的望远镜，这强硬的要求中何尝不含有对“教士”的控诉。鲁道夫二世的坚持几乎要让人同情，似乎在那几个月里，没有什么比这份礼物更令他心心念念了。哪怕是荷兰人科尔内留斯·德雷贝尔称自己发明的球形永动机，也无法与那些轻薄易碎却效果强大的玻璃片相比。鲁道夫二世屡次通过“万事通”哈斯戴尔向伽利略求问，想知道他是否了解阿基米德透镜的工作原理，在鲁道夫二世看来，那个“传说中阿基米德借助反光在远处点火的镜子”同阿契塔的机械鸽一样，属于人类最伟大的发明。由此可见，伽利略在鲁道夫二世眼里是何等值得尊重和卓有信誉。[40]

5.

8 月 24 日，那时布拉格还没人观测过美第奇星，但关于《星空报告》的论战仍如火如荼。尽管皇帝对这个新仪器充满热情，但仅这一点还不足以改变阵营派别，连开普勒出版的《与〈星空报告〉的对话》都不能说服反对者，甚至不仅没有令他们信服，还被视为将伽利略拉下首席地位的有力证据。

如果带着强烈的怀疑去看《与〈星空报告〉的对话》，就会找到众多极好的理由来反驳《星空报告》。开普勒一一列出了那些只靠理论思辨就对天体现象得出接近真相的解释之人的名字（只是他们没有发现木星的卫星），开普勒这么写，难道不是在贬低《星空报告》中的新发现，劝伽利略回归原则吗？此外，有权威的证人站在伽利略一边，证实他的发现吗？

论战远未结束。如果伽利略知道马斯特林和开普勒之间的通信内容，他就会对布拉格论战的结果更加担忧。1610年9月7日，蒂宾根著名的数学家、开普勒的老师、哥白尼的信徒马斯特林这样写道：

> 你在作品中做得很好，从伽利略身上摘下了不属于他的羽毛；因为他并不是这种新仪器的首个发明者，也不是第一个发现月球表面凹凸不平的人；天空中的星星确实比古人著作中编列的多得多，但他也不是首先向世人展示这一事实的人。[……]到目前为止，还没有天文学家看到这四颗新星。[……]如今马丁·霍奇为我们消解了迷障，他揭穿了视觉的骗局，甚至还不是用一个近似的仪器做到的，而恰恰是利用伽利略本人的仪器，可以说是以彼之道还施彼身了。[……]就看看伽利略怎么回复吧。说实话，我希望你不要在驳斥他的过程中一言不发。[41]

这封信给人一种拿错了的感觉，像是出自富格尔大使之手。马斯特林是坚决反对抹杀伽利略的所有功绩的，只是对那四颗新星有疑问。尽管如此，他还是相信霍奇的论点是正确的，毕竟他读过《短暂漂泊》并颇为欣赏，重点是，他希望自己的得意门生再次介入此事，彻底击溃这个名不见经传却野心勃勃的帕多瓦教授。而令开普勒左右为难的是，马斯特林去信之时，他正在写作《叙述》，这是他专门为伽利略和他的发现而写的第二本著作。正是《叙述》带领布拉格论战走向了决定性的转折点，一个完全属于伽利略的优势局面到来，但马斯特林却意外地十分满意。

暂且倒回 8 月 24 日，彼时哈斯戴尔告知伽利略，鲁道夫二世迫不及待想获得一台望远镜，同日，皇帝还为另一件事找来哈斯戴尔，要求看伽利略同朱利亚诺·德·美第奇的最近一封通信：

> 皇帝从我这里收到了阁下同尊贵的大使先生最近通信的摘要，他想要看看原件，我已经取到并呈给皇帝，也已经进行了整理。总之，皇帝颇有兴味地探究信件中那些隐藏着阁下最新发现的字母的意义。[42]

对鲁道夫二世而言，仅仅知道信中内容还不够，他还想亲眼一见原件。这并非无理取闹，而是因为伽利略在那些信中以一种非同寻常的方式宣布了他最新的重大发现，即观察到了土星的“有三个星体”[1]的现象。这位天文学家第一次以加密的形式发布了其观测成

---

1 伽利略是第一个观察到土星这种奇特形状的天文学家，但他在 1610 年未能完全解决这一问题。我们今天知道，土星有一个星环围绕，但最初伽利略以为其侧面还有另外两个天体相伴，因此他称其为“三个星体”。随着后来的观察和更先进仪器的使用，视角的变化逐渐向他展示了不同的可能性，在他的草图中，伽利略为土星的形状假设了各种方案，包括可能有一个与天体表面相切的环。

果，鲁道夫二世和开普勒解码发现，那段文字总共有37个字母，难以理解其排列规律，只能判断出第13个字母到第17个字母是“诗人”一词，第31个字母到第35个字母是“金牛座”一词：

smaismrmilme poeta leumibunenugt tauri as

继《星空报告》之后，伽利略再度出山，给他的对手来了最后一击。这场天文学论战意外地成为迷人又神秘的游戏，在当时的布拉格，鲁道夫二世和“炼金术士、占星家、巫师、占卜者”对密码极为热衷，那种像是魔术或超现实的东西迎合了宫廷的氛围。但同时，另一条战线开启了，那是关于真理的挑战：伽利略向皇帝的数学家开普勒下了战书。开普勒是众多数学家和天文学家中唯一能与伽利略抗衡的人，而伽利略给他先后发去了土星和金星的字谜。

为什么伽利略要用此种玩世不恭的方式发起这轮新攻势，犹如一个“科学浪子”呢？答案或许就藏在《与〈星空报告〉的对话》中，伽利略对其的解读与马斯特林和马吉尼截然不同。关于《与〈星空报告〉的对话》有天差地别的解读，最终还是《叙述》一锤定音，肯定了天体新发现，终结了布拉格论战。而对伽利略来说，《与〈星空报告〉的对话》无疑带来了一个对他有利的转折点，或者说至少有一点是他想让人们知道的。证据是1610年5月24日，伽利略在巴黎写给医生兼占星家马泰奥·卡罗西奥（Matteo Carosio）的信：

还有至少25个人等着提笔抨击我。目前为止只有皇帝的数学家开普勒先生写了一部作品，还肯定我所写的一切内容，没有丝毫否定。[43]

8月19日，伽利略在信中答谢开普勒："阁下是第一个，也许是唯一一个还未经任何观测［……］就无条件信任我的主张之人。"[44]开普勒的文字平复了他的心绪，亦激发了他的斗志，他重整旗鼓，随时准备打击渐渐落入下风的对手，并继续坚持自己的事业。哈斯戴尔从罗马转达的消息也同样鼓舞着伽利略：

在下从尊贵的枢机主教卡波尼近期的通信中得知，罗马和托斯卡纳的数学家已能理解阁下的发明；在下想将此事告知开普勒先生以慰其心，另告知楚克梅塞尔，让他困惑。[45]

而作为伽利略利益的坚定捍卫者，哈斯戴尔相当清楚如何为其巩固信誉，故他给罗马的路易吉·卡波尼（Luigi Capponi）主教送去了一本"皇室数学家的小书"，即《与〈星空报告〉的对话》。[46]此外开普勒用望远镜进行观测的消息不日将世人皆知，证据之一是一封信，写信人是瑞典数学家尼古拉斯·安德烈亚·格拉尼乌斯（Nicolaus Andreae Granius），他于1610年10月3日从布拉格写信给未来的乌普萨拉大主教约翰内斯·卡努蒂·莱奈乌斯（Johannes Canuti Lenaeus），信中写道：

> 不知阁下是否耳闻最近发现有四颗新星围绕木星旋转之事，那是帕多瓦的教授伽利略观察到的，从今年1月8日到3月4日，他用自己那神奇的望远镜首次观察到了这一现象，着实非同凡响［……］皇室数学家开普勒先生向我展示了望远镜，通过望远镜，能将裸眼观察到的物体放大一千倍。[47]

开普勒决定站在伽利略一方后，伽利略回到了舞台中央。他走出了自己的道路，那少年时代明显的反学究倾向复苏了，他与那些身着长袍的反对者们抗衡，给天文学增加一点趣味。

“皇帝颇有兴味地探究那些信件中字母的意义。”哈斯戴尔如是道。[48] 10月24日，曾长居帕多瓦，因而与伽利略熟识的苏格兰人托马斯·塞戈斯（Thomas Segeth）写了封信，表达了类似的意思，与宫廷中对字谜的浓厚兴趣相比，他的话十分克制：“开普勒先生和我以及所有杰出的人物，都对阁下新观测到的发现翘首以待。若新发现可以为人所知而不至于对阁下造成损害，可否容我们一观？”[49] 可见，伽利略的密码游戏已远非单纯的娱乐，而成了理解真相的关键。

6.

10月末，自伽利略抛出那个无人能解的字谜以来，已经过去了两个多月。在这段时间里，随着塞戈斯的信，伽利略收到了一份《叙述》的副本，这是第一本证明木星卫星存在和月球表面多山的出版物。这薄薄的册子仓促出版，几乎又是一本《星空报告》了。其中列出了开普勒 8 月 30 日到 9 月 9 日期间同一些合作者共同得出的观测结果，这些合作者包括塞戈斯、开普勒的学生兼助手本亚明·乌尔西努斯（Benjamin Ursinus）、第谷的前助手兼女婿弗朗茨·滕纳格尔（Franz Tengnagel），以及帝国议员托比亚斯·舒尔特图斯（Tobias Schultetus）。开普勒也试图破解伽利略的字谜。

为了解谜，开普勒立刻联想到了自己一直研究的火星[1]。从这个方向思考，基于他对火星卫星的观测（当时他认为那两颗卫星是恒星），开普勒认为自己解出了一句 Semibarbarus，其意为 Salve umbistineum geminatum Martia proles，即“愤怒的双子，战神的子嗣”[2][50] 他根本没想到伽利略的字谜可能指的是土星。不得不说，若非拥有一台强大的伽利略望远镜，有谁能发现这一点呢？伽利略字谜的谜底其实是 Altissimum planetam tergeminum observavi，即“我

1　开普勒与火星：开普勒接过第谷的衣钵，对火星进行了细致研究，计算出了更为准确的火星位置，观测火星运动。他曾写道：“我预备征服战神马尔斯（火星），把它俘虏到我的星表中来，我已为它准备了枷锁。但是我忽然感到胜利毫无把握。这个星空中狡黠的家伙，出乎意料地扯断我给它戴上的用方程连成的枷锁，从星表的囚笼中冲出来，逃往自由的宇宙空间去了。”

2　“愤怒的双子，战神的子嗣”：即火卫一和火卫二。在希腊神话中，战神马尔斯有四子，分别是恐惧、战栗、惊慌和畏惧，而火卫一的名称“phobos”在希腊语中意味着“恐惧”，火卫二的名称“deimos”在希腊语中意味着“惊慌”，故此处“战神（火星）的子嗣”为双关。

图15 伽利略·伽利雷，抄写开普勒关于土星字谜的理解

观测到了有三个星体的至高行星”。开普勒试图在9月5日晚观察土星，却没注意到异常之处，“我观察到了土星，但其附近没有什么星体”[51]。

这时，伽利略还在玩他的游戏，可以确定，他相当享受这个过程。自然，他是不会给出任何线索的，甚至在他同开普勒就某一点辩论时，他还仔细记下了开普勒的错误理解，一个字一个字地划掉(见图15)。

15年前，伽利略曾称开普勒为“寻找真理的伙伴”，如今他让开普勒自己去解决这个谜题。[52]他相信开普勒肯定能发现其中奥秘，毕竟这位老友的第一部作品《宇宙的奥秘》就不负其名。而伽利略犹嫌不足，12月，他决定发出第二条字谜，这次关系到金星的位相，同样借朱利亚诺·德·美第奇之手呈给鲁道夫二世：

此时，我再次献上一份密文，其中藏着另一个观测成果，它将为天文学界的巨大争议画上句号，特别包含了对毕达哥拉斯定理和哥白尼定律的有力论证。我会适时揭秘。[53]

同样的剧情，同样难以置信，开普勒也同样狂热。谜面是 Haec immatura a me iam frustra leguntur oy，字母重新排列后，就是谜底 Cynthiae figuras aemulatur mater amorum，即“爱之母（金星）模仿月球女神之形”[1]。而开普勒的解答虽然机智，但同正解相去甚远，开普勒的答案是 Macula rufa in love est gyratur mathem etc.，即：“木星上有一处红斑随其旋转。”

据我们所知，关于土星和金星的字谜可以说是天文学领域最早的谜语。后来的惠更斯（Huygens）等人也加以效仿。其实，伽利略很早就醉心于文字游戏，《星空报告》中的注释就是最好的证明，其中多有这类谜语。[54]

尽管伽利略出于某种原因放弃了这些谜语实验，但他没有放弃这种表达方式。值得注意的是，无论是土星的奇怪形状，还是金星位相的观测结果，他都决定用谜语传递，而且只告知布拉格宫廷，没有其他王公贵族知晓此事。为了提防那些想要抢夺这一发现首功之人，他写信给文塔道：“土星并不是一颗星，而是三颗星的组合，

1　这是伽利略又一个重大发现，即金星位相：金星同月球一样，也具有周期性的圆缺变化，这种位相变化被伽利略作为证明哥白尼日心说的有力证据。

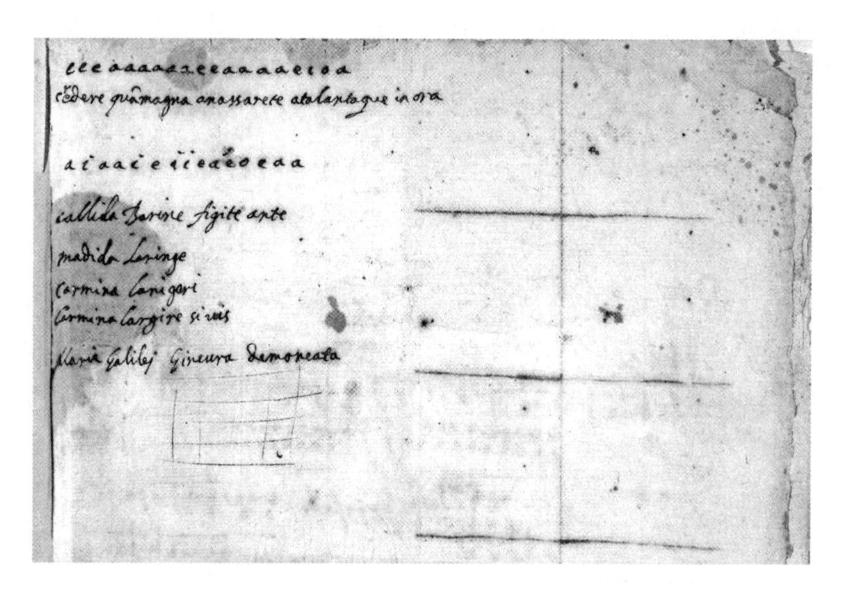

图16 伽利略·伽利雷，谜语手书

它们紧紧贴合，位置固定，也不进行相对运动。”[55] 伽利略将其称为“匪夷所思的奇观”，但在美第奇宫廷中，他对此讳莫如深，要等到当时一册难求的《星空报告》俗语版本刊印，才会收入这些新发现。

7.

朱利亚诺·德·美第奇得知了谜底，但将其公之于众的是开普勒，开普勒将他与伽利略的通信也一并公开在《折光学》的引言中，并附上了拉丁文翻译。[56] 不过，开普勒使用的望远镜精度不高，故他没能观测到这两个惊人现象。事实上，他起初的几次观测目标都是木星，根据他的叙述，可知那几次观测结果也是相当不确定的。

9月上旬，布拉格几乎都是阴天，月球反射亦给观测造成干扰。开普勒的望远镜质量不佳，又被固定在地板上，可视角度有限，加大了观测的难度。此外，由于缺乏特制的测量仪器，很难确定木星与其卫星之间的距离。这台望远镜虽出自伽利略之手，却没有被直接送到布拉格，而是开普勒从巴伐利亚选帝侯那里借来的，这是他能拥有的最好的设备了：

> 8月，尊贵的科隆大主教、巴伐利亚选帝侯恩斯特公爵从奥地利的维也纳返回，借给我一台［望远镜］，他说那是伽利略先生送给他的，但就其能观察到的图像质量而言恐怕不如其他一些仪器，他抱怨说，看到的星星是四边形的。[57]

换言之，尽管伽利略再三保证，却始终没给布拉格寄去一台望远镜。在《星空报告》出版后的几周内，那些真正精良的望远镜已经作为礼物同书一起送出了，给巴伐利亚选帝侯的就是其中一台。那么之后呢？为什么不给那位翘首期待的皇帝送去一台，为什么也不给他的数学家送去一台呢？毕竟那时，开普勒可是唯一站在他这边，为他百般辩护的人。

伽利略的答复显得有所保留，若将这番答复与其他记载相较，就会发现其可信度并不高。8 月 19 日，他在寄给开普勒的信中说，目前他在帕多瓦持有的望远镜尚无法观测木星卫星。他制作的望远镜中最好的一台在大公手里，“（大公）将其摆放在自己的圣坛上，周围全是名贵珍奇”。伽利略表示，自己还未能成功制出同那一台质量相当的成品，但开普勒不必担心，只要自己一到佛罗伦萨，就会制作一些用于打磨和清洁透镜的机器，并尽快寄给他。[58]

当时，开普勒在这世上最想要的东西非伽利略望远镜莫属，故在他看来，伽利略的这番答复就是一种拖延。他 10 天前写信给伽利略道：“阁下令我心急如焚，我现在只想一见阁下的仪器，能让我同阁下一起观测天空。”[59] 这位皇室数学家别无选择，只能尽力而为：

> 我们这里的望远镜，即使是质量最好的，一般也只能将直径放大 10 倍，更不用提剩下那些只能放大 3 倍的了。我只有一台能放大 20 倍的望远镜，但精度欠佳。我尚不知是为何故，正努力改进它。迄今为止，除了我自己制作的一台外，用其他仪器看到的画面完全分辨不出小星。我自己制作的那台望远镜虽说不能将直径放大超过三四倍，却能清晰地展现出银河群星，尤其是它本是为产生视幻觉而制，这一点令人不禁称奇。它的奥妙就在于［镜片的］光泽度，能让大量光线进入。与其他透镜不同，其凸透镜的边缘没有覆盖住，所

以整个镜片表面都可以利用。由此，肉眼可视区域更广，可以轻易找到所寻目标。[60]

因此，伽利略完全知道开普勒为制作一台高质量望远镜付出了何等努力，望远镜对开普勒的观测至关重要。开普勒想要观察银河系群星，无疑是希望证实《星空报告》中的内容。尽管如此，之前数月里，伽利略在帕多瓦实验室制作的那几台望远镜还是全落入了罗马的枢机主教之手，即博尔盖塞、法尔内塞、达尔蒙特等人。[61]或许那批望远镜不是个个精良，不能同他 5 月底送给巴伐利亚公爵、虔诚的天主教徒马克西米利安的那台媲美，[62]但无疑比开普勒在布拉格寻获的那批质量要好。就连法国摄政玛丽·德·美第奇，都还要等到 9 月才能获得一台，更不用说其他排队等待的人了。[63]值得注意的是，鲁道夫二世一直到临终还在下令要求获得“能用来制作伽利略望远镜的镜片”:

是夜，来了一个佛兰德炼金术士，此人深受皇帝喜爱，他代表皇帝转告我，让我写信给大公，以皇帝的名义请其送来两块伽利略望远镜的专用镜片。镜片送到后，将按照皇帝的意愿在布拉格加工，皇帝所求无他，唯此事尔。

我重又想起皇帝对伽利略望远镜和其镜片的渴望，上周我写信给阁下，若阁下觉得可行，为了满足皇帝的愿望，不如用邮寄油桶的方式［将那些镜片］寄出，阁下深知皇帝之心，在当下关头，此事还需多加注意。并如上周我信中所言，也请阁下留心联姻之事，近日皇帝的那位炼金术士再次前来，在皇帝尚未开始担心没有继承人的这段时间里，他整日在侧。[64]

上述两封信件均出自朱利亚诺·德·美第奇之手，分别于1611年11月14日和21日寄给文塔。开普勒的《叙述》已然出版一年有余，但鲁道夫对伽利略望远镜的“渴望”不见消退，甚至更为痴迷，这可以说是他喜怒无常、忧郁性格的体现。“如您所知，（望远镜）十分完美，我十分期待，不胜感谢”，托斯卡纳大使将这样的话翻来覆去地写在信中。[65]而伽利略先是在帕多瓦，后又在佛罗伦萨，一再向其保证，由于正在“调试加工望远镜的装置，特别是其中一些必须包裹起来，运输不便，故请勿怪（望远镜）迟迟不达；我将确保仪器性能卓越，以弥补拖延之过”[66]。

必须说，尽管伽利略没给开普勒送过一台望远镜，但1610年8月至12月间，他还是送出了一份大礼：从3月9日到5月21日的木星观测记录。这里需要解释，之所以截至5月21日，是因为这时木星及其卫星还未太接近太阳，因此能被观测到。除了这份观测记录，还有个字谜，即关于土星和金星的谜题。而托斯卡纳大使写道，皇室天文学家开普勒“沉迷其中，迫切想知道答案，他想象了无数种可能，完全冷静不下来”[67]。

伽利略收到这一消息时肯定十分满足。他就是怀着与开普勒较劲的心情创作这些谜语的。得知开普勒困扰难安，伽利略无疑深感骄傲。虽说两人都是哥白尼的忠实信徒，但从15年前的第一封通信开始，他们的竞争就展开了，无论是研究对象还是方式，两人都南辕北辙，完全无法合作。《与〈星空报告〉的对话》一出，开普勒自证是伽利略盟友的同时，却也展现出强大的竞争力，而今伽利略已然是这场游戏的主宰，又怎会把权柄移交他人之手？

所以，开普勒在为谁而战呢？正如他在多个场合的宣言中所说，是为了真理。在那时，“为了真理而战”同样意味着为伽利略，也为自己而战。如果说伽利略是赢家，那也要归功于开普勒先后发表了《与〈星空报告〉的对话》和《叙述》。若无开普勒的巩固，伽利略的胜利也算不上名副其实，毕竟那些新发现没有系统的理论支撑，仅靠单枪匹马是远远不够的。伽利略是一个出色的观星者，是一份卓越的观测报告的作者，却不是新天文学的缔造者，因为要让人们接受全新的世界体系，仍任重道远。仔细阅读《与〈星空报告〉的对话》，就能认识到这一点，伽利略也一定有所意识。因此，8月19日，他向开普勒透露，自己被托斯卡纳大公任命为“哲学家和数学家”，这一头衔正是伽利略渴望已久的，而对于那些无论当时还是以后都不会承认这一头衔的人来说，该消息无疑是引起强烈非议和报复的导火索：

> 亲爱的开普勒先生，您要求我提供证人，我便向您介绍托斯卡纳大公，在过去的几个月里，他一直在比萨观察木星卫星，在我离开时，他还赠予我一千多枚金币，如今他把我召回

> 故里，给我同样价格的年薪，任命我为哲学家和数学家，此外不给我施加任何负担，以让我放手完成力学、宇宙结构和天体局部规则或不规则运动的相关著作，现我已用几何方法证明了许多意想不到、令人称奇的特性。[68]

简言之，开普勒请伽利略提供进一步的证据，并提醒他注意来势汹汹的反对者（“我不赞成你保持沉默，布拉格铺天盖地都是意大利人的信件，他们坚决否认用你的望远镜观察过那些星星。”），[69] 伽利略却回答说，他被任命为数学家和哲学家是成功的标志。在真正困厄之时，他从开普勒那里得到了最有力的支持，但如今他不再请求也不再需要了。他还有其他的工作要做，而且这些工作与开普勒这个德国天文学家、路德教徒没有关系，更何况开普勒的老师也是路德教徒——离经叛道的马斯特林，其作品于禁书目录上赫然在列。[70] 而这或许就解释了为何在《星空报告》出版后，伽利略制作的那些精良望远镜率先寄给了罗马的枢机主教和教士，而迟迟未有一台寄到布拉格或伦敦。

第七章

CAPITOLO SETTIMO

海峡彼端：诗人、哲学家与天文学家

1.

当鲁道夫二世的宫廷里还在论战之时，《星空报告》的副本已经到达伦敦的另一处欧洲宫廷——詹姆士一世的宫廷。1610 年 3 月 13 日，《星空报告》出版当日，英国大使亨利 · 沃顿爵士从威尼斯将此书寄往伦敦，并附上了自己对伽利略发现的看法。但欲知《星空报告》的首批消息如何传到英国，另一份文件比沃顿的报告有用得多，那就是哲学家威廉 · 洛厄（William Lower）的长信，此信是给托马斯 · 哈里奥特的回复，现已佚失，但至少洛厄当时反应颇为热切：

> 在我看来，这三个发现一出（月球表面多山、银河的真正成因、木星周围的四颗卫星），天才的伽利略就远胜于开辟新航道的麦哲伦和在新地岛葬身熊腹的荷兰人。[1] 自然，这些发

现给他带来巨大的便利和稳定的地位，也给我带来颇多乐趣。我沉浸在这个消息中，盼望着夏天过去，这样我也能观察这些现象了。[2]

1610年6月11日，洛厄为一桩机缘巧合惊喜不已，正当“我们特莱芬蒂的哲学家思考为什么开普勒要在《蛇夫座脚部的新星》中努力排除布鲁诺和吉尔伯特关于星空范围的观点”时，哈里奥特的信来了。尽管洛厄同意开普勒的众多天文理论，但并不认为布鲁诺和吉尔伯特全无道理，因为在土星的外围，或许就有“无数的”星星，“只是个头很小，我们难以看见罢了”。他回忆起“经常听到哈里奥特说同样的话”，哈里奥特还提出“如果有其他的星也围绕着木星、土星、火星转，那也是很难看见的”。故而木星卫星一经发现，就有“经验证实”宇宙之无限。[3] 这些惊人发现似乎证实了他们的猜测，受此鼓舞，“特莱芬蒂的哲学家们”陷入狂喜：

我们完全被这些事“点燃了”，恕我提醒阁下，勿忘我的请求和您的承诺，给我送来各种类型的望远镜［……］也请给我寄来伽利略的书，如果还有人前来且您能寻获的话。[4]

此间言语不仅勾画出一张新发现在英国传播的地图，还体现了“诺森伯兰圈”(Northumberland Circle) 的作用。这个圈子的赞助者是当时被称为“巫师伯爵”的第九代诺森伯兰伯爵亨利·珀西

(Henry Percy)，那是一个颇富进取心的“贤者”小圈子。鉴于接下来我们的注意力都要放在这个小圈子中，我们应该先澄清一些错误，再一一区分其中人物发挥的作用。

首先要说，所谓诺森伯兰圈是一个有凝聚力、有组织的知识分子群体，这样的印象只不过是历史上的一个神话罢了。事实上，并不存在“诺森伯兰派哲学”，其信徒亦没有明确统一的信条，圈内人们的聚会也并非通力合作进行科学研究、总结经验。[5] 唯一可以肯定的是，1590 年至 1620 年间，一个由文学家、数学家、天文学家、自然哲学家、医生和炼金术士组成的非正式小团体围绕着珀西伯爵，为彻底革新知识而不懈奋斗。他们中除了哈里奥特和洛厄，还有沃尔特·华纳（Walter Warner）、纳撒尼尔·托波利（Nathaniel Torpoley）和罗伯特·休斯（Robert Hues），后来尼古拉斯·希尔（Nicholas Hill）和约翰·普罗瑟罗（John Protheroe）也加入。他们皆反对亚里士多德主义，推崇文艺复兴时期的自然主义者泰莱西奥（Telesio）、帕特里齐（Patrizi）和布鲁诺的“原子微粒”说。[6] 除此以外，他们还同是哥白尼学说的信徒。[7] 诺森伯兰圈旨在推动新的哲学科学文化，反对在各大学中坚不可摧、占据主流的亚里士多德学说。这并非易事，随着詹姆士一世登基，英国山雨欲来，政权与教权自伊丽莎白时期就剑拔弩张，在此大气候下，他们个人的抗争也无可避免地陷入了这场旋涡。[8]

那些年，和珀西牵扯上关系可谓以身犯险，尤其是在 1605 年

“火药阴谋”[1] 失败之后。[9] 鉴于其远亲托马斯·珀西是此事主谋，亨利·珀西在宫廷中的政治地位一落千丈，他先是被怀疑参与其中，后以叛国罪被囚伦敦塔 16 年。珀西小圈子内的知名人士，如哈里奥特、托波利和洛厄，也先后被捕，受到严审，好在最终获得释放。[10] 无独有偶，1603 年，珀西的密友、哈里奥特的首位保护人沃尔特·罗利（Walter Ralegh）爵士也被囚伦敦塔，1618 年，他因“同西班牙人密谋倾覆詹姆士一世”之罪惨遭处决。[11] 须知 1592 年，罗利就因自己的小圈子宣扬无神论而被公开谴责。[12] 此案虽不了了之，但哈里奥特一生都被贴上了“伊壁鸠鲁派无神论者”的标签，故被卷入 1605 年那场阴谋时，他便无可避免地受到冲击。[13]

在此背景下，诺森伯兰伯爵身边的学者们展开了学术活动。正如哈里奥特在 1608 年 7 月 13 日写信给开普勒抱怨的，英国缺乏进行“自由的哲学思考”[14] 的土壤，因此哈里奥特及其友人小心翼翼地秘密交流着信息和思想，没有将他们的理论学说公之于世[15]，也就不足为奇了。

那么，哈里奥特究竟是如何获得有关伽利略新发现的信息，又将其传递给洛厄的呢？1610 年 4 月中旬，关于新发现的消息和《星空报告》的副本一并到达伦敦，但一向不受宫廷欢迎的哈里奥特居

1 英国的“火药阴谋”：当时一群亡命的英格兰天主教徒试图炸掉英国议会大厦，并杀死正在其中进行议会开幕典礼的英王詹姆士一世和他的家人，以及大部分的新教贵族，但并未成功。

然对此有所了解，实在难以置信。显然，沃顿大使所言“非同寻常的消息”已从白厅的高墙外泄，连哈里奥特也听说了。毕竟，这些消息并不涉及机密敏感的军政事件，是仅对沉迷科学与天文之人来说价值不菲的真相。

然而，一段手写的笔记表明他的消息源不是道听途说，而是更为可靠，那段笔记表明，哈里奥特读过开普勒的《与〈星空报告〉的对话》。如前文所述，那是开普勒 1610 年 5 月初发表的作品，对伽利略的新发现极尽支持。[16] 哈里奥特在仔细研读《新天文学》时随手写下了这段笔记，开普勒在书中指出，若基于当时通用的伊拉斯谟·莱茵霍尔德的《普鲁士星表》(*Tabulae Prutenicae*，1551)，[17] 则可预测火星将在 1610 年 10 月 16 日前后冲日，[18] 但这位帝国的天文学家认为此预测并不准确。哈里奥特在笔记中写道：“1610 年 10 月 6 日，与星表的预测相差 3 度，见《与〈星空报告〉的对话》一书，第 5 页。”[19] 这一笔记写于哈里奥特对比阅读《新天文学》和《与〈星空报告〉的对话》时，自伽利略成功以后，天文学家们大受鼓舞，在火星周围搜寻卫星。在开普勒的著作中，就在哈里奥特写下笔记的那一页上，开普勒指出“最佳时机”是“即将到来的 10 月，火星将冲日，处于最接近地球的位置，而莱茵霍尔德星表的计算误差超了 3 度”[20]。

可见，哈里奥特是通过《与〈星空报告〉的对话》了解到最新的天文发现的，从本章开头洛厄的信中亦可知，此事不会晚于 1610 年 6 月初，而当时，在伦敦流通的《星空报告》的副本还非常少。

可见，天体新发现的消息早在《星空报告》到来之前就传到了英国，而奇怪的是，这些消息一开始并未传入牛津大学、剑桥大学等殿堂，而是立刻传到了威尔士西南部卡马森郡的一个偏远农场，名为“特莱芬蒂”或“特拉凡蒂”，此地距伦敦300多千米。正是沿着“伦敦—特莱芬蒂”这条非凡的线路，“天才的伽利略”在英国收获了首批支持者。

2.

洛厄出身康沃尔一个古老而且颇有影响力的家族，1606年，他同珀西的继女佩内洛普·佩罗特（Penelope Perrot）成婚一年后，搬到了特莱芬蒂。在特莱芬蒂的产业是嫁妆的一部分，其收益远超过物质财富，真正重要的是这桩婚姻将洛厄带入了诺森伯兰伯爵的家族和文人圈。洛厄自1601年起就任议员，当他去伦敦参加议会时便住在锡永宫，而哈里奥特已在那里定居数年。[21] 由此，洛厄结识了几位与珀西关系匪浅的学者，如数学家沃尔特·华纳[22]、纳撒尼尔·托波利等人，后者同为数学家，也是圈内人中唯一宣称反对原子论的人。[23]

在科学方面，洛厄主要同哈里奥特保持着频繁而重要的联系。他们的合作多通过书信往来，不幸的是哈里奥特的手书所剩无几，存留至今的仅有片段。[24] 但即使通过这些零散的对话，也可以看出两位人物的主从地位：哈里奥特是无可争议的受敬重的导师，他引导研究方向，指挥研究过程；洛厄则是严格遵循其指教的学徒。他们两人的对话极具价值，呈现了洛厄周围一个小型外围科学团体开展活动的画面。其中诸多学者的背景和姓名不详，只有约翰·普罗瑟罗一人还算有名，他住在距特莱芬蒂几千米的霍克斯布鲁克，1610 年 2 月 6 日，洛厄在给哈里奥特的信中特意谈到了他。[25] 无论如何，这个圈子里的人绝不是初出茅庐，而是一批在哲学、数学和天文学领域都颇有造诣的学者，正因如此，他们才能讨论开普勒的作品。洛厄乐于将自己和他们一并称为“我们特莱芬蒂的哲学家”，他们总是直面不时冒出的新挑战，也摩拳擦掌，迎接伽利略的新发现。不得不提一句，他们对天文学的兴趣还得追溯到这些新发现闯入欧洲舞台，独占舆论场之前。

早在 1607 年 9 月，那颗壮观的彗星（就是后来人们所说的“哈雷彗星”）扫过天空之时，洛厄就制订了一个详细计划来观测其运动。他将观测结果写入日记，把其位置变化整理成表。9 月 30 日，洛厄写信给哈里奥特道，他定期观测这颗彗星，既用肉眼，也用直角器估测“它与各恒星间的天文距离”。洛厄第一次观测到它是 9 月 17 日“午夜前后，掠过大熊座”，当时他正乘船从康沃尔穿过布里斯托尔海峡，前往威尔士。[26] 在天气情况允许时，他继续在特莱芬蒂进行观测，直至 10 月 6 日。哈里奥特收到了洛厄的观测结果，对其仔细分析，并与自己的结果进行比较。[27]

毫无疑问，1607 年的彗星事件促使哈里奥特认真考虑将光学知识应用于天体研究。他的决定可能也受到开普勒的影响，开普勒从老师第谷·布拉赫的首批助手之一约翰·埃里克森（Johann Eriksen）那里了解到，哈里奥特在“自然界的所有奥秘，特别是光学领域”极具才能。这是埃里克森亲自得出的评价，他在伦敦时同哈里奥特多有接触。[28]

几年前，开普勒在其《维帖洛理论增补》中除了提出那个革命性的视觉理论，还表明，对天文学家来说，扎实的光学基础是不可或缺的。故当埃里克森表示哈里奥特也是同道中人时，开普勒当即同他联络。1606 年 10 月 2 日，开普勒邀请哈里奥特交流对光学问题的看法，他们从颜色的成因聊到彩虹和日晕现象，然而开普勒最希望的是能收到有助于发现“折射原因”的实验数据，他说：“请阁下把在实验中发现的所有折射现象的测量结果寄给我，然后大功将成。”[29]

由此，双方开始了一段短暂而客套的通信往来，但就开普勒的满心期望而言，结果不尽如人意。[30] 实际上，哈里奥特并不愿意透露其实验结果的真实性质，只是模棱两可地提供了一连串表格和对自己折射理论的解释，这让开普勒无法理解他的思路。正如哈里奥特在回信结尾所言，开普勒只能等待哈里奥特出版自己的作品：

> 到此，我已经把您领到了自然家园的门前，其中就隐藏着自然的奥秘。但这门是很狭窄的，如果您难以进入，就试图把自己想象成理论上的一个原子吧，那样您就能一探究竟了，等

您出来后，还请告诉我您看到了何种奇迹。至于您说的色彩，其中别有洞天，在那里是没法解释的。不过，等我写完这本关于彩虹的书后，您就会看到［……］对它们的正式解释，一个大致、直观的成因。若上帝予我时间和健康，我将探究更多的自然哲学问题。在此期间，请耐心等待。[31]

无论是对开普勒，还是对那些反复敦促哈里奥特发表研究成果的人，哈里奥特都没有履行自己的承诺，他有生之年并未出版任何相关作品。[32] 但他所言之事绝非自吹自擂，他的光学造诣确实令人难以望其项背。故现下须将注意力转移到这些光学技术上，寻找其内在价值，把握它们同天文观测密不可分的联系。[33]

3.

在光学和天文学交叉的神圣路口，哈里奥特向伽利略的发现致敬。自16世纪90年代起，哈里奥特就致力于光学研究，他终其一生不懈奋斗，着重研究光在不同介质中的折射问题。他给后人留下了上千份手稿，均是关于光在平面或曲面、棱镜或透镜中折射现象的观测结果、实验数据，以及图解、表格、计算等。[34] 哈里奥特笔耕不辍，持之以恒，1602年夏，他终于得出了折射正弦定律的准确公式。[35]

其大部分研究都是在艾尔沃斯镇附近锡永宫的豪华别墅中进行的，这里距伦敦市中心仅几千米，坐落于泰晤士河畔，与邱园相对。[36] 在这座诺森伯兰伯爵提供给他的住所中，哈里奥特建立了一个货真价实的科学实验室，他进行炼金实验，对物体的比重、管道中水的流速、子弹的轨迹和自由落体运动加以精准测量。[37] 这座别墅俨然成为他开展数学研究、制造仪器和探索“自然家园”的乐土，这一说法在他 1606 年 12 月给开普勒的信中亦有体现。[38] 哈里奥特甚至将天窗都改造成了天文台，以此追踪星体运动，并进行测量。[39]

在宁静的锡永宫，哈里奥特能尽情履行数学家的天职，用伊丽莎白时期诞生的方式，将抽象的数学方法应用于解决具体需求和问题。[40] 在此背景下，哈里奥特对光学产生兴趣，试图解决制图学、航海学和海上经纬度测定的相关问题，众多测量仪器在此大展身手。当哈里奥特使用直角器或等高仪测量星体相对于地平线的高度时，他意识到了大气折射会造成误差，故为修正和降低这一干扰，他对折射现象进行了系统的分析。

因此，一系列关于折射的长期实验皆旨在开发新技术、改善航海仪器的性能。这项研究颇为复杂，不仅需要数学和天文学知识，还需要加工棱镜和透镜的技术，以测试光的折射现象。故哈里奥特请来了一位专业打磨镜片的工匠，名为克里斯托弗 · 图克（Christopher Tooke），1604 年至 1605 年间，他受雇于哈里奥特，是其在锡永宫的重要合作者。[41]

在哈里奥特的研究过程中，光学实验与天文观测交织并行，正因如此，1609 年 7 月，他成功制作出一台望远镜。虽说当时情形已不可考，但不妨猜想，他是否听说过李普希的“新发明”，又是否见过望远镜的第一个样品呢？不过，根据已知文献，可以排除后一种假设，因为第一批望远镜是在 1609 年 11 月至 1610 年 2 月间[42]才从西属尼德兰转运到英国的，而当时哈里奥特已经制成望远镜数月有余了。然而可以肯定的是，望远镜的消息迅速传遍欧洲大陆，至少会有一份暹罗大使报告的副本流入伦敦。[43] 再者，当时的望远镜还很初级，能工巧匠不费吹灰之力就能复制，对于哈里奥特这样研究透镜特性已经有一段时间的人来说，在一根管子的两端嵌入两块不同形状的透镜，以此制作一台能放大物体的光学仪器并非难事，因此他很快将其用于天文观测也就不足为奇了。

4.

1609 年 7 月 26 日，晚 9 点。锡永宫阁楼上，时值新月第五日，哈里奥特将一台六倍望远镜对准了月球，但他不仅观察，还细致描绘其表面，将通过望远镜看到的画面再现于纸上（图 17）。

这是第一幅通过望远镜观测手绘的月球图，[44] 领先伽利略 4 个月。[45] 哈里奥特用其独家方式观察月球表面，绘制了这幅图像，但是他究竟观察到了什么呢？细看这幅奇怪的插图，图中标为“晨

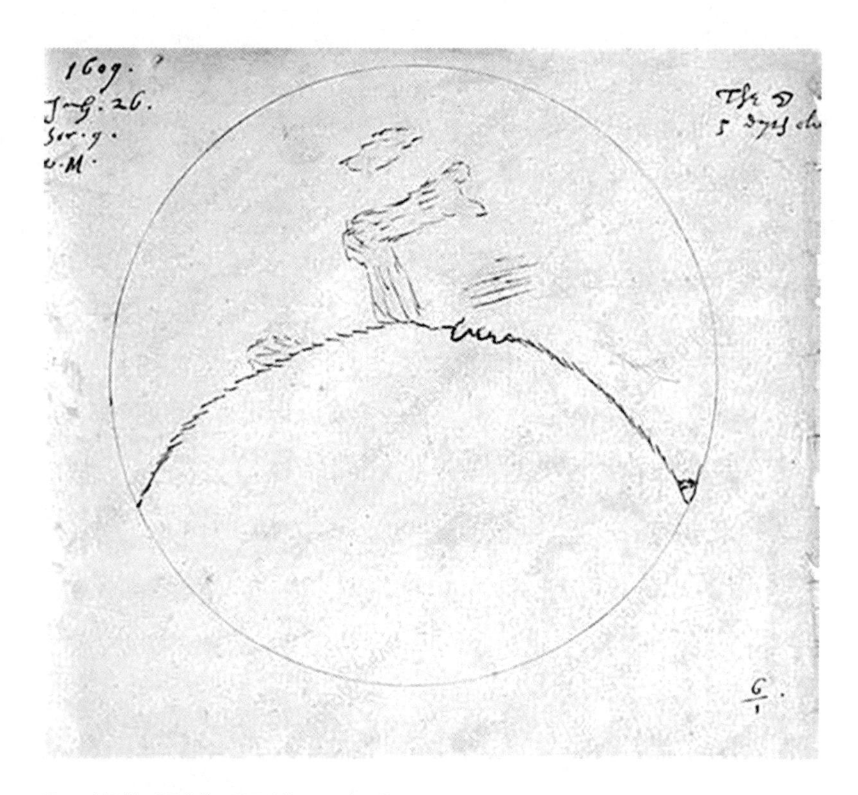

图17 托马斯·哈里奥特，观月手绘，1609年 7月26日

昏线”的明暗分界线显然有误，因为新月的尖角远远超出了月球的中轴，而这种现象只可能发生在月食期间，新月第五日显然没有月食。[46] 此外，图中的地形特征也较为模糊，很难据此进行其他探索。画中明亮区域尤为明显的古怪斑点究竟是不是环形山或山脉的投影，也没有只言片语可助理解。

无疑，哈里奥特这幅画作颇为粗糙简略，对此人们众说纷纭。[47]

有人认为，他是受在罗利家族[1]工作时发明的特殊制图法影响，当时他正是采用那种制图法为美洲新大陆绘制了海岸线，故绘制月球图像不过是举一反三。在绘制海岸线时，哈里奥特并未把重点放在地形特征上，而是着重描绘海岸轮廓和海陆边界，那些线条都是以二维空间关系为基准的。若将月球上的明暗区块想象成陆地和海洋，则哈里奥特不过是简单勾勒了它们的轮廓，与多年前他同画家约翰·怀特绘制的弗吉尼亚州海岸线异曲同工。[48]

也许是制图师的习惯使然，哈里奥特忽视了月球的地形特征。有个小线索可佐证这一猜测，即1610年2月6日洛厄写来的一封信，称其已开始用望远镜（原文为“透视筒”）观测月球。而那台望远镜正是哈里奥特送给洛厄以期获得他认可的，一同附上的或许就有这幅画。这封信从特莱芬蒂寄出，洛厄在信中向哈里奥特报告自己同年轻的合作者约翰·普罗瑟罗的观测结果：

> 如阁下所愿，我观察了所有的月相变化。在新月时期，月轮发出的弱光清晰可见（虽说实际上是地球反照光）；在分界线稍前一点的位置，首先可见的就是看起来像“月中人”脸部的地方，只是看不见整个头部。再往前观察，在靠近新月尖角

---

1 罗利家族：哈里奥特在学生时代就表现出了出众的数学才能，毕业后不久就为沃尔特·罗利男爵家族赏识，成为其家庭数学教师。他参与了罗利家族船只的设计，还利用他的天文学知识为导航提出了专业的建议。

突出部分的边缘，有明亮如星的区域，比其他区域都要耀眼，其纵向轮廓同尼德兰旅游手册上看到的海岸线很相似。而在满月时期，月球看起来就像上周我家厨师做的水果蛋糕，这里亮一块，那里暗一块，看起来很是杂乱。我得承认，若非望远镜，我根本什么也看不见。现有一个能干的年轻人时常在我身边，他对阁下仰慕至极，对此类研究更是如此，在手头还没有仪器的时候，他就看到了许多这样的现象，如今有了仪器，他能看得更为清楚了，此人就是年轻的普罗瑟罗先生。[49]

洛厄这番绘声绘色的叙述没有插图，却几乎是哈里奥特那幅无声画作的最佳注解。就像是这位特莱芬蒂的哲学家着力补上那幅画所欠缺的说明，还通过与“尼德兰旅游手册”中描绘的“海岸线”对比，暗示哈里奥特绘制月球表面轮廓线的方式。然除此之外，洛厄并未增添任何新内容，他的表述同哈里奥特的画作一样模糊。

另有一个重要的事实：自 1609 年 7 月 26 日后，哈里奥特就没有再对月球进行系统观察，也未再深思月球表面的斑点究竟为何物。在其存留下来的手稿中，直至 1610 年夏，关于月球的研究都渺无影踪。而《星空报告》一朝出世，哈里奥特重拾望远镜观测的原因就显而易见了。如前文所见，哈里奥特在 1610 年 6 月初就知晓此事，而他早在伽利略之前就通过望远镜观察到的现象在当时广受重视，这是他未曾想到的。1610 年 6 月 11 日洛厄写给哈里奥特的信就体现出了这种重视，信中坦言：

我之前曾观察到月球表面有一个古怪的斑点，却没想过有一部分可能是阴影。[50]

洛厄的这番常常为人忽视的诚挚话语说出了一个简单的道理：要透过现象掌握本质，仅靠观察远远不够，还需知如何进行解释。[51]在这种解释的过程中，观察到的现象就如同有待破译的密码，须根据固定规则才能解码，只有借助这种抽象的认识论，才能使望远镜带来的新发现不再是遥不可及的秘境。在同一封信中，洛厄也表示，他之前仅满足于简单叙述通过“透视筒”看到的东西，如今深感懊悔。此外，他还描述了伽利略的发现“现在”是如何助自己解决昴星团“七星”之疑的：

[我曾经观察过] 金牛座的七颗星 [昴宿七星]，我之前一直认为它们总计七颗，尽管我没有亲自数过。而借助望远镜，我清楚看见它们不止七颗，但由于心存执念，我不相信自己的眼睛，也没有趁机确认到底有多少颗。既然阁下已经令我敞开视野 [指哈里奥特告诉洛厄，伽利略已经观测了昴星团]，[52]今冬就此话题，我亦能对阁下畅言。[53]

1610 年 6 月，无论是哈里奥特还是洛厄都还未读过《星空报告》。不过，他们对其内容的间接了解也许是他们探究天体现象征途中的转折点。此后不到一个月，《星空报告》就在英国流传开来，这从一封 1610 年 7 月 6 日的信中可见一斑，这封信是克里斯托弗·海登（Christopher Heydon）爵士从剑桥附近的贝肯斯索普寄给伦敦的友人威廉·卡姆登（William Camden）的，后者在闻名遐迩的威斯敏斯特公学任职。[54] 虽说海登爵士曾于 1603 年发表过一篇为明断占星术辩护的文章，但他同卡姆登一样真心热爱天文观测，显然，《星空报告》重燃了他们的激情。[55] 信中的语气十分坚定：

> 我读了伽利略的作品，简言之，我认同他的观点，其理论令人信服。据我的经验，仅借助一台普通望远镜，就能分辨出昴宿星团中的十一颗星，此前还未有哪个时代的人称其数目超过七颗。[56]

几乎可以确定，哈里奥特在 7 月初得到了《星空报告》的副本，不难想象他手握此书，回忆自己早在一年前就观察描绘的月球，该是何等五味杂陈。伽利略生动地描述了月球多山的表面，将其同地球类比，称其上山峦起伏，是自然的鬼斧神工。距开普勒在《与〈星空报告〉的对话》中透露伽利略的新发现已过去一个月，哈里奥特终于能亲眼见到伽利略书中那些令人震撼的插图，那些插图有的是关于猎户座的，有的是关于昴星团的，其中最引人注目的还是关于木星卫星的插图，它们按观察顺序一列排开，读者可从中感受到时间在观察星体运动中的重要性。

《星空报告》赋予了哈里奥特进行天文研究的新动力，也带来了助他理解其中内容的新仪器。由此，中断一年后，1610 年 7 月 17 日，哈里奥特重新开始观测月球，接下来的两年中，尽管不是很规律，但他持之以恒地推进这项极为明确的计划。[57] 直到 8 月，他才做出评论，但 7 月 17 日的那幅图显然受到了伽利略插图的影响。实际上，若将哈里奥特关于上弦月的草图（见图 18）同伽利略更精确的手绘（见图 19）相对照，无疑会发现两幅画非常相似，在晨昏线中心附近都有大型的环形山。[58] 而在哈里奥特为图像加上说明后，相似性就更明显了，他用地球地理特征来描述月球表面的方式同《星空报告》中的几处内容遥相呼应。

8 月 26 日，哈里奥特观测到月球表面有“大的突起”“山谷阴影”，其中“大约三分之一”像是地球上著名的“里海”。9 月 11 日，沿着不规则的晨昏线，他确定了“一些岛屿和岬角”。10 月 23 日，他又找到了一处“中心有空洞”的山地景观。[59]

5.

1610 年 7 月，沿着《星空报告》之路，哈里奥特的天文计划拉开序幕。他相当清楚这本书的划时代意义，并大为触动，于是将天体新发现当作自己的工作重心。毕竟那些现象颠覆了传统的天体空间图像，没有一个天文学家或哲学家能无动于衷，更不用说哈里奥特这位坚定的哥白尼主义者，他完全理解伽利略发现的宇宙论的意义。

首先，木星卫星的发现激励了哈里奥特和他的门徒，但当时还无法立刻进行观测，如洛厄在 1610 年 6 月的信中所说，“还需等到夏天过去”[60]，因为只有当木星距太阳足够远时，才可见其卫星。最佳时机就是分处地球两侧的木星和太阳皆距地球较近之时，故需等待秋天到来。[61]

10 月 17 日，哈里奥特进行了“对新星的首次观测”，这是其持续至 1612 年春的长期系列观测中的第一项。[62] 但这次观测不尽如人意，因为当日仅能看到“一颗（卫星）”。[63] 后续数月情况也没有变化，恶劣天气频发，他在很长一段时间内都无法获得与伽利略相同的观测结果。尽管如此，哈里奥特坚持投入这项忙碌的工作，大本营就设在锡永宫，有时也转战伦敦：1610 年 11 月 16 日，他在布莱克法尔地区观测；1611 年 2 月 16 日，他在格林尼治观测，同日前往“特纳医生在圣海伦街上的小屋”[64]，特纳医生即彼得 · 特纳（Peter Turner），住在市中心的圣海伦教堂附近。[65]

无论是去探视被囚于伦敦塔的诺森伯兰伯爵，还是出于个人原因，只要哈里奥特前往伦敦，都会随身带上望远镜进行观测。伯爵和哈里奥特曾经的保护人，同在塔中的沃尔特 · 罗利爵士无疑知晓此举，对近期的天体新发现亦有所耳闻，罗利爵士的《世界史》就是证明。此书写作于 1610 年至 1611 年间，1614 年出版，其中称赞道：“伽利略 · 伽利雷，在世的著名占星家（天文学家），他通过自己的透视眼镜（望远镜），发现了天空中诸多前人未知的现象。”[66]

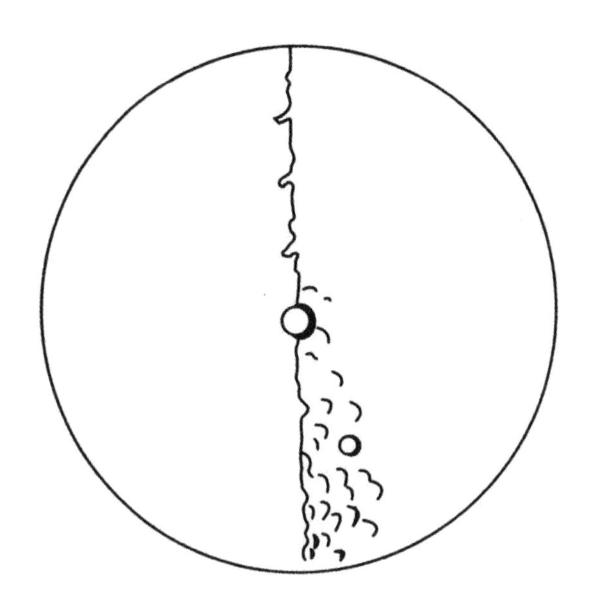

图18　托马斯·哈里奥特，月球手绘，1610年7月17日

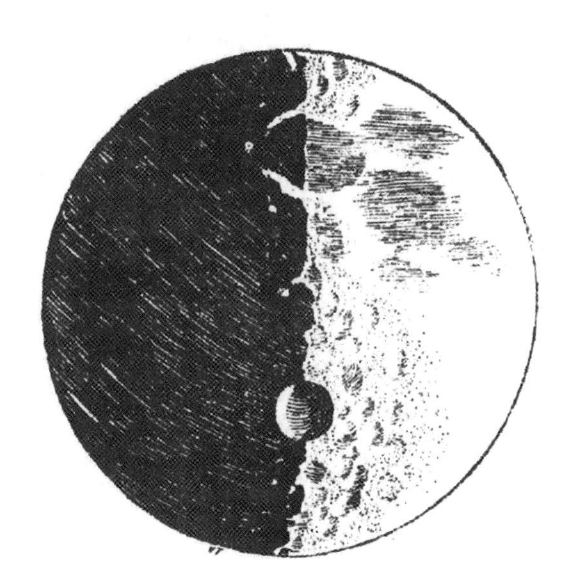

图19　伽利略·伽利雷，月球手绘，1610年

哈里奥特的计划难度很大。1610 年 12 月 7 日，洛厄前往锡永宫，却也不得不接受现实。从哈里奥特的笔记中可知，晚上 9 点，他们仅看见了一颗卫星，而早上 5 点，他们“清晰地观测到两颗”[67]。须知要发现四颗卫星绝非易事，因为除了木星位置和气象条件外，还有其他难点，详见 1611 年 3 月 4 日洛厄给哈里奥特的信：

> 关于木星的卫星，我没有写下只言片语，因为我无话可写，虽然我同霍尔斯布鲁克的年轻哲学家［普罗瑟罗］经常在晴朗的夜晚专注观察木星［……］却从未看见过一颗。可能是我的仪器尚有不足，因为在伦敦，我用你那台精良的望远镜就能看到它们。[68]

伽利略给所有想观测木星卫星的人都提出了一个建议，即配备一台放大倍数足够的望远镜。由上文可见，哪怕在《星空报告》发表一年后，这个建议也很有必要。哈里奥特亦十分珍视这一建议，从 1610 年 7 月开始，他兢兢业业地改良自己的“透视筒”。得益于他信任的合作者图克，这项紧锣密鼓的工作在 8 月开花结果，哈里奥特成功制作出一台能够放大 20 倍的望远镜；1611 年 4 月，一台能放大 32 倍的望远镜面世，这项工作算是圆满了。[69] 然而，尽管哈里奥特孜孜不倦，却始终未能达到伽利略望远镜的放大倍数。1610 年 12 月 14 日，他终于成功观测到了四颗卫星，却仍然抱怨自己的观测质量尚待提高。[70] 这对他的天文计划起到不可小觑的影响。1611 年春，哈里奥特决心研究新卫星的周期，接受《星空报告》中向“所有天文学家”[71] 发出的邀请。他一心推进这项漫长而复杂的计划，到了 1614 年，其研究成果在他关于木星的手稿中占了三分之二以上。

然而，如此庞大的卫星周期运算工程，梳理起来并不容易。[72] 研究其手稿的专家约翰 ·J. 罗奇称手稿“极度无序”，几乎无法按时间顺序梳理。哈里奥特的手稿集都有这种情况，主要原因在于那些手稿几经修改增删，而且不是为了出版而写的。而尽管有种种困难，我们还是能整理出一些关键点。[73] 首先，哈里奥特是基于《星空报告》的数据来确定卫星运行的轨道和周期的，[74] 因此，当他确定第三颗卫星，即现在被称为“木卫三”（Ganymede）的卫星的周期时，运用了三套伽利略的观测数据，以减少误差，力求准确。[75] 诚然，哈里奥特使用的是自己的计算方法，但他常将其与伽利略的数据相较，因他深知，伽利略的数据是长期观测得到的结果，比自己纸上的计算更为精确。因为使用了这种方法，哈里奥特有时能得出更好的结果。[76]

不过，哈里奥特并非只对木星卫星感兴趣，他还经常研究月球，开始分析太阳黑子。1610 年 12 月 8 日早上，他首次看到了太阳黑子，而前一晚，他一直在同洛厄寻找木星卫星。[77] 这样的情况有过很多次，比如 1611 年 1 月 11 日，他先是仔细观测了木星卫星，后又观测了下弦月。[78]

在紧张的工作之余，哈里奥特还埋头研究开普勒的天文学作品，其作品也更易购得。[79] 1610 年 5 月到 6 月间，是《与〈星空报告〉的对话》令哈里奥特得知了天体新发现，同年年底的《叙述》则告诉了他土星的“三个星体”现象。如前文所述，伽利略将这一发现藏在密文之中，开普勒试图破解，却徒劳无功，后在《叙述》中提及此事。哈里奥特也跃跃欲试，他在纸上画满了天马行空的文字组合，仍不得其解。[80] 直至次年他读到《折光学》后才恍然大悟，开普勒在其序言中公开了伽利略同朱利亚诺·德·美第奇的通信，信中揭晓了这个隐晦谜题的答案。[81]

6.

哈里奥特和他的弟子们认为天体新发现是一个不可错失的重大机遇。从 16 世纪末起，他们就支持日心说，是英国首批日心说支持者，天体新发现可以重新引燃日心说论战。这股热情甚至促使其中一些人将木星卫星作为一个显而易见的证据，来支持布鲁诺的宇宙无限论和世界多重论。[82] 这些新发现符合他们的哥白尼信仰，无怪乎他们想要沿着伽利略开辟的道路冒险。

然而，囿于政治背景和文化环境，他们不得不未雨绸缪，先自我审查一番。他们之间满怀激情探讨《星空报告》的通信只能私下进行。至于哈里奥特的观测结果、月球手绘和木星卫星周期的计算等，皆无法公开发表。在诺森伯兰伯爵的小圈子之外，似乎不可能有人了解到哈里奥特对伽利略数据的巧妙运用。

这种态度招致了种种后果，因为至少最初，英国还是允许在思想层面介绍和接受天文发现的。其实，1611 年人们开始公开讨论这些天文发现时，重点就不在于技术层面的考量或证明其真实性的证据，相关技术讨论很快就销声匿迹。彼时最重要的是关于人类和社会命运的思考，以弗朗西斯·培根为例，他备受宫廷推崇，故沃顿爵士给詹姆士一世献上《星空报告》副本后，培根是首批接触到此书的人之一，他深知伽利略的发现带来了不可回避的宇宙学问题，尽管他选择直面问题，但并没有改变当时论辩的局面。这并非由于培根自相矛盾，一方面承认天体新发现的真实性，一方面又不认可伽利略的解释，而是因为培根在 1612 年左右对此进行解说的作品《地球知识详解》（*Descriptio globi intellecturalis*）和《天体论》（*Thema coelis*）[83] 直至 1653 年才得以出版。[84]

出人意料的是，让这些新发现扬名英国的并非哪位天文学家或哲学家，而是一位诗人——约翰·多恩，他于 1611 年上半年创作的《世界的解剖》记录了此事并很快出版，名句流传至今。

多恩对《星空报告》的看法与哈里奥特截然不同。多恩非但没有激动钦佩，反而迷惑苦闷，在他看来，通过望远镜观测到“新星”，加之自然界原子学说 [85] 重出江湖，无异于标志着一个早已圆满、秩序井然的世界的终结。自古以来的安定感灰飞烟灭，当下乱象横生，传统的宇宙形象眼看不保，人类的地位甚至社会关系的既定秩序也岌岌可危。如果诸天的等级被颠覆，那“所有的一致……

所有的分配制度……所有的关系”崩溃也是迟早的事，所谓“君臣父子”亦将被“抛诸脑后”。[86] 多恩认为，新天文学“处处令人生疑”，无论是宇宙观，还是政治、道德和社会秩序观，都很可疑。

此前的发现无论多么轰动，都没有像这批新发现那样超出专业的天文学研究领域，引发广泛而深入的思考。[87] 然而，这也不是多恩第一次面对这种问题了，其简短却激烈的反耶稣会讽刺作品《依纳爵的秘密会议》便是前例。只不过，这次多恩并未采用灾难叙事，而是颇含嘲笑，这位伦敦圣保罗大教堂的未来教长“只不过被逗笑了”[88]，不过，他的目标仍是证明新天文学的害处。

7.

《依纳爵的秘密会议》是匿名出版的，确切的日期和地点不明，但可断定是在 1610 年 5 月 14 日（法王亨利四世遇刺之日）至 1611 年 1 月 24 日之间写作的，1 月 24 日，此作被纳入书业公所，即书商备案新出版物的登记处。[89] 其英文版本名为“*Ignatius his Conclave*”，亦为匿名出版，1611 年 5 月 18 日，此版也进入书业公所，并成了最成功、最普及的版本，大量的重印可以证明这一点。[90]

《依纳爵的秘密会议》将背景设在一系列地狱场景中，似乎只是略有几笔提及新天文学，如作品开头提到了伽利略和开普勒，结尾只有伽利略出现。此外，作品中的伽利略和开普勒一直被当作真实的人物，而不像包括哥白尼在内的其他历史人物那样，成了文学加工的角色。

而在虚幻的叙述中，映照现实的窗口只有对最新天文学发现的简述和对弗朗索瓦·拉瓦亚克（François Ravaillac）[91]刺杀法王一事的提及。这两部分内容意义非凡，不仅助后人确定了创作日期，更体现出作者试图在耶稣会[92]和新天文学家之间建立联系。在作品“不留情面的讽刺”中，拉瓦亚克此举背后有着耶稣会的暗流涌动，而天文学新发现则是这一阴谋最终可见的结果，就此打破人类与世界的安宁。

作品开篇就从天文问题着笔，多恩在此道出作品特殊之处。此作是一场梦游般的宇宙之旅，一阵“狂喜”引领他的灵魂脱离肉体：

> 我无拘无束神游天外，测量计算天体空间和体积，近距离研究浮岛、行星和高悬苍穹的恒星，了解它们的位置、尺寸、特性、人口和政治。在我看来，与其冤枉伽利略，倒不如缄口不言。最近，伽利略召唤异世的星辰向他而来，展示自己的奥秘。而自第谷·布拉赫去世后，开普勒接过重任，他的一举一动都像是在表明若无其智慧相助，则天空中就没有新鲜事。[93]

这段话边上的注释提到了伽利略的《星空报告》和开普勒于1606年出版的《天鹅座的新星》。多恩这段话无疑源于最近的阅读。同样明显的是，他对这些作品并无善意，也不愿接受，[94] 相反，他抨击两位天文学家的热情，嘲笑伽利略的不懈努力、开普勒的意气昂扬，仿佛在说："看啊，伽利略自以为能主宰星辰的运动，而开普勒则妄称没有他，天空中就没有新事物。"

多恩对新天文学家的态度同整部作品的主旨完全契合，那就是用讽刺来击溃所有创新者胆大包天的有害思想。地狱的大门前不只有魔王路西法，更有那些"有头衔"者的灵魂，他们提议"创新"，违背古老的信仰，散播"疑惑、焦虑、担忧"，自认为能"肆意地相信他们所想"，反对"所有从前确立的观点"。[95] 在多恩的讽刺作品中，尽管依纳爵·罗耀拉一再说服路西法，称只有耶稣会士才能成为"创新者"，却阻止不了旁人前来相争。因此，这些人参加了同一场秘密会议，试图被地狱接纳。不用说，依纳爵同其追随者被描述成"扰乱和平"的主要人物，是暴力政治的拥趸，尤其在英法两国，那些接受宗教改革，拒绝接受教宗在此世的权威的君主正是他们的敌人。但破坏传统真理的还有别人：帕拉塞尔苏斯、马基雅维利和克里斯托弗·哥伦布也可以同耶稣会士一争高下。[96] 第一个要求被路西法迎进地狱的是天文学家哥白尼，正是他摧毁了托勒密学说——数世纪以来被奉为圭臬，成为诸多基督教信念基础的理论。

《依纳爵的秘密会议》中描写天文学家的段落总充满嘲弄，多恩介绍哥白尼出场的方式就是如此。他没有立刻揭晓哥白尼的身份，而是将其描述为"某个至今仍致力于探索、嘲笑、中伤托勒密的数学家”。接下来的一幕更为荒唐，多恩给哥白尼安排的台词傲慢至极，这位《天球运行论》的作者“顾不上忌惮路西法，手脚并用，拍打地狱的大门”，同时大喊：“这些门或许能关住我，但浩瀚天穹怎会不为我而开？那是地球之灵，让地球运转。”写至此处，多恩已然给读者暗示，他接着写道：“由此我知道，此人是哥白尼无疑。”[97]

这种笔调也用于最后一章中对伽利略的描写，他的发现反成了多恩终结这段“旅程”的巧计。面对接二连三的要求，路西法筋疲力尽，既不愿放弃“这个王国（地狱），也不愿分割它”，他提出，依纳爵和耶稣会士唯一的出路就是撤往月球，在那里建立一个新的王国。解决方案如下：

> 我将写信给罗马主教，他会请来佛罗伦萨人伽利略，迄今为止，此人一直致力于研究月球新世界的山丘、森林和城市。他的第一副眼镜卓有成效，能够近距离地看到月球，甚至是其表面最小的区域，无怪他扬扬得意。如今他的技术日臻完善，将制作一批新的眼镜，接受教宗的恩典。他把月球绘成一叶浮舟，按他的意愿驶向地球。鉴于众人都将这些成果归功于他，所有的耶稣会士都该转移到那里［指月球］，“月球教会”同罗马教会将轻而易举地合而为一、彼此交好。毋庸置疑，只要耶稣会士在那里待上一阵子，自然就会在那里建起一座地狱，而你，依纳爵，就是那里的主宰，你的王国将拔地而起，你本人也将居住其中。既然从

地球到月球如此轻松，你自然能从月球到达异世的星球，由此就能将地狱世界传播开来，扩张你的帝国。[98]

多恩这番热情洋溢之词近乎癫狂，伽利略可从未宣称在月球上发现“森林和城市”，更别提那些强加在他名下的子虚乌有之事了。这一通狂言无非是讽刺那些发现带来的影响，给伽利略和其同时代的天文学家定下傲慢之罪，称他们诋毁天空的真理，煽动地球的混乱。也许此言非虚，这些新发现无疑同所有的新事物一样，令人们与宗教信仰渐渐疏远。天文学、哲学、政治理论、世界观的发展揭示了世界和社会正在走向衰落，而不是真正朝向智慧发展进步。简言之，《世界的解剖》体现的正是对各种形式知识创新的敌意，只是采用了诗意的形式来表达。

至少在文学界，多恩的讽刺诗一骑绝尘。仅几年后，1613—1614年间，《马尔菲公爵夫人》[1]登上伦敦布莱克法尔剧院，好评如潮。该剧取材自文艺复兴时期意大利一桩真实的惨案。其作者剧作家约翰·韦伯斯特（John Webster）在剧本中致敬了《依纳爵的秘密会议》，为了表现女性的变化无常，他给一个角色分配了一段明显不符合年代的台词：

1 《马尔菲公爵夫人》的故事梗概是，寡居的公爵夫人因与管家秘密结婚，惹怒了斐迪南德公爵及主教，他们让公爵夫人受尽精神和肉体折磨后将她杀死，并掐死了她的两个儿子。

佛罗伦萨的伽利略发明了一台奇异的望远镜

让我借它一用

找找看在月宫那个广阔的世界里

　　能否有一个忠贞不移的女人。[1] [99]

8.

约翰·多恩是英国驻威尼斯大使沃顿的挚友，[100] 两人常有书信往来，因此或可猜想，沃顿得知这位诗人膨胀的好奇心，给他寄去了一份《星空报告》的副本。[101] 此外，多恩也同诸多宫廷人物有往来，这些人也是其信息来源，他们甚至没必要特意提供《星空报告》，只需将沃顿来信的内容告诉他，其中就包含简短而精确的对此书的概述。[102]

然而，我们相信，多恩获知最新的自然哲学和天文学观点，是通过一个与詹姆士一世并无密切联系的来源——诺森伯兰小圈子。多恩同珀西是老交情了，[103] 他与安妮·莫尔秘密结婚 [2] 一事物议沸腾时，他当即请珀西出面将此事告知新娘的父亲。[104] 虽说多恩写

1　译文摘自《马尔菲公爵夫人》（2014），译者为廖晓玮、马可、孙诗梦。

2　1601 年，多恩与一位 17 岁少女安妮·莫尔秘密结婚，由此毁了自己的大好仕途。他上层的朋友们对此举颇为诟病，不肯接纳他，他们还解除了多恩的职务，并命人拘禁他。获释后，多恩不得不四处奔走，供养妻儿。

作《依纳爵的秘密会议》和《世界的解剖》时，珀西已被囚伦敦塔数年，但什么都不能阻碍这位老友前去探监，他也照样自由出入锡永宫卷帙浩繁的图书馆。[105] 珀西的藏书令人望而生畏，当代新作也一本不落。其中既包括第欧根尼 · 拉尔修（Diogene Laerzio）、亚历山大的赫伦（Erone d'Alessandria）、丢番图（Diofanto）、波爱修(Boezio)、海桑、维帖洛等先贤的著作，又收录约翰 · 内皮尔（John Napier)、威廉 · 吉尔伯特、第谷 · 布拉赫、帕拉塞尔苏斯、乔尔达诺 · 布鲁诺、德拉波尔塔和开普勒等人的最新成果。[106]

令人惊讶的是，尽管多恩频繁造访锡永宫，却并未寻得机会同哈里奥特和其亲密合作者洛厄切磋交流。[107] 洛厄作为伯爵继女的夫婿，可谓诺森伯兰府上的常客，多恩亦在几封信中明确提到了他。[108] 至于哈里奥特，他自 1597 年起一直住在锡永宫一座舒适的偏殿中，[109] 负责管理他为珀西家族建造的图书馆。[110]

诚然，这种将地点和人物关联起来的方式似乎只是有新意的想法而已，然若将几个现有的特定事件插入这幅勾勒好轮廓的画面，就会发现这样的关联并非空想。我们可以从这个角度来看问题。

比如，不管是《依纳爵的秘密会议》还是《世界的解剖》，都体现了多恩的担忧，在他看来，新天文学将给人类命运带来灾难性的后果，这位诗人一口断定，造成“自然衰落”、世界失和、古老秩序分崩离析的正是哥白尼、开普勒等人，尤其是伽利略。多恩不仅控诉日心说的支持者，还谴责那些用原子学说解释自然现象的哲学家。正如《世界的解剖》所言，“万事万物皆可分割成原子”的观念卷土重来，将会威胁到“古老”的世界。[111]

那么，这些悲观的思考中蕴含着多恩对谁的警告呢？为了防止这些观念占据主流，应该远离国内哪些圈子呢？

17 世纪初的英国，只有诺森伯兰圈的学者支持哥白尼学说，以拥有天文学领域先进知识为傲。1606 年 10 月，哈里奥特同开普勒开始通信，之后 3 年中，他们就共同关心的话题交换意见和观测结果，也将各自国家的科学论辩情况告知对方。1609 年，《新天文学》问世，哈里奥特和他的学生们迅速展开深入讨论，全盘接受了行星运行轨道是椭圆形而非正圆形的观点。[112] 在 17 世纪中叶以前，还没有其他英国天文学家如此大胆。[113] 正因诺森伯兰圈的学者们以纯粹的热情接受了天体新发现，新天文学才能与最新的自然界原子学说相结合。[114]

由此，究竟是哪个圈子让多恩对自然哲学和天文学的最新进展一清二楚，不言自明。这位诗人自有他的一套理由，不愿将这些离经叛道、暗藏危险的发现公之于众。这并不意味着他对其支持者们抱有多少同情，毕竟在他眼中，那些理论威胁着人们对宇宙固有的普遍的认知。他真正担心的是，即使自己立场鲜明，仍不足以阻止世人怀疑其包庇那些常有往来的知识分子。故他宁愿让读者自行猜测作品中人物的身份，与此同时又不会令心知肚明之人不解其意。

可见，多恩的态度背后，不仅有哲学上合情合理的保留之举，亦有政治上不太光彩的权宜考虑。世人指控哈里奥特甚至是詹姆士一世为无神论者，而多恩的愿望却是要铺开一条通往宫廷的康庄大道，自不会透露与哈里奥特的关系。[115] 且看他于 1615 年被任命为王室牧师，1621 年成为圣保罗大教堂教长，攀上英格兰教会的巅峰，便不难理解这一点了。[116]

第八章

CAPITOLO OTTAVO

法兰西征程

I.

关于天体新发现的消息在法国也迅速传开，但那里没有一位“亨利·沃顿”及时传递《星空报告》出版之事。对此事尤为关注的“山外人士”都是从帕多瓦和威尼斯获悉此事的。

1610年4月18日，这本书刚现身巴黎，皮埃尔·德·莱斯图瓦勒便从新教徒克里斯托弗·朱斯特尔（Christophe Justel）那里借阅。朱斯特尔是一名神学家和教规学者，彼时他刚完成一本重要的教会法令集[1]，将其献给雅克·莱沙希尔。对他而言，莱沙希尔就是“忒修斯再世”，引导他穿越复杂的迷宫。传到巴黎的那本《星空报告》实际上是保罗·萨尔皮于3月16日寄给莱沙希尔的副本[2]，现辗转至莱斯图瓦勒手中。然这份赠礼却未激起莱斯图瓦勒多大热情，在日记中，他称《星空报告》为“一本相当奇异的书”，并详细分析了书名，甚至还完整誊抄了萨尔皮的附信，却只字不提其中的科学内容。莱斯图瓦勒匆匆读罢此书，最后还大大方方地承认自己什么都没看懂。[3]

本章的新人物在此登场，即尼古拉斯·法布里·德·佩雷斯克（Nicolas Fabri de Peiresc），此人是艾克斯[1]议会议员、科学爱好者，也是狂热的收藏家，他周围的一群学者对《星空报告》兴趣浓厚，了解颇深。1599年至1602年，佩雷斯克游历意大利，在帕多瓦停留了一段时间。其间，佩雷斯克在吉安·文琴佐·皮内利（Gian Vincenzo Pinelli）家中同伽利略结识，参加了其举办的几次公开课。[4] 1610年5月3日，洛伦佐·皮诺利亚从帕多瓦来信，告知佩雷斯克《星空报告》出版，引起巨大反响。[5]

7月，为了一睹此书，佩雷斯克写信给昔日同窗、蒙彼利埃的法学家朱利奥·帕切（Giulio Pace），向他提出借阅此书"七八天"的请求。他在信中表示，自己正在等待从威尼斯订购的副本，此番去信是受"大人物"——普罗旺斯议会主席纪尧姆·迪韦尔（Guillaume du Vair）之托，其亦对天文学研究充满热情。[6]几日后，帕切将《星空报告》寄给佩雷斯克，称阅读体验极为愉快，从前一直怀疑之事在书中得到了证实，但他特别指出："除了一事，伽利略认为月球是从地面吸收光线的，而我则认为是从海洋。"[7]然而，

1 艾克斯，一称艾克斯普罗旺斯，普罗旺斯的前首府，如今这座拥有林荫大道、喷泉、华宅的中世纪古城是普罗旺斯最具有都会风情的地区，这里也是天才画家塞尚的故乡。

作为亚里士多德理论的忠实追随者，他仍然表现出“不信任”[8]，还因书中缺乏明确证据而穷追不舍。因此，他决意亲自对天体新发现进行一丝不苟的检测，并将其视为一项举足轻重的任务。

同时，在大约一年的时间里，佩雷斯克同合作者纪尧姆·迪韦尔、让·隆巴尔（Jean Lombard）、约瑟夫·戈尔捷（Joseph Gaultier）[9]一道，千方百计想得到一台精良的望远镜，却徒劳无功。[10]在巴黎，佩雷斯克委托诗人弗朗索瓦·德·马莱伯（François de Malherbe）寻找望远镜，马莱伯回复道，要获得“来自发明地的望远镜”绝非易事，还说，“即便是荷兰的望远镜，质量也是参差不齐的”。[11]《星空报告》出版后，佩雷斯克就重新开始研究，他动用意大利、荷兰和巴黎等地的人脉，不断地提出请求。他的兄弟帕拉梅德（Palamede）从巴黎给他寄来约40块镜片，[12]却无一适合制作高质量望远镜。深感失望的佩雷斯克甚至想亲自去找伽利略，但很快也就作罢了，他在给帕切的信中说：

> 在《星空报告》出版后，我遇见一位同伽利略交谈过的绅士，但他从未亲眼见过伽利略望远镜，更不用说出售了。我们必须下定决心，在没有他帮助的情况下得到一台［望远镜］。[13]

尽管困难重重，但佩雷斯克仍继续改良望远镜，用它观测天空，11月初，他获得了一台更精良的望远镜，并给它安装了支架和类似于火枪上的那种瞄准镜。[14]由此，佩雷斯克证实了伽利略对月球表面不平整的描述，这个初步结果令他“相信对四颗木星卫星、对其他新发现的恒星的观测，就像对月球表面的观测一样可信，虽说我们的望远镜还达不到那种程度”[15]。几天后，11 月 20 日，佩雷斯克告诉帕切，有更进一步的直接证据证明木星卫星真实存在，那就是开普勒的《叙述》，他对此有所耳闻，但尚未获得书稿。[16]

终于，11 月 24 日，他观测到了木星卫星。佩雷斯克写道，这些卫星“准确地落在我们计算的轨道上”，如此就能精准识别每个星体。因此他称自己有资格获得不同于伽利略“发现权”（droyt d'invention）的“区别权”（droyt de distinction）。伽利略基于“发现权”将这四颗卫星整体命名为“美第奇”星，佩雷斯克认为凭借自己将其区分开来的功劳，他有权为每一颗星赋予一个托斯卡纳统治者的名字，即科西莫一世、弗朗切斯科、费迪南多和科西莫二世。[17] 这些命名后来做了修改，将美第奇家族的两位法国王后，即凯瑟琳·德·美第奇和玛丽·德·美第奇包括在内：

> 得知玛丽王后也想将自己的名字列入其中，我决定将轨道半径最大、体积第三大的那颗木星卫星命名为“凯瑟琳”，再将体积最大、最美丽的那颗命名为“玛丽”。体积第二大的命名为“大科西莫”或者“外侧的科西莫”，剩余的那颗叫“小科西莫”或“内侧的科西莫”，以便区分。这样一来，这四颗星之名皆为美第奇家族的杰出人物，我相信大公对此不会有意见，伽利略也不能声称自己是唯一的命名者了，因为我将它们

称为“法兰西美第奇星”。[18]

佩雷斯克在普罗旺斯坚持观测至1612年4月17日。同年5月15日，他在巴黎结束了这场观测之旅。[19]这段时间里，他日日搜集木星卫星的信息，形成了“近代早期关于木星及其卫星资料中现存规模最大的档案”[20]。为了更精确定位，他使用了一种方格计算纸，其中每个小方格都代表了与木星直径有关的一个值（1弧分），以此作为相对距离的参考尺度。佩雷斯克将观测数据放入数学框架中，试图为这四颗星分别制作星表，这项工作费时费力。[21]

与此同时，佩雷斯克尝试改进望远镜的性能。1611年9月，他宣布拥有了一台能够“放大400倍”的望远镜。[22]之后的几个月，他用四台望远镜进行观测，并汇总观测数据，以便对其性能进行比较。[23]

佩雷斯克对工作的严谨性颇有自信，认为自己远胜过伽利略。1611年1月，他注意到，伽利略承认“尽管已观测了两个月，仍无法确定卫星运动的周期”[24]。在佩雷斯克看来，伽利略的研究结果有一个显而易见的错误：

> 在计算其中一颗卫星数据时出现了一日的误差，其他三颗星也有这样的情况，哪怕它们的运动轨迹各不相同。这令我很容易就联想到伽利略可能提前计算了一天。[25]

1611 年 11 月，佩雷斯克开始阅读《折光学》，从序言中得知，伽利略将土星的奇怪形状解释为“三个星体”，此事激励他开展新的观测，以证实这一发现。佩雷斯克认为，土星确实有两个附着物，但“东边的凸起要比西边的更小、更纤长”。他认为自己的观测结果是一项创新，并宣示自己的优先权。1611 年 12 月 3 日，他写信给帕切：“感谢上帝，伽利略还没有出版任何作品，如有可能，我们可以抢先一步。”[26] 数月前，佩雷斯克确信自己将在天文学论辩的舞台上大放异彩，故对伽利略尚无最新作品之事甚感欣慰：“此事给了我希望，这次法兰克福博览会上应不会见到他的作品。”[27]

显然，佩雷斯克要与伽利略一争高下。他坚信自己对新天体现象进行了一丝不苟的研究，自诩为给这一领域带来质的飞跃之人。重点是，他自认极为确切地描述了木星卫星的运动，而伽利略却“不屑于写下只言片语，也没有出版他所承诺的作品”[28]。佩雷斯克明显不信任伽利略，认为此人狡猾、不守常规，本身就很可疑：“知道他是佛罗伦萨人以后，还能指望从他那里得到什么超出狡猾之人能给的东西吗？”[29]

早在 1611 年 1 月，佩雷斯克就计划编写一本小册子，收录他对木星卫星不懈观测的成果。然而，他认为以自己的名字出版这部作品有些不妥，一来，他的本职看上去“与天文学相距甚远”，二来他也担心出错。[30] 而随着工作不断推进，他对观测结果的信心逐渐增强，出版作品并将其献给玛丽·德·美第奇王后的计划也渐渐成形。[31] 7 月，计划接近完成，其友人马莱伯同意担任审稿人，并监督印刷过程。[32] 标题页插图（见图 20）出自画家让·沙莱特（Jean Chalette）之手。

插图中，玛丽·德·美第奇端坐在木星之上，周围有四颗卫星环绕，分别象征托斯卡纳的四位大公，即科西莫一世、弗朗切斯科一世、费迪南多一世和科西莫二世。他们头顶上方绘有美第奇家族的纹章，但其上的六个圆球被换成了六颗星。[33]

然而，该作品的出版石沉大海，再无人过问。据伽桑狄（Gassendi）所说，佩雷斯克之所以会放弃，是因为不想同伽利略争夺天体发现的功劳。[34] 但也有可能是因为，如佩雷斯克本人在 1615 年 1 月给保罗·瓜尔多的信中所言，准确制作这几颗卫星的星表 [35] 难于登天：

> 在他［伽利略］和开普勒的作品出版之前，我们已经看见并观测了金星，还观察到其余诸多天体奇观，甚至包括木星卫星的完整运动；但我们发现了一些不规则的现象，还需坚持不懈地观测，故此事不得已放弃。若我们能获得伽利略在《星空报告》出版后跟进观测的数据，并与我们团队的观测相结合，也许就不会徒劳无功。[36]

之后，他对伽利略坦言：

> 我们的望远镜着实不如阁下的精良，因此我心甘情愿向您

图20　让·沙莱特，尼古拉斯·法布里·德·佩雷斯克著《美第奇星》标题页草图，钢笔画（采用中国墨），约1611年绘制

献上我的忠诚，并将我们这里大量的观测结果，以及对木星卫星运动范围的计算寄给阁下［……］但计算遇到了一些小困难［……］当我知晓阁下和西蒙·迈尔等人后续提出的观点时，便觉得多想无益，为了不自取其辱，我自愿放弃。[37]

至此可见，佩雷斯克放弃出版是因缺乏确切数据。他们对数据的需求非常迫切，因为佩雷斯克和友人们同伽利略一样，很快就意识到可以用卫星运动来确定海上的经度，故绝对精确的星表是必不可少的。[38]

无论如何，在之后几年里，这个用望远镜进行实验的普罗旺斯小组无疑打消了一开始的抵触情绪。1614 年，佩雷斯克通过瓜尔多与伽利略重新建立了联系，1633 年后，他又毫不犹豫地挺身而出，力图说服罗马教廷从轻判处伽利略。

不过，那段激昂岁月中的热情在佩雷斯克脑海中并未褪色。1626 年 11 月 8 日，在给迪皮伊（Dupuy）兄弟的信中，佩雷斯克回忆起使用“伽利略新望远镜”时的惊讶之情，那台仪器有惊人的能力，“让观察者的眼睛接近庞大的天体奇观，如同在天空中亲眼看见，而非从地面仰望观察”[39]。

2.

在法国，望远镜新发现之事不仅在南部的普罗旺斯流传开来，而且就在《星空报告》出版一年后，1611 年 7 月 6 日，在卢瓦尔河地区的拉弗莱什，当地耶稣会在纪念亨利四世的活动上公开庆祝发现木星卫星。

1603 年年底，亨利四世允许耶稣会士在拉弗莱什建立中心。为了纪念这位国王，该中心被命名为亨利四世王家学院，国王为表达谢意，愿在身故后将自己和王后的心脏埋在那里，安置在一块“巨大的大理石板下，其上用镀金文字书写国王的重大事迹”[40]。1610 年 5 月 14 日，亨利四世遇刺身亡，6 月 4 日，他的心脏便埋葬在耶稣会的教堂里，送葬仪式规模浩大，庄严肃穆，亦极尽奢华。[41] 这番仪式如此隆重，并非仅因国君之丧，而是耶稣会想要借此消除世人的怀疑，有人认为，耶稣会才是煽动弑君的幕后势力。况且，他们还是主持圣仪的专业人士，若不将仪式风光大办，如何证明他们对罹难君主的忠贞不贰？

亨利逝世一周年时，拉弗莱什的神父们开展了一系列纪念活动。在为期三天的纪念日中，他们举办了大量宗教仪式，朗读“哲学和文学作品”，还上演了多场戏剧。[42] 教徒们当时朗诵的诗歌中，有一首十四行诗最为著名，题为“关于国王亨利的死亡，以及佛罗伦萨大公的著名数学家伽利略在那年发现了木星周围新的行星或卫星”[43]。

全文如下：

今法兰西，潸然泪下，

痛失贤王，家国无主，

波涛澎湃，摧折繁花，

洪水又起，举世惶惶。

太白之星，环游宇宙，

苦难将至，寰宇亦恸，

前路所引，唯余茫茫，

至悲之时，论及天命：

吾国之泪，皆因王丧，

雄心即起，四野逐鹿。

而今去兮，可止悲矣！

神携吾王，超脱凡尘，

所至之处，太白灿耀，

天之炬火，恩及世人。[44]

1889年，耶稣会士卡米耶·德·罗什蒙泰克斯寻得这首十四行诗，并将其发表。他评价此诗“浮夸奇异”[45]，诗中的“法兰西”

在伟大国王的墓前哀叹，似乎有些矫揉造作，不甚自然。有猜测称，这首十四行诗是由当时年仅 15 岁的耶稣会学院学生勒内 · 笛卡儿（Rene Descartes）所作，不言自明，这位年轻的诗人意在借助颇有些天马行空的诗歌意象，将亨利四世之死同木星卫星的发现联系起来，那位故去的君王仿佛变成了一颗新星，在天空中为世人带来光明。而这一点恰是这首十四行诗的精妙之处。早在 1611 年 6 月安葬亨利四世前，《星空报告》一书就在拉弗莱什的耶稣会学院普及开来，学生们皆熟知书中涉及的发现。[46] 此诗是否真为年轻的笛卡儿所作，其实无关紧要。重要的是，这些新发现在欧洲公众中的影响力已可同亨利遇刺之事相提并论，[47] 甚至在学生的习作中都被提及。

很难说究竟是不是笛卡儿创作了这首将亨利四世比作木星卫星的诗。这一猜测不禁令人想起罗伯托 · 罗西里尼（Roberto Rossellini）于 1973 年拍摄的电影《笛卡儿》的开场：一位刚从佛罗伦萨返回的耶稣会神父解释了望远镜的神奇之处，令年轻的笛卡儿心潮澎湃。但木星卫星的消息很可能不是从佛罗伦萨，而是从罗马的耶稣会学院传到拉弗莱什的。[48] 无论如何，重点是这些令人震撼的发现已然流传到法国北部。

3.

佛罗伦萨同拉弗莱什一样，向这位惨遭横祸的国王致以敬意，毕竟亨利四世娶了科西莫二世的堂姐玛丽，与美第奇家族结成了姻亲。1610年9月12日，伽利略到达佛罗伦萨，恰逢宫廷忙于为亨利四世制作豪华的葬礼肖像，正在做最后的准备工作，此事在很长一段时间内都热议不减。

9月15日，人们在佛罗伦萨市中心的圣洛伦佐大教堂举办了庄严的葬礼。教堂内装饰着宫廷建筑师朱利奥·帕里吉（Giulio Parigi）设计的华丽布景，其中包括26幅大型油画，以纪念这位“无比虔诚的基督徒国王”的一生。这组画旨在直观体现“国王的伟大和美德，(他的统治）秩序井然，富有创造力”，人们还通过颂扬摄政玛丽·德·美第奇来给科西莫二世增光添彩。[49] 就在不久前，法国举行了一系列仪式，将所有王权交由玛丽王后。5月13日，即拉瓦亚克行刺亨利四世的前一天，在巴黎圣但尼大教堂内举行了赋予玛丽（在君主缺席时的）摄政权的仪式。5月15日，玛丽以亨利四世之子的名义摄政。5月29日，弑君者被处死已有两日，仍是在圣但尼大教堂内举办了庄严的君王葬礼。6月1日，戏剧性的一幕出现了，国王的心脏被以最高礼仪送至拉弗莱什耶稣会学院，此举意在肯定他忠诚的天主教信仰，从而“为摄政的统治奠定坚固的基石，众人都将耶稣会重回法兰西之功归于她”[50]。

这就是当时佛罗伦萨的氛围。像萨尔皮这样的人感到形势不妙，在他看来，科西莫二世同奥地利的玛丽亚·玛格达莱娜的婚事是一场转向西班牙的联姻。[51] 而这种氛围对伽利略也并非友好，尽管他畅通无阻地回到此地，但他心知肚明，科西莫二世之母、洛林的克里斯蒂娜主导着公国政事，她的虔诚程度与法国那位新女王的不相上下。

在巴黎，《星空报告》引起了人们极大的好奇。伽利略本人也怀着理所当然的自豪感，回顾亨利四世对此表现出的兴趣。1610 年 6 月 25 日，伽利略在给公国大使文琴佐·朱尼（Vincenzo Giuni）的信中引用了两个月前一封巴黎来信中很长的一段话。那封信于 4 月 20 日发出，来信者虽未知是何许人物，却不难看出定是国王的亲信，此信意在为伽利略出谋划策，提供一种颂扬“伟大的法兰西之星”的最优解，那就是：一旦有机会获得轰动的新发现，就将“亨利四世”之名与美第奇家族之名并列天穹。如此大礼可谓投其所好，能恰当地彰显这位“数百年来世间最伟大、最有才能的好战、幸运、审慎、高尚、善良的君王的真正美德和英雄气魄”[52]。6 月末，伽利略的信到达佛罗伦萨，朱尼颇为重视，仔细阅读，甚至用下划线标注重点。他标记了“幸运”一词，在信中列举的“法国的赫拉克勒斯”的美德中，不合适的唯有这个词。

亨利四世再没有机会欣赏伽利略的天空了，欧洲各地的许多人视其横遭刺杀为莫大悲剧，他们原本期待在他的指引下走出宗教战争的阴霾，恢复和平与秩序。可以体现这一损失有多大的一个例子，是当时欧洲著名作家特拉亚诺·博卡里尼（Traiano Boccalini）的作品。他刻画的形象传达了时人对“赫拉克勒斯”之死的惊愕与痛苦。在他笔下，阿波罗痛哭了三日，接到这一噩耗时，云朵遮蔽了他的面庞：

其悲痛至深，只得用乌云遮挡自己的面庞，一连三日，云中降下无数泪水；所有的文人，无论来自西班牙、英国、佛兰德、德意志还是意大利，都为这位法国贤君的不幸遭遇流下了眼泪。[53]

在5月14日的灾难之后，王公、大使、文人和宫廷要员们一刻不停地交换公文，这些公文中既有对刺杀的不安和愤怒，亦谈及另一事件引起的喧嚣；自然，此事性质不同，亦非发生在法国，但其震撼和出人意料的程度绝不亚于亨利遇刺。以贝利萨里奥·文塔于5月23日给托斯卡纳驻马德里大使奥尔索·潘诺切斯齐·德·埃尔西（Orso Pannocchieschi d'Elci）的信为例，文塔在信中不仅述及最新事件，还提到了其他消息。简言之，收信人将读到的不是“普普通通”的信件，信中谈到两件“极为不凡”之事，即亨利四世横遭刺杀和同样突如其来的天体新发现：

从巴黎到罗马的信使传来一条骇人听闻的重大消息，法国国王在乘马车前往巴黎的路上遇见一个瓦隆人，他先是假装要呈上纪念品，而后立刻用匕首一类的武器行刺，国王如今性命垂危。但直到现在，我们不仅没有信使，连巴黎方面的一点消息也没有。[54]

文塔随后写道：

> 佛罗伦萨人伽利略·伽利雷先生是帕多瓦大学的首席数学家，他发现并观测了天空中的新星，将它们命名为“美第奇星”，如果他愿意将关于这些新星和行星的一些论证和著作寄给阁下，再附送几台他发明的望远镜，以便阁下在马德里向国王和博学之士，尤其是向康泰斯塔比莱家族[1]的先生们引荐，请务必接受并助其一臂之力，因为他是一位声名远扬的数学家和哲学家，亦是我的挚友，这一切都是为了我们君上的美誉和光荣。[55]

尘世的死讯与天体的新生交织碰撞。在人世间，刺杀国王这一“骇人听闻的消息”举世皆惊；在天空中，“美第奇星”的“新生”震撼寰宇，为佛罗伦萨望族增添“美誉和光荣”。那颗“伟大的法兰西之星”悲惨陨落，天空中前所未知的星辰却就此升起。这两桩“消息”之间对比鲜明，望远镜具有的“尘世”价值愈加明显，故彼时诸多外交公文中都颇为认可这一发明。然而，如前文所述，“新生”的到来在很大程度上传播了一种不安与迷惑的情绪，就像打开了潘多拉的魔盒，随之而来的是惊喜、威胁还是动荡，无人知晓，就连这一切的创造者也无从预料。

1　意大利雷焦—卡拉布里亚地区的一个贵族世家。

4.

在宫廷中，玛丽 · 德 · 美第奇王后迅速下令，命顶尖的玻璃工匠复制“伽利略望远镜”，但结果不尽如人意。故7月初，公国大使马泰奥 · 博蒂（Matteo Botti）催促文塔，让他从佛罗伦萨至少寄来一台高质量的望远镜 。这一请求如能得到满足，就不仅能获得宫廷上下的好感，还能提高美第奇家族在政治和文化领域的声望。毕竟当时巴黎市面上充斥着荷兰望远镜，而他们对那些望远镜评价已经颇高了。[56]

“伽利略的大型眼镜”，这是佛罗伦萨和巴黎往来公文中的叫法，它已然成为最受欢迎、最抢手的礼物之一。这一次，等待望远镜的不是普通的贵族，而是法国王后，但就连她也等待了不短的时间，足见伽利略在打磨优质镜片时遇到了多少困难。而且，面对众多请求，要获取足够多的镜片也非易事。故直至8月23日，文塔才终于寄出一台望远镜送至巴黎：

> 这个命令一出［……］精心包装了一台伽利略的大型眼镜，寄给最虔诚的王后，由于伽利略本人就在这里，若王后还想要眼镜的其他样式，便可尽管下令，无须等待太久，一切都将按王后的喜好制作。[57]

约20天后，9月13日，安德烈亚 · 乔利（Andrea Cioli）给文塔送来了收条："今早，不知通过何种渠道，伽利略先生的大型眼镜已送至王后处，［……］是侯爵先生将其呈给王后的。"[58]由此可知，这台备受瞩目的仪器已经到达目的地，几天后就呈到了王后面前。

数月的等待终于有了结果。"伽利略的大型眼镜"被公认为"御用之物"[59]。位列欧洲强国的法国宫廷自然也必须拥有一台，当时法国的地位已近乎世界之主，天空中如此重要的位置当然得献给法国。

但是，结果令人不悦。当博蒂告知文塔发生何事时，他的语气处处透露着不安。虽说他的职责就是道出事情真相，但面对文塔时，他还是放低了姿态，几乎像是为带来这样一个不愉快的消息致歉："王后同在下像往常一样讨论，但她自己也表示，［……］伽利略的'眼镜'虽已到来，却比其他'眼镜'能看到的东西少得多。"[60]著名的"大型眼镜"名不符实，这是无可隐瞒的失败。此前，先是上一年4月在佛罗伦萨和比萨，而后在博洛尼亚，在马吉尼府上，伽利略都遭遇了类似的失败。毕竟在巴黎市面摊位上售卖的那些普通望远镜，与从托斯卡纳特意运来的伽利略望远镜之间也没有太大的区别。直至近一年后，1611年8月，事情才有了转机，这一次法国宫廷收到的望远镜比之前的质量高得多，大使博蒂在给伽利略的信中描绘了美好的场景：

在下将您的仪器呈给王后，向王后演示，可见它比之前收到的那台质量要高得多，或许那时您的制作条件也有限。王后十分喜欢这台仪器，不顾在下在场，就屈膝跪下，想更清楚地看到月球。总之王后无尽欢喜，感谢我以您的名义对她的赞美，同样也对您大加赞赏，不仅是在下，王后也认为了解您、尊敬您是理所应当的。[61]

博蒂还未就此罢笔，他告诉伽利略，其发现在拉弗莱什广受好评，那里坐落着法国最著名的耶稣会学院，在那里，同几个月前在罗马学院一样，“耶稣会士们就您在此问题上的论述进行了大量观测，结果证明您的观点准确无误”[62]。

伽利略征服了巴黎，征服了法兰西。

第九章

CAPITOLO
NONO

米兰：无冕之王费代里科的宫廷

I.

若想要继续用地图与交叉参考文本的形式，一览望远镜在欧洲的传播路径，那么是时候返回意大利了。我们知道了在布拉格、英国、法国发生的事，收集了各种文字和图像，在这段复杂历史中，群星联翩而至，从开普勒、鲁道夫二世、马丁 · 哈斯戴尔，到威廉 · 洛厄、托马斯 · 哈里奥特、约翰 · 多恩，再到弗朗西斯 · 培根、佩雷斯克。如今，我们重返意大利，驻足米兰，这段旅途的向导并非大使的公文，而是一幅当世最负盛名的艺术家的画作。

1796 年，拿破仑将这幅画同勃鲁盖尔的其他作品一道从米兰卷走。1815 年，其中刻画水、火元素的画作被送回意大利，但我们所说的这幅画迟迟未能回到安布罗西亚纳画廊[1]，它就是《气的寓言》

1 安布罗西亚纳画廊位于米兰大教堂广场西南，是意大利最知名的美术馆之一。其中藏有卡拉瓦乔、提香和拉斐尔的作品。

(见图 21)，它至今仍与《土的寓言》一并保存在卢浮宫博物馆。

空气精灵在画面中央醒目的位置。她飘浮云间，左手持闪烁的浑仪，右手捧着一只美丽的白冠凤头鹦鹉。远处天穹中依稀可见阿波罗和狄安娜的战车，鸟儿在长着双翼的丘比特身旁纷飞流连；另有一些千奇百怪的鸟儿或在地上，或在枝头栖息，如苍鹭、小鸮、雕鸮、天堂鸟、红额金翅雀、太平鸟、巨嘴鸟、灰鹦鹉、金雕等。在画面右下方，一些小天神摆弄着各种天文和数学仪器，其中有罗盘、刻度盘、直尺、日晷、锤规、星盘、指南针。在精灵身旁，有个孩子正用望远镜观察天空。

这幅画受枢机主教费代里科 · 博罗梅奥委托创作，是“四元素”[1] 主题系列的最后一幅画，也是本书作者最感兴趣的一幅。经过漫长的等待，费代里科终于收到此作，1616 年，他去信勃鲁盖尔：“我希望在接下来的工作中，阁下也能不断精进，愿阁下誉满天下，也愿我能心满意足。”[1] 如果说这位佛兰德艺术家在寓言系列的画作中，运用其自然主义画派的非凡天赋，仿照自然本身，“不仅选用自然的色彩，而且体现自然的流畅性，对自然和艺术进行完美修饰”[2]，那么系列中的《气的寓言》意义更为非凡：

1 “四元素说”是古希腊关于世界的物质组成的学说。四种元素分别是土、气、水、火。上文中提到的那两幅送回意大利的画即关于“水”“火”两元素的画，现藏于卢浮宫的则为刻画“气”元素（《气的寓言》）和刻画“土”元素（《土的寓言》）的画作。

图21　老扬·勃鲁盖尔，《气的寓言》，铜版油画，1621

> 我期待春天后，四元素系列中的最后一幅能够问世，我希望，也相信阁下会比创作之前几幅时更加勤勉。在我看来，进行艺术创作本该如此，孜孜不倦地完善收尾，彰显其价值。若这组画作皆为精品，我将把它们与其他藏画一同放在我打算成立的美术学院里。[3]

上文摘自1616年12月3日博罗梅奥给勃鲁盖尔的另一封信。正如斯泰法尼娅·贝多尼（Stefania Bedoni）所言，博罗梅奥与其他大收藏家，譬如巴尔贝里尼（Barberini）、奥尔西尼（Orsini）或博尔盖塞等人不同，他不仅对艺术有非凡的热情，还亲自去委托创作，上下打点，他“选择了一些作品，按照既定方案陈列在画廊里；他清楚自己想要什么样的作品，继而抛出委托，还参与艺术家的创作，全程跟踪直到画作完成”[4]。此外，他很看重物体在空间中的位置，对此，在《论神圣的绘画》中，他反复强调，若以不成比例、不能凸显优点的方式描绘物体，画作便会十分不合时宜，缺乏美感。比如：有些画家将圣约翰置于一片荒野中，让圣人的形象“处于一个昏暗恶劣的环境中，几乎看不清人物，却用一堆动植物、岩石、峭壁、自然风光填充画面最主要、最关键的部分”[5]。再比如：

> 更糟的是有些画家，哪怕作品要在教堂里展出，他们还是在画作中心，即画作最重要、最显眼的位置浪费笔墨去描绘一个搔首弄姿的淫荡女子，而所要表现的故事里根本不需要这样一个形象。[6]

如果说绘画同写作一样，必须有轻重之分和先后顺序，每个物体才能各得其所，那么很明显，博罗梅奥决意在画中凸显望远镜便极具象征意味了。此举或是因为《星空报告》重燃了他年轻时观星的热情。他对天文学的浓厚兴趣众所周知，并非小圈子内的私家新闻。在米兰大主教的账簿中，有一笔 1614 年 5 月 2 日的记录，是为“尊贵的主教从威尼斯定制的望远镜”支出的。[7] 博罗梅奥的私人秘书乔瓦尼 · 马利亚 · 韦尔切洛尼（Giovanni Maria Vercelloni）

在准备为这位枢机主教立传时回忆道：“他热爱、迷恋星空之美，常在夜晚露天用望远镜凝视群星，他尤其喜欢在波比戈附近进行观测，那是一处寂静之地，隐于林间。”[8] 弗朗切斯科·里沃拉（Francesco Rivola）在《费代里科·博罗梅奥的生平》中写道：“世间有许多事能激发他对自然之美的热爱，其中一件就是观星，他说那是众多神圣的眼睛，透过它们，得见天主的威严。”[9]

2.

医生兼林琴科学院学者约翰内斯·法贝尔（Johannes Faber）描述博罗梅奥为“最文雅的贵族，最虔诚仰慕天空之人”[10]。他与博罗梅奥相识还要归功于耶稣会士邓玉函（约翰内斯·施雷克），1616 年冬，法贝尔在米兰逗留期间与邓玉函结识。[11] 次年 3 月，博罗梅奥请法贝尔将自己的一台望远镜转交给当时在罗马，即将前往中国的邓玉函。[12] 8 月，当伽利略对土星做进一步详述时，恰好又是法贝尔向博罗梅奥转达这惊人的发现，毕竟博罗梅奥“一向对这些新消息充满好奇”[13]。法贝尔在信中写道：“我希望，那种视觉仪器能帮助我们扩展哲学和数学知识。”[14]

收到土星的观测结果，博罗梅奥极为高兴，他立刻与途经米兰的卡斯帕·朔佩（Kaspar Schoppe）讨论，彼时朔佩已对天体新发现颇为了解。从 1612 年 9 月 28 日马克·韦尔泽一封关于太阳黑子的未发表的信中可知，天文学是博罗梅奥及其随行人员经常讨论交流的话题：

> 阁下说很喜欢几个月前在下寄去的讨论太阳黑子的文章。由于作者［克里斯多夫·沙伊纳（Christoph Scheiner）］就这个问题又发表了一些新论断，补充了相关素材，在下认为有义务寄来这一部分，阁下若闲来无事，可权当为安布罗西亚学院中的博学之士提供消遣。[15]

耶稣会士兼伽利略的门徒博纳文图拉·卡瓦列里（Bonaventura Cavalieri）也证明了这一点，他向这位枢机主教展示了手头的几台望远镜，特别是他认为目前为止最精良的一台 8 英寻[1]长的望远镜：

> 他说用望远镜就能看见星星，按他的说法，我认为他是想表示所见的星星可能比木星还要大；若真是这样，在我看来此事非同寻常。[16]

不仅如此，克里斯托夫·沙伊纳在《论太阳黑子》中将“最尊贵的枢机主教博罗梅奥”之名列入意大利首批观察太阳黑子的人

1　长度单位，1 英寻约合 1.83 米。

物之中，与他一并列入的有维罗纳医生兼哲学家安德烈亚·基奥科（Andrea Chiocco）、本笃会教士安杰洛·格里洛（Angelo Grillo）、马吉尼，斯蒂文（Stevin）、普雷托里乌斯（Praetorius）和开普勒之名紧随其后。[17]

这些文献证明，博罗梅奥对天文学和望远镜观测的兴趣在米兰之外也广为人知，若以上证据仍不够充分，不妨阅读他的自述：

> 在世上所有眼镜之中，我喜欢那个被俗称为“望远镜”的东西，只要是能感知这个世界的人，都不会拒绝这样一台仪器，更不用说有识之士了。望远镜受到推崇是有原因的，它能让我们更清楚地观察前所未见的半个世界，甚至为我们打开新天地，发现新星，它们有的比地球更大，有的更小。我已经完成了一项创举，对它们逐一进行观察，它们是如此闪耀辉煌，但在观察中，那些光芒反而成了阻碍。望远镜究竟为何会有这样的功能，我也百思不得其解，只能认为它是用一种特殊材料制成的了。而我尽管苦苦寻找良久，却没有寻获类似的东西，或许这个问题能在别处解决吧。[……] 我也有一些小型眼镜[1]，能将细小之物放大数倍，着实非凡。如果能清楚知道这些小玩意是如何制作的，就再好不过了。我发现有句话实为真

1 指显微镜。

理："凡事不在大小。"因为我已经领悟到，无论是比针眼还小的东西，还是那些不戴眼镜也能看见、不可思议的庞然大物，本质上都没有区别。这便是自然界至高无上的法则，无论物件大小，制造过程中所需的智慧、勤劳、艰辛、精力和技巧并无半分差别。[18]

对博罗梅奥来说，望远镜和显微镜证明了他以乐观之心看待自然自有缘由，亦证实了在人类感官所及范围之外，有一个十分和谐、井然有序的世界。正如帕梅拉·琼斯（Pamela Jones）所写："对从前看不见的世界的发现赋予造物多样这一理念以崭新的意义［……］不得不说，肯定也强化了博罗梅奥编纂目录的倾向，这种倾向让他对创造持有积极的看法，也令他喜爱勃鲁盖尔的自然风格。"[19]

博罗梅奥接受了科学对"天文学–宇宙论"和"哲学–自然主义"两方面提出的挑战。他明白，这种挑战并非局限于传统的书本知识范畴，否则人们向来是极善于引经据典、谈古论今来打倒对手的，这一次的战斗是在一片四面埋伏、少有前人踏足之地进行的，战前准备并不是闭关图书馆，而是装配一台强大的望远镜。有博罗梅奥坐镇，米兰成为天文学界一个活跃的研究中心，远胜其他枢机主教的宫廷。不仅如此，他还准备撰写题为《天文望远镜》（*Occhiale Celeste*）的作品，其中包含他本人观测新天体获得的数据，下文将有一系列详细说明。

3.

博罗梅奥此举并非出于单纯而自然的好奇心，他还怀着雄心壮志。他想出版一部作品，其中自有对伽利略发现的肯定，亦不乏驳斥，由此亲自参与论战。《天文望远镜》实际上是一部综合性作品，其中大量的望远镜观测记录令人震撼。博罗梅奥不仅观察了土星、火星、木星，还对星云和彗星进行描述。特别是1618年11月至12月间[20]“出现在此时此地的（一颗彗星）”[21]，博罗梅奥从这颗彗星中获得启发，他发现天体并不是稳固不朽的，而这很符合第谷·布拉赫的理念，用博罗梅奥自己的话说：“似乎可见，天空会衰朽，亦能生成，因此没有绝对稳固的天空，因为火星与太阳也会有交错。”[22]

自然，这些观察为哲学和神学思考提供了切入点。不过博罗梅奥最感兴趣的还是同伽利略较劲。后人认为博罗梅奥记录的数据实际上是对《星空报告》的回应。尽管他没有明确提到伽利略之名，却一直亦步亦趋，比如伽利略提出可将太阳黑子同地表云层进行对比，博罗梅奥就提出反驳。

通过“自己制作的仪器”，博罗梅奥观察了土星的“三个星体”现象，并对月球表面的说法提出疑问，他探寻其上光滑平坦和崎岖不平的区域，也对银河的延展范围寻根究底。这些新发现进一步体现了造物的秩序与和谐，是深不可测、仁爱宽宏的神的力量的有形标志。为了证明这一点，少不了“新发明的小型眼镜”[23]——显微镜，借助“镜片的优点”，人们可了解肉眼看不见的微小事物，大自然的无限完美就此体现。

可以说，《天文望远镜》是一幅在不同时间分部分完成的拼接画。虽没有明确记载日期，但可知这项工作持续时间相当长。博罗梅奥从个人观测经验出发，仔细研究了伽利略的理论，《天文望远镜》的核心主题无疑是同《星空报告》进行比较。[24] 例如，他这样描述月球表面：

> 月球表面千沟万壑，空洞无数。但那些斑点并不是空洞，而是“分散的圆圈”，在天空中闪闪发光。[……]
>
> 月球上有些光亮之处，那也是最显眼的部分，只不过受太阳光照射，就显得不那么巨大了。但那里实际上是高地凸起，现在它们尚不明显，一旦它们出现在我们眼前，无疑就是月球明亮的部分。[25]

博罗梅奥始终关注望远镜，他探索其工作原理、发明历史。他想知道是不是海因里希·科尔内留斯·阿格里帕（Heinrich Cornelius Agrippa）[26] 率先发明了望远镜，还提出了一种“知道放大倍数”[27] 的经验方法，甚至抛出了“是否可以不断改良望远镜”[28] 的问题。博罗梅奥对天体新发现兴趣浓厚，将星空视为彰显神的力量和智慧的场所：“天空并不是神，而是一本书，体现着伟大的神迹，我们几乎可以在书封上看到造物者之名。”[29]

博罗梅奥获得了更加精良的望远镜，他反复观察和描述，做记录，进行比较，从古今作者那里寻求佐证。他试图打通一条连接今古之路，纵使时而经历起落、遭遇质疑，难以寻得可信的答案，连否定一个理论，或者将其置于一个经过检验的逻辑框架中都并非易事，但在一件事上他是不会让步的：哥白尼宇宙论。出于哲学和神学原因，地球运动的观念必须受到驳斥。

博罗梅奥十分了解伽利略的立场，他在书中的一些段落里指出，基于《圣经》的权威，必须驳斥一些理论："基于《圣经》的真理，从伽利略那里获得启发，检验他的理由，再加以反驳。"[30]再比如："《诗篇》第136篇写道：'（你们要）称谢那铺地在水以上的，因他的慈爱永远长存。'这就驳斥了伽利略关于地球运动的观念。"[31]

博罗梅奥正是通过这种方式解读《星空报告》，将他经过观察和验证的发现纳入基督教哲学框架。他没有先入为主地拒绝任何关于天体或地球的新发现，而是试图以传统框架解释它们，消除发现与传统的不和谐之处。

4.

调和新天文学和基督教宇宙观是博罗梅奥科学兴趣的主旋律，这一点从他同皮亚提诺学院数学教授库尔奇奥·卡萨蒂（Curzio

Casati）的讨论中可见一斑。

时值1610年夏，卡萨蒂赠给博罗梅奥一部研究天体运动的入门作品，名为《天文学体系介绍初篇》（*Prima pars introductoriae constructionis astronomiae*，下文称《体系介绍》）。[32]在书页上，卡萨蒂写道，几日前他还同这位枢机主教讨论过“在关于世界结构的三种主要观点中，哪一种最符合《启示录》的内核”。这三种观点分别来自托勒密、第谷·布拉赫和哥白尼，卡萨蒂是哥白尼的狂热支持者，在他看来，哥白尼理论“同天体现象高度一致，在这一问题上没有比其更合理的解释了”[33]。日心说不仅在科学领域中号称绝对比其他理论先进，在神学上还完全“符合神之所言”[34]。尽管听来难以置信，但不管是事实还是圣典，都证实了哥白尼的理论。卡萨蒂在给博罗梅奥的信中写道：

> 我知道刚开始你一定会疑惑，对这些事实感到震惊，甚至是害怕面对这样一个极为反常的新发现，它以颠覆性的秩序重现了世界的本质和架构，抹杀了所有哲学家（尽管在我看来都是伪哲学）长期以来基于根深蒂固的共同信念建立的教条学说。然而，若你小心谨慎地来研究这一问题，并不厌其烦地在大量论据的基础上对其进行评估，那么，我觉得你就不会因为盲信哲学家们属人的权威，而将神圣话语的道理抛诸脑后。[35]

《圣经》中有一些人们认为与日心说相抵触的经文，而卡萨蒂以哥白尼理论为线索，将其重新解读，以证明自己的主张。他的结论是：“如果有人试图根据《圣经》的内容来证实地球运动的观点，那么他会大获成功，他会发现，他的想法能被比其他学说更合理的推测证实。”[36]

卡萨蒂的《体系介绍》完成于1609年，题词日期是1610年8月18日。尽管成书在这段时间，但书中没有提及望远镜新发现。然而，卡萨蒂与博罗梅奥交流时一定谈到了这些发现。正如卡瓦列里在后来的一封信中所述，卡萨蒂参加了伽利略在帕多瓦的讲座，并表示自己“为他的学说所折服”[37]。1610年8月，望远镜已经在米兰流通了不短的时间，[38]《星空报告》不太可能还没有传到这位“热情的”伽利略追随者耳中，总是满怀好奇、消息灵通的博罗梅奥想必也已听闻。1611年6月，西班牙总督胡安·费尔南德斯·德·贝拉斯科-托瓦尔（Juan Fernández de Velasco y Tovar）坚持要佛罗伦萨方提供“伽利略先生的大型眼镜”以及“使用说明”，可见时人对其天文用途的好奇心比以往更加强烈。[39]

大约同一时间，布雷拉耶稣会学院的数学教授、耶稣会士克里斯托福罗·博里（Cristoforo Borri），在他的《论占星》（*Tractatus astrologiae*）中讨论了伽利略的发现，并将其纳入1611—1612学年的课程。[40]他同卡萨蒂一样，考虑各种宇宙观在神学上正确与否。在他看来，《圣经》中诸多经文与日心说无法调和，因此日心说不可接受。[41]另一方面，他又全盘接受第谷·布拉赫的那套理论，也认可其关于天体不稳定的论述。博里引用一众权威人士的观点，证明这些理论同官方的《圣经》注解并不冲突。[42] 预见到未来几年许多耶稣会科学家都会加入，博里毫不犹豫地继承了第谷的事业。他深知传统的托勒密学说有不足之处，且混杂烦琐，故自开启天文学生涯之时，就已经做出了决定。

> 自七年前我开始钻研数学、研究天体的一般性描述和分布情况以来，我就意识到托勒密理论关于本轮和均轮的描述存在错误，对此我颇为不满，无法说服自己去相信那些理论。[43]

除此之外，博里不再认同传统天体观另有关键原因，那就是他用望远镜进行了观测，望远镜展现的清晰证据揭示了新的现实。关于月球，他这样写道：

> 毫无疑问，月球并不是完美的球体，它的表面不甚规则，山峦起伏。其他天体表面也有可能像它一样，遍布山脉。但至少，月球多山这一点无须证明，因为通过望远镜已然可见。据说望远镜是由帕多瓦大学的数学教授，佛罗伦萨人伽利略·伽利雷近期发明的。我迅速取得一台同类仪器，观察到了月球上的山川峡谷；然而，我并不敢公开讨论这一话题，否则必会被人诟病鲁莽轻率。但在确知伽利略本人已观察到这一现象和其余情况（我会在合适的时机说明），而且已将发现出版成书后，我将毫不犹豫地确认和传播这一事实。[44]

博里声称在《星空报告》出版前他就有一台望远镜，而且在还未阅读此书时，就观察到了凹凸不平的月球表面。不过，在阐明月球表面存在山脉和空洞的原因时，他只能逐字逐句地重复伽利略的论据。[45]

他不仅讨论月球问题，还探究其他新发现。比如，开普勒《折光学》中提到土星"三个星体"的奇怪形状，[46] 博里加以引述，他还引用了开普勒和伽利略论述中的金星"如月球般升起落下"[47] 之景。博里还声称自己亲自观察过木星的卫星：

> 就像月球上的山脉一样，它们［指木星卫星］的存在无须证明，望远镜提供了清晰可见的证据，伽利略比其他人更早观测到了这些卫星，我也相当仔细地观察它们，但其真正的运动方式和周期尚未确定。[48]

《论占星》充分体现了这位米兰耶稣会士对伽利略天体新发现的兴趣。不过，根据博里所述，其望远镜的性能和效果还需打个问号。毕竟，他是通过开普勒的证据才了解到金星的位相和土星令人称奇的形状，依赖伽利略的发现才解释了月球表面和木星卫星的现象。但这并不意味着博里宣称在《星空报告》出版前就使用了望远镜是吹擂妄言。简单来说，比起伽利略，他得到的结果在准确度上不佳，因为其仪器确实不甚精良。

纵览整个米兰文化界，这些发现引起了激烈的论战。参与者不仅有博罗梅奥、卡萨蒂和博里，一些数学家和天文学家也纷纷参战，比如乌尔比诺的穆齐奥·奥迪（Muzio Oddi）、米兰的卢多维科·巴尔巴瓦拉（Ludovico Barbavara），巴尔巴瓦拉与开普勒通信，精通三角学[49]，还有少年成名的数学家罗雅谷（Giacomo Rho）[1][50]，以及后来撰写支持哥白尼理论著作[51]的圣保罗会修士雷登托·巴兰扎诺（Redento Baranzano），这些人物自然不可能对如此震撼的“星空报告”无动于衷。

本章主角无冕之王费代里科·博罗梅奥对《星空报告》的兴趣始终不减，甚至在一部与天文主题无关的作品中提及此事。他写了一篇文章，希望政府承诺支持科学和文化发展，此文先后以意大利文和拉丁文发表，其中赞扬了美第奇家族的高瞻远瞩，发现木星卫星一事少不了他们的慷慨解囊：

> 在当下这个时代，（伽利略）专注观星，测量天体，令那位高尚的君主之名与新星比肩，为后人颂扬。[52]

1　罗雅谷（1593—1638）：意大利天文学家、耶稣会传教士。其意大利语名为贾科莫·罗，“罗雅谷”是其来华传教使用的名字，如今多以这个名字称呼他。当时他带来了许多西方的天文观测仪器和书籍，如哥白尼的《天球运行论》等。

第十章

CAPITOLO
DECIMO

佛罗伦萨阴云

I.

我们回到帕多瓦和威尼斯，让伽利略本人上场。本章将以其视角展开。1610 年 4 月末返回帕多瓦后，伽利略的首次宣传展示之旅结束，他将以引路人的身份向我们讲述这段故事。这趟旅程并非一帆风顺，至少不如他所愿。在佛罗伦萨、比萨等地，尤其是在博洛尼亚，伽利略遭遇了强烈的抵制，在帕多瓦大学的同僚中亦是如此。此外，早在 3 月末，可靠的埃内亚·皮科洛米尼就警告过伽利略，在比萨“有人固执己见，不愿相信阁下声称已观测到并希望向众人展示的那些事物”[1]。

4 月中旬，正值复活节庆典，伽利略到达佛罗伦萨。在此之前，《星空报告》的首批副本已被抢购一空。[2] 人们想要通过望远镜一观天体奇迹的愿望与日俱增，伽利略到来的消息引发了好奇的浪潮，除了大公科西莫二世及克里斯蒂娜的近臣，宫廷中的寻常官员也跃跃欲试，城中各所文学院的成员、医生、法学家和神学家等皆盼一探究竟。一时间，关于在佛罗伦萨、比萨召开会议的消息经口耳相传，远播各地，有人不解，有人怀疑，有人钦佩。比如：

> 据说伽利略先生发现了四颗新卫星，昨晚，我使用他那台备受赞誉的仪器看见了其中三颗，对此，我们进行了交流。[3]

1610 年 4 月 11 日，女大公克里斯蒂娜的秘书卡米洛·圭迪（Camilo Giudi）于比萨用以上数语报告了这一事件。可想而知，这样的信件还有很多，或是出自“亲眼见证者”之笔，或是出自间接了解到这件事再转述他人的中间人之手。5 月中旬，枢机主教路易吉·卡波尼于罗马写给马丁·哈斯戴尔的信就是其中一封：

> 关于伽利略的发明，我从佛罗伦萨方面得知，他被几位王公召见，还向许多有名望的人展示，木星周围的星星并不是固定不动的；于是许多有才学的人全盘接受了他的观点。[4]

伽利略正在进行一项壮举，他试图找寻共识，以便回到他渴望回归的佛罗伦萨。有时他会遭到激烈的反对，一些有身份的人愿意帮助他，另一些则对他怀有强烈敌意，其中就不乏教会、大学和宫廷中的核心人物。支持伽利略的人有律师兼诗人亚历山德罗·塞尔蒂尼、公国秘书贝利萨里奥·文塔，最重要的一位是伽利略之前的得意门生、喜爱炼金术的安东尼奥·德·美第奇大公，此人不仅是伽利略的主要保护人之一，亦是制作和改良望远镜的重要合作者，他常从威尼斯的玻璃作坊中为伽利略购买镜片。[5]

那段时间里，最重要的消息就是比萨的哲学家兼教授朱利奥·利布里（Giulio Libri）在大公面前提出异议，他千方百计要将木星卫星“从天上拽下来”，如 1610 年 8 月 19 日伽利略向开普勒所言，其逻辑依据更像是魔法巫术，而非扎实的推理。[6] 可想而知，那些因身份特殊而不能缺席美第奇家族组织的会面的人不会热烈接受伽利略的发现。就比如比萨大学的数学家、公国的宇宙学家安东尼奥·圣图齐（Antonio Santucci，他制作了一台巨大的托勒密浑仪，现藏于伽利略博物馆），在那几个月里，他正着手撰写一本小册子，打算次年出版，题为《彗星新论》，但这“新”字却有些言过其实，因为尽管使用这样的书名，此作仍不能否认（彗星是）球形的固体。[7] 很快，圣图齐便因与伽利略在流体静力学问题上的论辩而出了名。1613 年，圣图齐去世后，比萨大学监事吉罗拉莫·达·索马亚道：“若想同伽利略辩论，首先要充分了解哥白尼，否则便是一个愚人了，就像那个波马朗切人圣图齐一样。”[8]

对伽利略而言，当下要务是尽可能说服更多人，但持怀疑态度的人往往占上风。鉴于其反对者举着神学的大旗，某些情况下他面对的已经不是相不相信的问题。彼时为亚里士多德－托勒密体系辩护的理由同神学信仰理论一拍即合，不用看 1613 年 12 月 21 日伽利略给卡斯泰利（Castelli）的信，也能知道人们对天体新发现的反对。不妨回顾亚里士多德派的卢多维科·德莱·科隆贝未发表的《反地球运动》，其中引用了诸多《圣经》段落，均与哥白尼诠释的真理相矛盾。此作写于1610年末至1611年初，很快，在佛罗伦萨的各个文化阶层都出现了有类似想法的人。

为了理解当时的情况，有必要阅读一个人的书信。此人在今日鲜有人知，但当时绝非无名之辈，他就是皮斯托亚的博尼法乔·万诺齐，他先是在枢机主教恩里科·卡埃塔尼（Enrico Caetani）任教廷驻波兰大使期间为其服务，后又担任教宗保禄五世的秘书。1610年8月至9月，万诺齐从托斯卡纳宫廷给他的同乡，法官兼文学家杰罗拉莫·巴尔迪诺蒂（Gerolamo Baldinotti）写了一封信：

> 在伽利略的问题上，我赞同阁下的观点，每个真正的神学家都会嘲笑那些人，他们说“地球在运动”，“永不倾斜”，“太阳始终静止”，还“引导自转”。而这些话皆是凭借推测说的，并不是凭真理。若说月球是一片陆地，有谷地丘陵，就等于说那里有畜牧成群，农人耕种。我立身于教会一侧，根据圣保罗的教导，要反对那些新事物。那些观点无疑新颖却危险，我更愿意成为一位神学家，而非哲学家，相信阁下亦是如此，吻您的手。[9]

此番争论的主题事关重大，甚至上升到真理层面。万诺齐显然明白这一点。事实证明，伽利略并不动摇，也不受控制。如果这些“新思想”如万诺齐所说，是“凭借推测”得出的（几年后，枢机主教贝拉明也表示了这种看法)，它们就不是障碍。但如果这些新发现被证明为“真理”，那么最好不予理会。其后果不堪设想，月球上同地球一样有人居住何其荒谬，那些想法“新颖却危险”，而教会正是“新事物之敌”。承认新天体不仅会破坏苍穹的秩序和美丽，如莎士比亚所言，“华丽的天穹中缀满金色火焰”[10]，还会侵蚀世界的本质，威胁上帝构想并创造的人与自然间的和谐与尺度。

无须多言，这封信中科学与信仰的冲突清晰可见，这样的冲突将伽利略和代表罗马教会的贝拉明置于对立。《星空报告》出版仅数月，万诺齐便在信中明明白白写道：“我立身于教会一侧。”[11]同样，他向老到的政治人物安德烈亚·乔利，未来的大公国首席秘书亦如此剖白：

> 我的确钦佩伽利略先生的才华，但在这件事上，我还是愿意站在您这边，相信迄今为止所认定、所看见的东西。比如关于月球及其上山谷山脉的奇事，既然先人已有定论，今人又何必弃之？没有什么能篡改神圣的经文，扭曲数世纪以来其中蕴含的意义，我想同普罗大众并肩而行，不必担心知道得太多。[12]

宁可懵然无知，因循守旧，唯教会之言是从，也不要冒着“篡改”《圣经》之意的风险“知道得太多”。万诺齐同乔利显然意见一致，在信中坦言自己尝试使用“伽利略的眼镜时……为了不扫别人的兴，我只得说看见了他发现的新星，其实我从来没看到过”[13]。

这位万诺齐今日已无人提起，但这封信自有其价值。[14] 不仅是因为这封信不久前才被人发现，还因为通过这封信可知，早在 1610 年 8 月，就有多少阻挠抨击蓄势待发，只待伽利略离开威尼斯，便要向他袭来。同时，这封信证实了最新研究愈发强调的一点，即反对伽利略的人很快就出现了，美第奇家族内部的核心人物亦参与其中，乔瓦尼 · 德 · 美第奇 [1] 便是一位。

这位乔瓦尼可谓美第奇家族中的重要人物，他既是英勇的军队司令，又是艺术家和文学家的保护者，同时还是建筑师和工程师，比萨圣斯德望骑士团教堂的正墙和佛罗伦萨圣洛伦佐教堂的礼拜堂都是他设计的。他热衷于犹太哲学、占星术和炼金术，在布拉格久居过冬时，还同鲁道夫二世一起讨论“魔法、巫术和化学的奥妙”[15]。弗朗切斯科 · 西兹向他献上自己 1611 年的反伽利略著作《思辨》，卢多维科 · 德莱 · 科隆贝亦献上了其对伽利略作品《论可浮于水面或在其中运动的物体》(《水中浮体对话集》) 的感想。乔瓦尼，这位“精通多种科学”的王公、“精通多种语言”的鉴赏家，[16] 于 1611 年秋在菲利波 · 萨尔维亚蒂（Filippo Salviati）家中参与了关于浮力的热烈讨论，伽利略也在场。在其“随从”和“门客”中，除了上文提到的西兹和科隆贝，还有瓦隆布罗萨的主教奥拉齐奥 · 莫兰迪，他是“魔法 – 神秘学 – 炼金术”的倡导者，以及拉法埃

1　此即唐·乔瓦尼·德·美第奇（1567—1621），科西莫一世与阿尔比齐家族的艾莱奥诺拉之子。

洛·瓜尔特罗蒂，此人指导乔瓦尼在学习占卜“密文”和炼金术“配方”上小有所成。[17]

讽刺的是，正是在伽利略熟悉的佛罗伦萨，他第一次面对结成了联盟的劲敌们，乔瓦尼·德·美第奇和大主教亚历山德罗·马尔奇美第奇各自率众反对。在这个非同寻常又并不典型的团队的主要成员中，有多明我会的神学家和教士，比如尼科洛·洛里尼(Niccolò Lorini)、托马索·卡奇尼(Tommaso Caccini)和拉法埃洛·德莱·科隆贝（Raeffaello Delle Colombe)；有经院哲学家，如卢多维科·德莱·科隆贝、弗朗切斯科·西兹和朱利奥·利布里；还有魔法和占星学研究者，如奥拉齐奥·莫兰迪。可以说，这些人群情激昂，准备不惜一切代价联手阻止“新哥伦布”在天空中取得成果。

迎接伽利略到来的这片佛罗伦萨天空即将给他“送上大礼”，那里鱼龙混杂，一触即发：占星家互通密信，顽固的教士和神学家坚守关于末世的观念，亚里士多德派哲学家将教条奉为圭臬。对伽利略而言，此地阴云密布，危机四伏。

2.

不妨一件一件说。1610年4月23日至26日的旅程中，伽利略在博洛尼亚暂做停留。如前文所述，即使在那里也并非事事顺利。霍奇和马吉尼称“望远镜演示”甚是失败。[18]

4月末，伽利略抵达帕多瓦，此前堆积的一摞信件等待着他。一封来自他的兄弟米凯兰杰洛，称一批《星空报告》的副本已抵达慕尼黑，科隆选帝侯还求教如何制作望远镜；[19] 一封来自身在布拉格的哈斯戴尔，他告诉伽利略《星空报告》在宫廷引起热议；[20] 还有一封来自安科纳，是天文学家兼占星家伊拉里奥·阿尔托贝利（Ilario Altobelli）写给伽利略的，他从"恩主"枢机主教卡洛·孔蒂（Carlo Conti）那里获得了《星空报告》副本，请求伽利略送他一些"合适的镜片"，以观察土星和火星周边的卫星，他对此深信不疑。[21] 而后发生了出人意料之事：4月19日，开普勒从布拉格寄给伽利略一篇共8页的论文，论文将于5月印制出版，题为《与〈星空报告〉的对话》。

伽利略一口气读完了此作，之后，他有了明确的目标。显而易见，他的计划迎来了前所未有的加速。他的策略十分明确：时不我待，必须主动克服一切阻力。[22]

于是，5月初，伽利略决定就木星卫星和其他天体观测成果在大学里举办3次公开讲座。这并不是头一次，他早在1604年发现新星时，便邀请了整个研究室的人一同讨论。5月7日，伽利略向文塔描述此事时，宛如一举击溃所有强敌的指挥官：

> 整个研究室的人都来了，我让每个人都深感满意，最后，那些一开始还激烈反对我作品的人［……］逢人便道他们被说服了，还准备捍卫我的学说，并为之辩护，驳斥任何敢抨击它

> 的哲学家。这样一来，威胁我的文章便伤害不了我了，有些人一直试图引起对我的攻击，那些话柄也可不攻自破了；他们还希望我能转而屈膝称臣，料想我不是被他们的权威吓破胆，就是被他们忠诚追随者的气势吓得狼狈退场，缄默不言。[23]

敌人的最后一道防线被攻破了，战事告捷，于是伽利略写下了这封信。信中一个容易被忽视的细节可以佐证，在那拥挤的帕多瓦讲座中，人们不仅讨论了新发现，还讨论了“学说”(鉴于近15年来伽利略一直自称哥白尼的忠实弟子，“学说”指谁的学说也不难猜到了)。

但事实当真如信中所言吗？信中提到关于宇宙学的讨论，暗示众人已达成共识，这令整段叙述十分不可信。没有其他证据可证，在帕多瓦这座亚里士多德主义的大本营之一，伽利略的“劲敌”突然被说服，甚至“准备捍卫我的学说，并为之辩护，驳斥任何敢抨击它的哲学家”。事实上，之后的岁月里，伽利略所回忆的恰好相反：唯独他的帕多瓦同僚没有认可天体新发现。但这些事都没有在他给文塔的这封信中体现，在这封信里，伽利略表现得比以往更加兴致勃勃，他优雅而自信地将自己描绘成一个胜利者。读罢开普勒的书信，伽利略在佛罗伦萨和博洛尼亚遇到的反对意见奇迹般消失了。这位王室数学家的支持是最重要的。伽利略想要传达的信息，出自一个相信（或希望相信）至暗时刻已经过去，真理将为众人所认可的人。

这封 5 月 7 日的信被多次引用，信中不断提出要求，其中满是扬扬得意：

> 我有这么多特别的秘密，它们既实用，又能引起好奇和欣赏。知晓太多这样的秘密于我无益，甚至一直都对我不利；因为如果我只怀揣一个秘密，我就会珍而重之了，只要我往前探探路，或许就能在哪个王公贵族身边发家致富，而我至今未遇伯乐，也未寻得良机。

再接着《星空报告》的开场白说：

> 我有一个特大奇闻：然而它并不能服务于王公贵族，至少不能为他们所用，因为他们只为那点乐趣挥金如土，或是开战，或是建造堡垒，总之，对我或任何一位绅士都一毛不拔。[24]

无论是从帕多瓦的对手还是从开普勒的宣言里获得的认可，都帮助伽利略提高了在宫廷中的声誉。他认为要想回归故里，有些条件必不可少，为此他列出一份详细清单，包括理想的头衔、薪水和闲暇。而另一份清单同样详细，其中包含了伽利略已经开始和打算着手的工作：

> 我必须完成的工作主要是两卷书，暂定名为《宇宙系统的

构成》[后来的《关于托勒密和哥白尼两大世界体系的对话》，1632]，其中包括众多概念，涉及哲学、宇宙学和几何学理论；还有三卷《局部运动》[《论两种新科学及其数学演化》，1638]，那将是一种全新的科学……；三卷机械方面的书，两卷论证原理和基础定理的书，一卷关于现存问题……我还想写几本关于自然的小册子，比如《声与音》《视觉与色彩》《论潮汐》《论连续结构》《论天体运动》等等。此外，我还想写一些给军人看的书，他们不仅能在思想上得到锻炼，还能通过书中细致的规则学习到需要知道和运用的数学知识，比如设置营址、列队排兵、修筑防御工事、攻城、绘制地图、目测、了解火炮、使用多种武器等。我还要重印《地理圆规运用》[《地理军事两用圆规使用指南》，1606]以供进献，因为眼下没有更多的副本了。这种仪器已经为世人所认可，没有别的同类仪器可与之媲美，迄今为止人们已制造了几千个。[25]

几年前，伽利略还希望从王公贵族那里得到大发慈悲的肯定，而今这字里行间已全无屈居人下、哀怨卑微的语气。他以服务于美第奇家族的哲学家和数学家这一新的公开身份自居，理直气壮地逐条谈判，语气严肃而高傲。

这也是伽利略第一次提出如此要求。此前有个细节从未引起足够多的注意，然在本章开始对文本进行交叉解读之后，便清晰地浮出水面：在此之前，伽利略在同大公和文塔的通信中从未提出想以一个哲学家的身份返回佛罗伦萨。可以合理推测，这种想法正是在他 1610 年 5 月初阅读了开普勒的《与〈星空报告〉的对话》后产生的。在开普勒此作中，无论伽利略如何才华横溢，其形象都是一个观察者、一个天文技术学家，而非哲学家。实际上，伽利略带着强烈挑衅的语气，第一时间告知开普勒自己被任命为大公的首席数学家和哲学家，未尝不是因此之故。[26]

3.

那段时间，吉罗拉莫 · 马加尼亚蒂（Girolamo Magagnati）在威尼斯出版了一些为伽利略而作的诗，巩固了其胜者地位。此人相当古怪，在佛罗伦萨亦颇有名气，是伽利略的老朋友。他不仅是一位诗人，之后加入了秕糠学会，还是商人和高雅的玻璃艺术家，于威尼斯和穆拉诺度过了大半光阴。他在穆拉诺居住，经营玻璃窑，生产备受欢迎的吹制玻璃和彩色玻璃。此外，特拉亚诺 · 博卡利尼（Traiano Boccalini）也在那里，在其颂诗《帕纳索斯山之谕》中称赞此地。[27]

马加尼亚蒂的诗作出版后，伽利略很快给文塔寄去了这本名为《对美第奇星的诗意冥想》的小册子，当时是 5 月 21 日。此作开了之后一系列作品的先河，旨在宣扬伽利略宛如“新哥伦布”“新阿美利哥”般征服了天空的神话。只需短短几行，便可见伽利略的事迹具有何等英雄气概：

自苍穹而来的伽利略啊，

你开拓之地浩瀚无垠，不可捉摸。

你携着好奇之犁深耕，

在永恒的蓝宝石中神游。

你翻开天穹金色的土地，

发现新的星球、新的光辉。[28]

自然，这份赞美还要归科西莫二世的“托斯卡纳王国”所有，比如，“他将载入天穹史册 / 闪耀纯洁的群星围绕 / 他的家族世代荣光 / 他的姓名在无垠宇宙中回响”。为了与主题更加契合，作者甚至在扉页玩了个文字游戏，将“科西莫”（Cosimo）改写成了“宇宙”（Cosmo），还决定就此事重新设计美第奇家族的纹章，用明亮的木星及其四颗卫星组成灿烂冠冕点缀其上（见图 22）。

这本诗作的出版得恰是时候：就在伽利略提出回到佛罗伦萨的请求两周后，诗作赞扬了伽利略的过人之处。不过，或许这次不必借助诗人的想象，伽利略的请求便能得到回应。5 月 22 日，马加尼亚蒂的作品送达佛罗伦萨翌日，文塔通知伽利略，称其返回托斯卡纳一事已获批准，大公同意了他提出的所有要求，包括有些出格的“哲学家”头衔。伽利略目前进行和未来打算推进的项目有望得到充足资金，欧洲主要国家的秘书和大使结成的外交关系网也将在需

MEDITAZIONE
POETICA
DI
GIROLAMO MAGAGNATI
SOPRA I PIANETI MEDICEI:
AL
SER.MO DON COSMO II.
GRAN DVCA DI TOSCANA.
IN VINEGIA, MDCX.

图22 扉页，美第奇家族的纹章，冠冕上的五颗星象征木星和其四颗卫星，1610年

要时为他提供便利。

> 尊贵的先生们告诉我，他们将支付威尼斯方面200银币，以帮阁下付清制作望远镜和印刷作品的费用。此外，无论是在皇帝［鲁道夫］的宫廷、英国、法国还是西班牙，但凡阁下要送出望远镜或著作，他们［指大使和秘书们］都会像对待大公的亲笔信那样，遵照信中指示办事。[29]

于是，数学家兼哲学家伽利略就像佛罗伦萨宫廷中的画家、音

乐家一样，成了大公的人。他的创作被当成国家的事务，他的成功便是大公的成功。不仅如此，美第奇家族还准备提供一笔资金，重印《星空报告》，并赞助改良望远镜所需的技术研究。

事实上，伽利略从未停止过改良望远镜。就在这几个月里，他把从3月9日至5月21日对木星的观测记录寄给了开普勒，这段时间正好从地球上可以看见木星及其卫星，因它们还没有离太阳过近。[30]而那之后便只能等到7月底才能重新一睹木星，故伽利略决定在重印一版数据更新、更精确的《星空报告》之前，先等待木星“远离太阳的光芒”，以便在清晨时分进行观测。

> 从现在起不超过两个月，就可以在清晨的东方天空中看到它（木星）了，到时，观测时间在天亮前两个小时，正是宜人的时候。这段时间我将继续对神奇的月球进行观测和描述，我所观测到的将超越已有的奇景，尤其是我的望远镜如今愈加完善，有更多美丽的细节尚待发现。[31]

因此，只要太阳的条件合适，伽利略就将继续用望远镜观测木星。他也会继续观测月球，而最重要的是继续改良镜片。在木星再次可见前，他本应有颇为悠闲的两个月时光，而事实上这段时间被紧张的工作和稳步推进的项目填满了。6月18日他在给文塔的信中写道，自己“进一步完善”了望远镜，并多次观察火星和土星，但没发现任何有趣的东西（“我没有看到它们旁边有任何行星”）。[32]

他这两个月里究竟完成了哪些工作，后人知之甚少。然可以肯定，其中之一必是寻找更优质的镜片。枢机主教弗朗切斯科·马利亚·达尔蒙特（Francesco Maria Dal Monte）于6月4日写给伽利略的一封信可以证明，信中他祝贺伽利略想出了用天然水晶加工出镜片的办法，他还急切地告诉伽利略，他们正在罗马进行“令人叹服，兼具艺术性和简易性的”加工。[33]

伽利略在这两个月里究竟制成了多少镜片？他制作高质量镜片时又遇到了什么困难？答案不得而知。但我们知道，7月底，他再次拿起望远镜观测木星，更重要的是，他开始观测土星。当时，他首次发现土星并不仅仅是“一颗星星”。伽利略借忠实的文塔之口将这一消息告诉了大公和女大公克里斯蒂娜，并请求在新版《星空报告》问世前不要将消息外传。[34]

发现似乎无穷无尽。先是月球、银河和木星，再是土星和金星。尽管最大最亮的天体仍难以用伽利略的望远镜观测，但伽利略仍旧收获颇丰，在不到一年的时间里，有关天空的图集愈加丰富。面对如此无可怀疑的成果，开普勒多年来对火星孜孜不倦的求索竟也显得有几分苍白，他的《新天文学》已淡出人们的视线，被人遗忘。

4.

直到最后，伽利略都不愿透露自己离开威尼斯的计划。甚至在 6 月末，有人问居住在威尼斯的托斯卡纳人阿斯德鲁巴莱·巴尔博拉尼伽利略是否打算离开此地时，巴尔博拉尼也表示自己一无所知。正如他给文塔的信中所言，他很清楚如果消息传出去，“可能会给他［指伽利略］在这里带来困扰”[35]。获悉伽利略的决定后，有些人——比如伽利略的好友塞巴斯蒂亚诺·维尼尔——甚至表示，若萨格雷多还与伽利略有往来，就与萨格雷多绝交。[36]不过萨格雷多本人倒是还同伽利略密切联系，尽管他也认为友人此行远去，对自己，对威尼斯共和国，都是无可挽回的损失。

或许对伽利略来说亦是如此，时间会证明萨格雷多是对的，伽利略做出了一个大错特错的选择。在其他任何地方，他都不再像在威尼斯时那样能够掌握自己的命运。尤其若将他在佛罗伦萨的经历与在威尼斯的对比，便愈发明显了，“在那里（佛罗伦萨），贝林佐尼（Belinzoni）的朋友们”[37]，也就是耶稣会士，一直很有权威。萨格雷多与伽利略的通信里有诸多感人至深的内容，其中的一封信一针见血，宛若出自马基雅维利之手，信中许多清醒敏锐的言论与那位杰出的佛罗伦萨秘书的不乏相似之处，在此有必要全文引用：

> 依我之见，在这里，每个人享有的自由和生活方式都令人钦羡，这也许是世上独一无二的地方了……你还能在哪里找到威尼斯式的自由和自主呢？你有公爵的支持，友人们也年岁渐长，权柄与日俱增，难道此地不值得考虑吗？如今你欲回到所珍视的故乡，但又何尝不是离开了一方乐土？阁下现在侍奉的君主是天选

之人，高贵有德，正值英年，心怀非凡期望；他可号令那些指挥和管理大众之人，无人可凌驾其上，俨然宇宙的君王。以他的美德和宽宏，可以想见阁下的奉献和功绩将得到赞美和回报；然而，宫廷风云诡谲，谁能保证他不会被嫉妒冲昏头脑，失去理智？……世事无常，纷扰荒谬之事何其多，那些奸邪善妒之人若有心从旁挑拨，在君王耳边毁谤中伤，谁能知晓君王的正义和美德会不会变成刺向一位君子的利刃？君主们对奇闻逸事素来只有一时热度，他们心中永远看重更大的利益。我毫不怀疑，大公必会兴致勃勃带上阁下的眼镜去看看佛罗伦萨城和周围的地方，然而，若有其他要务，他要放眼整个意大利、法国、西班牙、德国和黎凡特[1]，阁下的眼镜便将明珠蒙尘了。即便阁下能为这些新事务造出其他有用的工具，难道还能发明一副眼镜，区分贤愚忠奸？难道能让睿智的发明家同顽固无知的平民高下立现？阁下难道不知评判这一点的是无数个愚人组成的法庭吗？用来衡量他们意见的是数量，而不是分量。[38]

伽利略如何回答，不得而知。或许当他收到这封信时，已经无心注意了。因为彼时他已在佛罗伦萨生活了近一年，他的注意力完全放在对抗可怕的“贝林佐尼的朋友们”上。

1　黎凡特：其名源于拉丁语 Levare（升起），意为日出之地。是一个历史上泛用的地理名称，相当于现代的东地中海地区。

相比萨格雷多的语重心长，萨尔皮则是以沉默回应。这深重的沉默，透露出他对这位至交所做决定的失望和心痛。近 20 年来，他与伽利略就自然和人类问题不断交流，他对这位朋友的才能和无与伦比的天资由衷钦佩。继望远镜事件和伽利略在《星空报告》中的那些陈述后，萨尔皮再次感到自己遭受背叛，同伽利略中断了书信往来。

在萨尔皮与其新教友人的通信中，他对伽利略离开威尼斯的事情只字未提，他受伤太深，不想提起。我们也无法从米坎齐奥或萨格雷多同萨尔皮的通信中获得什么信息。而从 1610 年那个决定性的 9 月开始，伽利略和萨尔皮这对友人花了 5 个多月的时间才重新建立联系。萨尔皮的主要传记作者之一弗朗切斯科·格利斯利尼（Francesco Griselini）于 1785 年发布了一条注释，此注释据说是在 1769 年大火之前从保存在圣母忠仆会修道院图书馆的萨尔皮手稿中“第 124 页”上抄下来的。然而，这份文件颇有争议，诸多历史学家对其真实性提出种种怀疑。[39] 全文抄录如下：

> 现在，据最尊贵、最英明的多米尼克·莫里诺参议员称，伽利略·伽利雷先生不日将赴罗马，受多位枢机主教之邀，展示他在天空中的新发现。我担心，在那个场合下，他会就太阳系问题举出令哥白尼理论占上风的证据，他肯定是不会迎合耶稣会或其他修会中的修士的。物理和天文问题在他们眼里也变成了神学问题，我不得不遗憾预言：为了能相安无事，为了不

被打为异端、逐出教会，伽利略迟早要放弃他在这个问题上的观点。然而，我确信，总有一天，受优秀教育熏陶之人会同情伽利略这样的伟人，因他遭遇耻辱和不公，但这同情也只能藏在心里，人们只能暗中为其打抱不平。[40]

若我们选择相信这些话，那么这些话可能写于 1611 年 2 月末，当时伽利略即将前往罗马之事已经传开。经过 5 个多月的冷战后，伽利略同萨尔皮于 2 月 12 日恢复了通信往来，那时伽利略第一次把自己最新的惊人发现告诉了萨尔皮：

现在我们可以肯定，金星是围着太阳转的，而不是如托勒密所言在太阳之下，因为那样它露出的面积还达不到一个半圆；亦非如亚里士多德所言在太阳之上，因为那样便看不到其镰刀形的位相，它看起来也会超过半圆，几乎接近整圆。我相信水星亦有同样的运动变化。[41]

萨尔皮圈子内的人立刻对这个震撼的消息及其显而易见的宇宙论后果做出回应。值得注意的是，2 月 26 日，福尔简齐奥 · 米坎齐奥在给伽利略的回复中不仅向这一令人钦佩的新发现热情致敬，还告诉他，自己同萨尔皮一道对此进行了首次观察确认。

保罗神父（萨尔皮）和我常常提到您，特别是在过去的几天里，我们用望远镜清楚地观测到金星一定程度上像是另一个月球，愈靠近太阳愈“单薄”。总之，它和月球几乎一模一样，只不过它的角没有那么尖，或许是因为它离太阳没有那么近。[42]

然而，米坎齐奥没有继续讨论天文问题，而是换了个话题，请伽利略不要放弃研究运动学，即“另一门科学，颇为罕见，世人知之甚少……上帝和自然都呼召你对其进行思考”。与其说这是一番邀请，不如说是要将伽利略的目光引向他自己和萨尔皮都热衷的“重物的运动”问题，或许这两位威尼斯友人达成了一致，向伽利略提出急迫又关切的请求，阻止他陷入宇宙论的论辩，因为对金星的了解认知已经证实“所有行星的旋转轨道都以太阳为中心，千真万确”[43]。

我们再回来看萨尔皮那段有争议的话。无疑，那段话的语气，特别是末尾那大胆预言的口吻，令人怀疑其真实性，那句“我不得不遗憾预言”如此果断，“总有一天”又太过戏剧伤感，不太可能出自萨尔皮笔下，更不用说那句“受优秀教育熏陶之人”。[44]然而，或许需要更仔细地揣摩开头的部分，为什么格利斯利尼要特意提及多米尼克·莫里诺参议员呢？文中道他将伽利略即将前往罗马的消息告知萨尔皮。那么，这里为何要编造这样一个细节？难道他不怕后人阅读莫里诺传记，揭穿这番谎言吗？再看下面这句话：“我担心，在那个场合下，他会就太阳系问题举出令哥白尼理论占上风的证据，他肯定是不会迎合耶稣会或其他修会中的修士的。”如果知道伽利略于 1611 年 2 月 12 日给萨尔皮的信中写了些什么，我们就会发现这句话不可不谓“公正”评价，又严厉又冷淡，在信中，伽利略直截了当地向萨尔皮指出，除了帕多瓦的那些亚里士多德派信徒，所有人，哪怕罗马的耶稣会士都对其发现深信不疑：

> 各国特别是罗马的杰出数学家，对我的作品，尤其是关于月球和美第奇星的作品时刻口诛笔伐，冷嘲热讽了许久后，迫于事实，又自发写信给我，承认全盘接受我的观点。因此，目前我的对手只有亚里士多德派的人，他们比亚里士多德本人还偏爱亚里士多德，特别是帕多瓦的那些人，我真不指望说服他们。[45]

对于伽利略决定离开威尼斯一事，萨尔皮的怀疑和反对远胜任何人。除了这位老友，伽利略还能向谁写信表现自己无可置疑的成功呢？然而，即使是胜利者的笔调，也不能令萨尔皮放心。观上文所引“萨尔皮手稿”，最突出的一点是萨尔皮唯恐这位朋友陷入悲剧结局。并不是说萨尔皮有什么未卜先知的能力，这些话如此悲观，唯一的解释是萨尔皮十分了解罗马教会内部当时的权力斗争，特别是他深知，耶稣会已成为有害的文化、政治战推手，它不允许有人怀揣可能会动摇罗马神学传统中心地位的主义和观点。而这或是萨尔皮的痛苦所在，他哀叹世界无可挽留地远去，心痛友人选择了一场开始时就注定失败的豪赌。

5.

暂且回到几个月前，在威尼斯多驻足片刻。从别的角度看看萨尔皮的悲观预言是否言过其实。

8 月末，万事俱备，只待向共和国告别。伽利略收拾了仪器、实验工具、书籍和其他杂物，打算在博洛尼亚停一下，见见马吉尼，听他如何为自己参与反《星空报告》运动开脱。伽利略计划 9 月 5 日到达博洛尼亚，几天后再启程前往佛罗伦萨。此间伽利略又收到了大公承诺的 200 个银币，用来制作新的望远镜和印制新版《星空报告》，“使其尊严同作品主题和付出的心血相称”，但那个版本从未出版。[46]

3 月 19 日，《星空报告》出版还不到一周，伽利略便在考虑再版那已然一册难求的作品。他构想的版本较之前更丰富，会增添新的天体观测结果，用美丽的铜版画来展示整个月球周期和“一众天体图像，其中有真实存在的星星”，此版本将不用拉丁文写作，而改用俗语，配上“托斯卡纳诗人的佳作”。[47] 同月，他还计划，若有可能，则公布新发现的木星卫星运行周期记录。到了 6 月，他仍在做相关的计划，还打算更进一步，按计划，作品中将收录伽利略对手的所有异议和质疑，并附上他的回复和解答，“以使书中观点无可辩驳”[48]。或许伽利略打算等到秋季再印刷此书，“这样书中能有更多的观测结果”，毕竟直至 7 月底，木星才能摆脱太阳直射，彼时才可于清晨观察卫星。此外，伽利略对望远镜进行了一番改良，有望发现其他奇迹。事实上，在7月底，他向文塔透露了土星的惊人构造，并请他保密，“直至我作品的新版出版”[49]。

而后，关于新版的计划越发复杂。除了霍奇的《漂泊》，伽利略还评价另一部作品为“装模作样，愚蠢至极”，那部作品是一个佛罗伦萨人写的。负责印刷的亚历山德罗·塞尔蒂尼在8月7日要求伽利略给出更准确的信息，建议他“看看所有正在写作，或是想要写作的人都是怎么说的，以便一口气回应所有问题”[50]。不仅如此，伽利略还打算通过这部新作回应开普勒在《与〈星空报告〉的对话》中提出的疑惑和问题，因为这些问题可能会被反对他的人利用。[51] 这还不够，他还想添上开普勒的一封来信和罗芬尼的一篇文章，二者都是反对霍奇的。[52] 随着时间推移，最初的想法发生了变化，那本书本该是《星空报告》的扩充版，却变成了结构和内容全然不同的另一作品。

伽利略渐渐地放弃了这个计划，即便是林琴科学院的创始人、伽利略在罗马的赞助人费代里科·切西迫切相邀，他也无动于衷。切西于1611年8月20日写信给伽利略道：

> 我必须劝告阁下，尽早发布《星空报告》的增补内容，阁下还没有写到“有角的”金星和“三个星体”的土星，请速速动笔，时不我待，以免胆大妄为之徒将阁下成果据为己有。[53]

毫无疑问，开普勒自作主张在《折光学》序言中公布了《星空报告》出版后伽利略的发现，伽利略想出版的新版作品也就不会有那么多惊艳神奇之感了。但这个版本最终搁置或有其他原因。首先，伽利略认为，要说服自己的对手，比起著书立说，观察实践和后续讨论更为重要。其次，一个非常重要的原因在于，关于太阳黑子的新发现强有力地证明了太阳是围绕自身轴线旋转运动的，为哥白尼的宇宙结构提供了更进一步、意义非凡的证据，故此事显然不能仅作为新版《星空报告》的附录发表，而是要用一部完全以太阳为主题的书来体现望远镜非凡观测成果的价值。

因此，伽利略刚踏入佛罗伦萨，就第一时间与耶稣会数学家克里斯托弗·克拉维乌斯重建联系，他可能早就有意如此，只是彼时才得以实现。奇怪的是，他写给克拉维乌斯的信件开头同几个月后写给萨尔皮的一模一样："现在是我打破沉默之时。"这两封信分别写于 1610 年 9 月 17 日和 1611 年 2 月 12 日。[54] 但此"沉默"非彼"沉默"，对克拉维乌斯的"沉默"是因为自宗教禁令事件和耶稣会被逐出威尼斯地区后，外人就被禁止同耶稣会成员来往，甚至通信也受到限制。对萨尔皮的"沉默"则是因为伽利略起先接受了威尼斯方面提供给他的特权和认可，后又放弃，从而严重得罪了威尼斯共和国。对于前一种沉默，无须解释原因，只要向他尊敬的通信人保证一切如常，即使在驻足帕多瓦期间，伽利略"对其伟大美德的热情也从未冷却"[55]。而伽利略对后一种沉默则有明显的不安，因为他遭受着政治和道德双重失格的审判，在萨尔皮看来，他这种行为连最非凡的天文成就都无法弥补。

伽利略在佛罗伦萨只待了几天，但他的心思早就到了别处，开始考虑去往罗马的旅程。若将注意力放在伽利略9月17日写给克拉维乌斯的信上，不难得出这样的结论：佛罗伦萨只不过是征服罗马的必由之路。仔细想来，这何尝不是他决定离开“政治不正确”的威尼斯的缘由？走出这第一步，他才能去罗马耶稣会学院说服克拉维乌斯和其他数学家、哲学家，获得他们对望远镜发现的认可，然后借此证明亚里士多德–托勒密的宇宙论站不住脚，毕达哥拉斯–哥白尼的宇宙论才是正确的。

单从逻辑角度看，也挑不出什么不对。但即使对最无可救药的乐观主义者来说，这分两步的计划也显得过于简单。事实上直至当时，克拉维乌斯用手中的望远镜也没能看见什么。且看10月初齐戈里给伽利略的消息：“这些耶稣会士什么也不相信。他们中为首的克拉维乌斯对我的一个朋友说起四颗卫星的事，他笑着说，需要先做出一个能看到四颗星的眼镜，然后再展示出来。他说，他自己和伽利略各执己见就好。”[56]在齐戈里看来，除了尽快到罗马与伽利略会合以外，也做不了什么了。安东尼奥·圣蒂尼也与耶稣会的数学家有联系，他亦持同样观点，尽管他说自己认为“他们若学会了使用望远镜，观测效果又好，他们也只能坦言承认”[57]。

再说伽利略这边，他在等待前往罗马期间颇为平静。在9月17日的信件中，伽利略已提醒克拉维乌斯，由于最近改良了其望远镜，他已经能够看到“新的行星，就像用肉眼能看到的二等星[1]一样清晰”[58]。他请克拉维乌斯不要怀疑“事情的真实性，若能来得及，阁下便可等我来到罗马时加以确定，因我预计很快就要赴罗马几日”[59]。与此同时，开普勒观测到木星卫星的消息传遍了欧洲，最先传播这一消息的是马克·韦尔泽，此人一直同耶稣会关系密切。[60]但伽利略还要等好一阵子才能收到罗马耶稣会学院的反馈。直至12月17日，克拉维乌斯才回复了这封3个月前的信，他写到前几日在罗马“极为清楚地”观察到“新的美第奇星”的位置，还道虽说有些模糊，但看见了土星的长方形轮廓，之后还有月球，它“非满月时分既不规整，也不光滑”，这一直令他震惊且困扰。[61]

总之，伽利略盼望已久的信终于到达，罗马的大门就在前方。他在12月30日给克拉维乌斯的回信，为这前无古人后无来者的一年画上了句号，亦为即将到来的一年带来吉兆。除了土星、木星、月球三个已知的天体现象，伽利略并未停止用望远镜进行新观测，他首次宣布了更进一步的发现，即在过去的3个月里，他成功观测到了金星，其形态与月球极为相似，这引发了他无法秘而不宣的宇宙论后果：

阁下，如今我们已证明了金星是如何围绕太阳转的，毋庸

---

1 为了表示星星的亮度，人们对其加以量化。肉眼可见的最暗的星为六等，较之亮一些的是五等，以此类推，最亮的为一等星。

置疑，水星亦是如此。太阳无疑是所有行星旋转的中心；此外，我们还发现这些行星本身并不明亮，只有在太阳照耀下才会发光，而据我观察，恒星并非如此，可见这个行星系统与我们通常想象的不同。[62]

怀疑的季节落下帷幕。一边是开普勒的观察，一边是新发现的金星位相，这些都令长期以来犹疑不定的局面豁然开朗。伽利略只需克服让他卧床数周的疾病，便可以去为自己的使命精心准备，以胜利者的姿态宣告游戏终结。

第十一章

CAPITOLO UNDICESIMO

罗马使命

I.

这趟旅程花了整整一周，从3月23日至29日，伽利略每天都观测卫星的位置：23日在圣卡西亚诺，24日和25日在锡耶纳和圣奎里克，26日在阿夸彭登特，27日在维泰博，28日在蒙特罗西观测。[1]他坚持研究木星卫星，不少人说他想确定其周期，即卫星围绕木星旋转一周所需的时间。开普勒和罗马耶稣会学院认为这项“工作”“非常困难，几乎不可能完成”，但伽利略不这么认为。他希望能用一个更具雄心的成就来为其“着实艰巨的努力”加冕，即“判断这些新星在过去和未来一段时间的位置和分布”[2]。

终于，3月29日，伽利略乘坐大公提供的马车，带着两个仆从抵达罗马。[3]他要公开主张自己的新发现，因此这次访问具有政治内涵，而这是伽利略文化大业中的重要部分。当时的枢机主教，后来的大公费迪南多·德·美第奇称罗马为“世界上所有实践的工坊”[4]，故伽利略要想令世人完全接受望远镜的发现，就要取得征服罗马这个决定性的胜利。[5]贝利萨里奥·文塔道：“一旦得到了罗马的确认和肯定，关于木星卫星的真理便能显明在世人面前，借教宗之威，数学家和占星家也不得不普遍接受这个新规律和新星的存在。”

这样的胜利将对反对传统思维框架的斗争产生重要影响。托马索·康帕内拉（Tommaso Campanella）于1611年1月写道，伽利略“使人目明，展现了月球上的新天新地”[6]，其意义已超出了单纯的天文学范畴。数千年来，人们始终笃信天体与地球截然不同，而这些新发现颠覆了这一观念，描绘出一个比人类所想大得多，甚至是无限的宇宙，有力地证明了哥白尼学说，将人类移出世界的中心。所有这一切不仅标志着传统宇宙形象的崩塌，也象征着由人类中心主义和目的论主导的文化模式的退场。

然而，这个提议若想得到肯定，就必须得到相关机构支持，它们能接受这些新理论，并把这些建议由理论转为实际，将其以更广泛、更普适的方式体现在“科学研究”过程中，成为自然现实和人类认知常识中的一部分。在这一点上，罗马比开普勒所在的布拉格更胜一筹，因为在布拉格，科学家的影响范围几乎仅限于专业人士。如果罗马这座教宗之城接受并传播伽利略的学说，那么伽利略学说的普遍价值就将获得承认，这也符合罗马教会声明的信念和其名称（天主教会，或称大公教会）的词源（catholicon，“普世，大公”）。

还有一事显示伽利略此番驻留有着明显的政治意味。那就是这位托斯卡纳大公的数学家兼哲学家不仅要为自己的发现及其科学价值发声，还要守护其庇护人家族的荣耀，那四颗新“行星”就是以这个家族命名的。坦白来说，这次旅行是由科西莫二世悉心策划，贝利萨里奥·文塔从旁辅助而成的。奉大公明确指示，本次旅费由托斯卡纳行政当局全部承担。伽利略被安置在大使乔瓦尼·尼科利尼（Giovanni Niccolini）处，此外，科西莫二世和安东尼奥·德·美第奇还给枢机主教弗朗切斯科·马利亚·达尔蒙特、马费奥·巴尔贝里尼（Maffeo Barberini）和维尔吉尼奥·奥尔西尼写了介绍信，这些人都与美第奇家族的权力挂钩。[7] 为满足佛罗伦萨方面对此次访问的兴趣，尼科利尼表示将每日向大公发送报告，“在当日撰文……悉数道来”[8]。

简言之，伽利略的罗马之行可谓兼具政治和文化任务，意在维护和扩大美第奇家族的威望。总而言之，正如科西莫二世自己所言，此事至少在三个互有关联的层面上意义非凡，即“为了出身佛罗伦萨的他（伽利略）的声誉，为了公国的利益，为了我们这个时代的荣光”[9]。

2.

3 月 30 日，伽利略在抵达罗马第二天便受到了罗马耶稣会学院的接待，并与克拉维乌斯和“他的两位门徒，两位对这个领域最了解的神父”相谈“甚久”。此二人几乎可以确定是克里斯托夫·格林伯格（Christoph Grienberger）和比利时人奥多·范麦尔考特（Odo Van Maelcote）。伽利略到达时，发现他们正在“欢声笑语”中阅读弗朗切斯科·西兹的《思辨》。[10] 这并不是伽利略此行唯一一次同耶稣会的数学家会面，1611 年 4 月 30 日，保罗·古尔丁（Paul Guldin）[1] 给在慕尼黑的同行约翰·兰茨（Johann Lanz）[2] 写信道，《星空报告》的作者经常访问耶稣会学院，并与克拉维乌斯的合作者数次交换意见。[11] 伽利略也存有一份耶稣会天文学家于 1610 年 11 月 28 日至 1611 年 4 月 6 日期间观测木星的记录，这并非偶然。[12]

在伽利略的文件中，有一份极为关键：1611 年 4 月 19 日，贝拉明就天体新发现问题征询克拉维乌斯及其合作者的看法。[13] 5 天后，4 月 24 日，回复寄到了。克拉维乌斯、格林伯格、范麦尔考特和乔瓦尼·保罗·伦博（Giovanni Paolo Lembo）证实了这些观测结果，但对银河的结构持保留意见，因为他们“不确定（银河）是否全部由微小的星星组成”。关于月球，克拉维乌斯颇有异议，他认为月球表面并不是真的崎岖不平，只是“密集程度”不一样罢了，“就像肉眼可见的那些寻常斑点，总有密集和稀疏的部分”[14]。韦尔泽也向伽利略提出过类似的解释，并将其归功于他的一个“朋

1　保罗·古尔丁（1577—1643）：瑞士数学家、天文学家。

2　约翰·兰茨（1564—1638）：德国耶稣会数学家。

友”，或许正是耶稣会士克里斯托夫·格林伯格。[15]

对于想捍卫月下天体和其他天体之间存在根本不同这个观点的人，上文解释可谓一个方便的挡箭牌。不仅是克拉维乌斯为这种观点辩护，锡耶纳的耶稣会士文琴佐·菲柳奇（Vincenzo Figliucci）在那几周内也于罗马写了一首诗，称其“更符合真理”，内容如下：

> 凡有识之士皆知，
> 要尊重那符合真理之物。
> 这星球混沌无章，
> 定是那太阳光芒所致。
> 若非如此，光线怎会折回？
> 它的光芒四散，支离破碎。
> 密集之处愈发辉煌明亮，
> 稀疏之处愈发阴暗荒凉。[16]

上述四位天文学家之中，唯有克拉维乌斯拒不承认月球山脉。伽利略很快抓住这一有利事实加以强调。事实上，伽利略说他确信，若有机会常与这位年长的数学家会面，定可找到说服他的理由。[17]

贝拉明的征询和四位耶稣会教授亲笔签名的回复都保存在伽利略的文件中，因此它们想必是贝拉明本人或其中一位教授一并交给他的，[18] 时机可能是在 1611 年 5 月 13 日罗马耶稣学院的宴会上。这场宴会被描述为伽利略的“胜利”。[19] 5 月 18 日，乌尔比诺方面接到的一份公文描述如下：

> 上周五（5月13日）晚在罗马耶稣会学院，枢机主教受邀莅临，在发起人蒙提切利侯爵（费代里科·切西）面前，有人发表了一段拉丁文演说词，还有人朗诵赞美大公的数学家伽利略·伽利雷先生的作品。伽利略先生对古代哲人未知的新星进行了最新观测，将这些星辰放大在眼前，高举至天空，简化了那不勒斯人波尔塔（焦万·巴蒂斯塔·德拉波尔塔）发明的可放大的眼镜。有了这番公开展示，伽利略先生将返回佛罗伦萨，并为获得了耶稣会学院的认可深感欣慰。[20]

出席宴会的枢机主教共四位，[21] 其中发表拉丁文演说词赞美伽利略的是比利时人范麦尔考特。此人于1604年在罗马耶稣会学院发表了关于新星的演讲，[22] 演讲文本以“罗马耶稣会学院论《星空报告》”为题，借助耶稣会天文学家的观测，伽利略新发现的真实性得到公开证明。[23]

范麦尔考特将自己这番“星空报告”比作一位“跛脚使者”的公文，因为步伐较慢，而走在最前的使者（伽利略）之后，以证实他的发现，为不确定者解惑。虽说他在演讲中会以一种不容置辩的口吻论证大部分天体新发现，但在解释月球表面的不规则特征时，还是保有几分谨慎。[24] 对于金星位相发现的宇宙论后果，范麦尔考特更为谨慎，他表示，其外形变化究竟是源于围绕太阳运动还是其他原因，并非他探讨的问题，因为他的身份并非主宰者或仲裁者，而只是“天体使者”。[25] 谨慎如他，仍引得与会哲学家对此番宣言窃窃私语，[26] 可见人们已然意识到传统世界体系面临的威胁。

范麦尔考特的演说肯定了望远镜观测发现的价值。为展示同伽利略的良好关系，罗马耶稣会学院于 1611 年秋季课程开始时发表了一篇演讲，对这些驳斥古人可笑观念的新发现加以肯定。[27] 帕尔马学院也以一场“赞美伽利略先生”的讲座庆祝新学年开始。1612 年，格林伯格发布了一份星表，他在其中对望远镜大加赞美，称人们“在勇敢与幸运兼具的伽利略的指导下”[28] 用望远镜于宇宙至远之处发现新星。[29] 那位诗人菲柳奇也再次发挥特长，写道：

> 您，伽利略，在地球的泥泞中，
> 率先开辟对我们关闭的道路。
> 阁下摘得明星，如我谱写诗句，
> 天际群星璀璨，尽收阁下眼底。
> 凡人面朝黄土，阁下心向天穹，
> 但以永恒仁爱，随您探索天海。[30]

总而言之，伽利略和罗马耶稣会学院的天文学家之间似乎充满了相互尊重、亲切热忱的氛围。而事实上，他们并非在所有事上都有和平一致的看法和意图。表面如田园诗般宁静，实则暗潮涌动、剑拔弩张，以至短短数载，纷争迭起。

3.

在前往罗马之前，伽利略就对格林伯格的宣称不满，格林伯格称，耶稣会的天文学家在不知道伽利略望远镜之时就已经观测到了那些新事物：

> 我刚到罗马，即发现同行乔瓦尼·保罗·伦博在阁下的望远镜普及前，就已经根据自己的设想，而非模仿他人，制造出了一台仪器，观察到了月球的不规则现象，还有昴星团和猎户座中的一些星星。[31]

据称，他们也自主探索出了比较木星与其卫星距离的方法。

> 有了这样一台望远镜，我们不仅对木星卫星进行了近两个月的观测，还开始记录它们的各种位置，在从阁下那里学到记录距离的方法之前，我们就已采取和阁下相同的方式，测算木星直径。[32]

伽利略也对耶稣会士声称独立观察到金星位相甚是不悦。他们称："甚至在被阁下警告之前，我们就非常清楚，这并非仪器缺陷，而是金星和月球一样，越接近太阳，亮度便越低。"[33] 伽利略自认是第一个发现这些现象的人，自然不满耶稣会这种间接贬低其科学价值的做法。伽利略察觉到了耶稣会惯有态度的危险之处，几年后，林琴科学院的法比奥·科隆纳（Fabio Colonna）将这种态度定义为想要“将别人的科学成就据为己有”，从而证明“他们耶稣会是科学的宝库”。[34]

然而，在1611年春，罗马耶稣会学院的支持对伽利略来说太重要了，因此他不能陷入争论，更何况此行还有更宏大的目标：基于他的观测结果，证实哥白尼体系是唯一正确的选择。在《星空报告》中，他将太阳定为行星运动围绕的中心，[35] 如此亲哥白尼学说的表达方式并没有逃过开普勒这样细心的读者之眼：

> 伽利略啊，如果说你出色的结论无误，4颗卫星围绕木星运转，轨道周期为12年，那么，出于同样的原因，哥白尼说月球在一年的运行周期间都跟随着地球，究竟有什么荒唐之处？[36]

伽利略再次推出了日心说宇宙论，但有了新的依据，就是他在准备踏上这次旅程时所说的“要强调这些发现带来的影响”，这些发现旨在“革新”天文学，“把它从黑暗中带出来”。[37] 但此举不乏阻力，从这层意义上来说，其友人保罗·瓜尔多于1611年5月给他写的信便不仅仅是个警告了：

> 地球在转动，直至如今，我都没有发现哪位哲学家或占星家愿意认同阁下［指伽利略］的观点，更不用说神学家了。因

此，在阁下把自己的观点当作事实宣布之前，还请三思，因为很多事情以争论的方式道来是可以的，而断言其为真相则不妥，特别是在人们都普遍持有反对观点之时，可以说，那样的观点从创世时就有了。[38]

这些话揭示出伽利略欲将世界体系这一主题提上日程，不过，也可看出此立场在罗马将遭遇难以克服的困难。耶稣会的数学家们尤其不可能与他同行，因为耶稣会的规则对他们施加了非常具体的学科和理论限制，将宇宙论问题划入自然哲学的范畴，而自然哲学是耶稣会的哲学家们专有的领域。耶稣会的教育章程（ratio studiorum）明确规定，所有重要的问题都不能偏离亚里士多德学说："无论何时何事，都不能摒弃亚里士多德（教义）。"[39]

因此，不难理解为什么范麦尔考特的《罗马耶稣会学院论〈星空报告〉》演讲对最具宇宙论意义的天体新发现——金星位相——持谨慎态度。虽然耶稣会士完全认可望远镜的价值，但他们不完全支持伽利略为"罗马使命"构想的目标。

事实上，天体新发现不可避免的"后果"在耶稣会内部引发了不安和焦虑，兰茨给彼时在罗马的古尔丁写信道："我请阁下问问克拉维乌斯神父和格林伯格神父，为了解释木星、土星和火星这些新卫星的运动，是否只需设置一个与这三颗星中心重合的本轮，还是说需要重新设想一个理论。"[40] 其实，在已有全新观测方式的情况下，即便是罗马耶稣会学院最有经验的天文学家，也不敢说旧日关于天体结构的观念是否还经得起考验并能继续得到传授。

不久，克拉维乌斯自己也认识到，有必要为新观测数据搭建融贯的理论框架，在对萨克罗博斯科（Sacrobosco）的《天球论》（*Sphaera*）最新一版评注中，他敦促当代天文学家重新考虑天体布局，以“拯救”《星空报告》中揭示的东西。[41] 在此基础上，接下来几年里，耶稣会的天文学家们选用了第谷·布拉赫的理论，他设想的天体系统既承认行星围绕太阳运转，又坚信地球是宇宙的不动中心。

如前文所述，早在1611年，克里斯托福罗·博里就将第谷学说视为哥白尼理论唯一合理的替代方案，在他看来，哥白尼理论与《圣经》中的诸多内容相悖，因而不可接受。[42] 就连在罗马耶稣会学院进行观测的主力之一乔瓦尼·保罗·伦博，也描述了金星位相发现不可避免的宇宙论后果，继而赞颂第谷学说：

> 我们承认，金星和水星是围着太阳运动的，在古人的各种视角中，它们的运行轨迹在太阳前后上下。有人认为这两颗星的位置高于太阳，有人则认为恰好相反……第谷·布拉赫，这位最严谨、最紧随时代的恒星和行星运动观察者，协调了这两种意见。他在《论天界新现象》一书第2卷第8章中确定了它们围绕太阳运行：“至于金星和水星，其最小的轨道是围绕太阳而非地球的，它们看上去是在本轮上运动。”布拉赫曾道，除了月球，所有行星都围绕太阳运动，如同围绕它们的首领或

君主。[43]

这次，菲柳奇也表示“其他人［指哥白尼］错误地认为太阳是世界的中心”，他转向了第谷的理论。

> 无论如何，金星和太阳，
> 处在同一片天穹里。
> 若如伟大的第谷所愿，
> 便要面对事实。
> 火星有时处在太阳之下，
> 沿其轨迹向下探寻。
> 三颗星处同一轨道。
> 由此分成两种结局。[44]

由此，耶稣会士试图找到托勒密和哥白尼体系间的中间立场，这种倾向有进一步加强之势，因他们希望尽可能保留地球是宇宙中心这一固有观点。此外，伽利略停驻期间，耶稣会总长克劳迪奥·阿夸维瓦（Claudio Acquaviva）发布了一份通告，他希望耶稣会的所有学者都能重拾对“教义的统一性和固定性”的尊重，远离危险的新理论。[45]耶稣会的天文学家们不可能跟随伽利略，向天体新发现的必然“后果”行进。

耶稣会和伽利略不可能完全达成共识的迹象在此首次明确出

现。这也是紧张关系的征兆，后续几年中，双方唇枪舌剑，冲突一触即发。

4.

但罗马可不是只有耶稣会，伽利略对此也十分清楚。事实上，他此行的目的不仅仅是说服那些专家，而且想达成更广泛的共识。在“收到（满意的反馈），也令所有人完全满意”[46]之前，他的任务决不结束。

伽利略后来回忆道，在4月末遇到了许多“枢机主教、高级教士和王公，他们都想一睹我的观测结果，他们颇为满意，又邀请我去欣赏他们美妙绝伦的雕塑和绘画，以及房间、宫殿和花园的装饰品，我也同样高兴”[47]。铺天盖地的邀约和交谈令伽利略穿梭于罗马富丽堂皇的住宅间，在城中最引人入胜处拜访了众多名流雅士。比如，枢机主教弗朗索瓦·德·咎瓦尤斯（François de Joyeuse）为法国耶稣会学院买下的圣三一教堂的花园[48]、枢机主教弗朗切斯科·马利亚·达尔蒙特居住的玛德玛宫[49]、马费奥·巴尔贝里尼宅邸所在的圣殇山（Monte di Pietà）广场[50]、枢机主教班蒂尼（Bandini）居住的圣天使桥区[51]，以及奥多阿尔多·法尔内塞（Odoardo Farnese）招待他的法尔内塞宫，此人也在卡普拉罗拉招待了伽利略[52]。正是在法尔内塞府上，伽利略结识了年轻的维尔

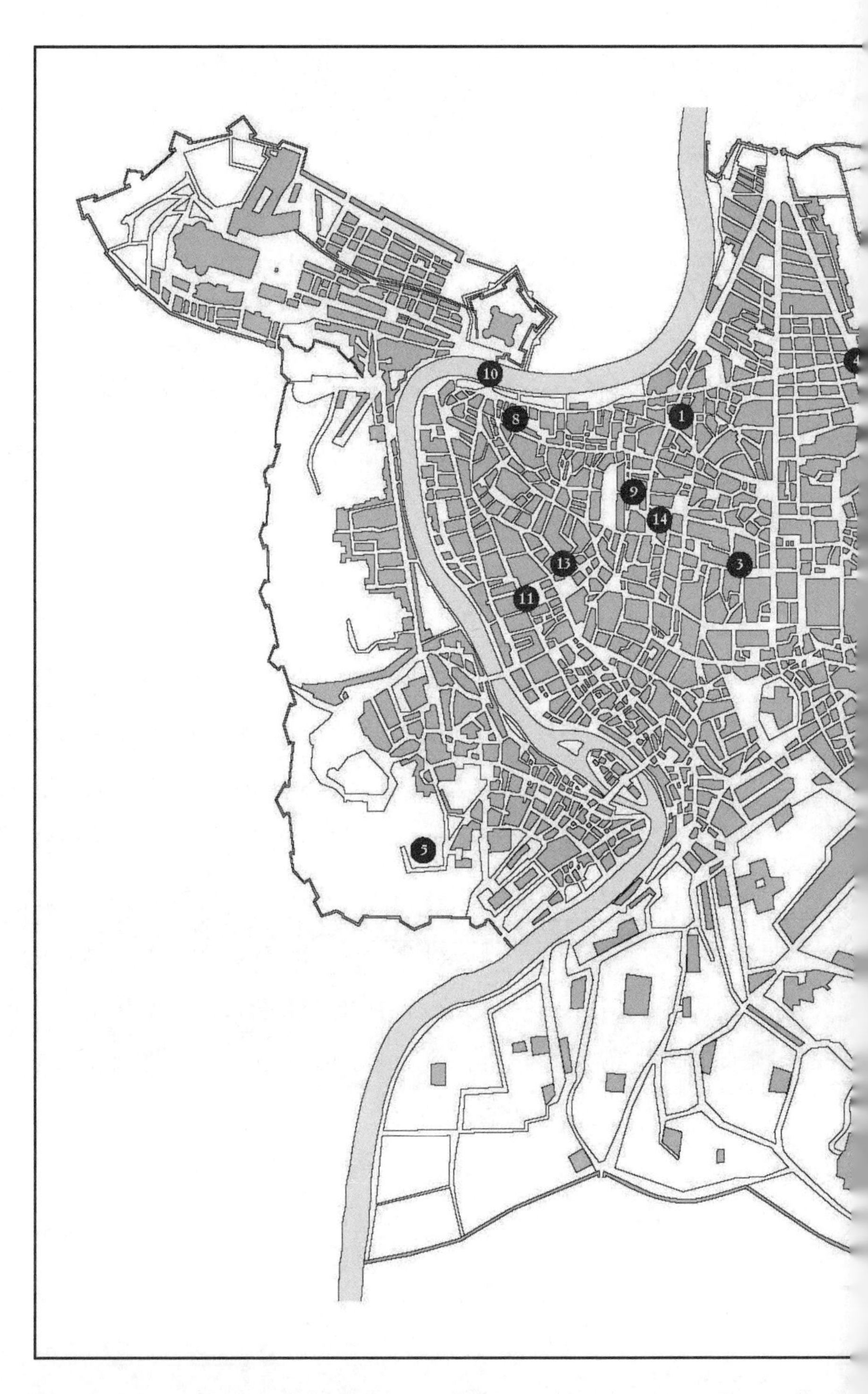

地图4　伽利略在罗马的活动地点：1611年3月至6月间

① 佛罗伦萨宫：托斯卡纳大使的居所。

② 美第奇别墅：托斯卡纳大使在罗马的活动场所。

③ 罗马耶稣会学院：伽利略曾多次前往那里，5 月 13 日举行宴会。

④ 费拉蒂尼宫：伽利略于 4 月 6 日出席了乔万 · 巴蒂斯塔 · 斯特罗齐的演讲。

⑤ 枢机主教马尔瓦西亚在雅尼库隆山上的葡萄园：4 月 14 日，伽利略带领众人进行望远镜观测。

⑥ 奎里纳尔宫：4 月 22 日，伽利略受教宗接见。

⑦ 奎里纳尔宫的花园：4 月，伽利略完成了对太阳黑子的观测。

⑧ 切西宫，金面具路：费代里科 · 切西的居所。4 月 25 日，伽利略成为林琴科学院的成员。

⑨ 玛德玛宫：枢机主教达尔蒙特的居所。4 月 4 日至 7 日，伽利略前往此地。

⑩ 圣天使桥：枢机主教奥塔维奥 · 班蒂尼的居所。4 月 6 日，伽利略应邀前去。

⑪ 法尔内塞宫，法尔内塞广场：枢机主教奥多阿尔多 · 法尔内塞的居所。伽利略在 4 月间一直是座上宾。

⑫ 圣三一教堂：枢机主教弗朗索瓦 · 德 · 咎瓦尤斯的地盘。4 月至 5 月间，伽利略与其结交。

⑬ 百花广场：维尔吉尼奥 · 奥尔西尼伯爵府邸所在地。4 月，伽利略将大公的信送至伯爵府上。

⑭ 圣尤斯塔奇奥路：枢机主教多米尼克 · 皮内利的住所。5 月 17 日，此地举办了一场宗教裁判所会议，涉及伽利略。

⑮ 罗马大圣母堂：齐戈里参照伽利略观测到的月球形象，绘制了穹顶的湿壁画。

吉尼奥·切萨里尼（Virginio Cesarini），切萨里尼后来成了乌尔班八世的内侍，《试金者》就是写给他的。伽利略以同样方式结识的还有枢机主教卡洛·孔蒂，他于1612年夏向伽利略请教地球运动如何能在神学意义上被接受。[53] 此外，伽利略还有一次同乔瓦尼·巴蒂斯塔·阿古奇（Giovanni Battista Agucchi）主教的重要会面，此人虽是一位文学家，但对天文问题十分热衷，数学家卢卡·瓦莱里奥（Luca Valerio）充当了这次会面的介绍人。[54]

那段时间，伽利略结交了许多人，他前往西班牙广场附近的费拉蒂尼宫，参加了德蒂主教举办的修士学院聚会。4月6日，他又在枢机主教阿尔多布兰迪尼（Aldobrandini）、班蒂尼、托斯科（Tosco）和孔蒂等人陪同下，听取了友人佛罗伦萨学者焦万·巴蒂斯塔·斯特罗齐（Giovan Battista Strozzi）以“傲慢”为主题的演说，斯特罗齐以“渊博学识和无与伦比的优雅”[55] 着重提到了望远镜：“（它是）新仪器之一，能将物体放大数百倍，令蚂蚁看上去不比大象小。”[56]

伽利略同教宗保禄五世周围成员的关系尤为重要，如圣彼得教堂的教士蒂贝里奥·穆蒂（Tiberio Muti），还有教宗的侄子枢机主教希皮奥内·博尔盖塞，此人在4月中热情地接待了伽利略。[57] 而正是在这样的背景下，伽利略此番罗马之行的重头戏上演了。4月22日，他得到了教宗召见，之后，他扬扬自得地给菲利波·萨尔维亚蒂（Filippo Salviati）写信道：

> 今天早上，经最尊贵、最杰出的大使引见，我亲吻了教宗

的脚。大使告诉我，我获得了特别的恩遇，因为教宗特许我不必跪着说话。[58]

托斯卡纳大使为此次召见前后奔忙，他希望代表大公国兑现对其“首席哲学家和数学家”投资带来的无形红利，收获声望和良好形象。因此，将世人对天体新发现的赞誉转化为对美第奇家族的信任，可谓这场政治行动的终极成就。

在觐见保禄五世 3 天后，伽利略办了另一件事，即加入 1603 年费代里科 · 切西创办的林琴科学院。[59] 伽利略位列学院成员第六席，前五席分别是切西本人、荷兰人约翰内斯 · 范黑克（Johannes Van Heeck）、法布里亚诺人弗朗切斯科 · 斯泰卢蒂（Francesco Stelluti）和特尔尼人阿纳斯塔西奥 · 德 · 菲利斯（Anastasio de Filiis），还有焦万 · 巴蒂斯塔 · 德拉波尔塔。加入林琴科学院有助于伽利略磨炼公关技巧。由此看来，费代里科 · 切西这位出身显赫的罗马贵族发挥了宝贵作用，他不仅赞助了前文提到的罗马耶稣会学院为《星空报告》举办的庆典，还组织了支持天体新发现的重要活动。他四处奔忙，4 月 14 日，在枢机主教因诺琴佐 · 马尔瓦西亚（Innocenzo Malvasia）在雅尼库隆山上的葡萄园中，伽利略进一步证明了其望远镜的性能，向罗马文化界各位人物展示木星卫星。不妨一读 1611 年 4 月 16 日发往乌尔比诺宫廷的快报：

周四晚，枢机主教切西的侄子、文艺事业的资助者蒙提切利侯爵（费代里科·切西）与亲戚保罗·莫纳尔德斯克（Paolo Monaldesco）先生一起，在圣潘克拉奇奥门外，马尔瓦西亚大人的葡萄园里选了一处开阔的高地设宴，伽利略先生、约翰内斯·施雷克（邓玉函）先生均到场。来宾还有切西主教门下的佩尔西奥［哲学家安东尼奥·佩尔西奥（Antonio Persio）］、学院的教授拉加拉［朱利奥·切萨雷·拉加拉（Giulio Cesare Lagalla）］、枢机主教贡扎加（Gonzaga）的希腊数学家［扬尼斯·德米西亚诺斯（Ioannis Demisianos）］、锡耶纳学院的弗朗切斯科·皮法利（Francesco Piffari），以及其他八人。有些人或通过信件得知此事，特从外地赶来参加本次观测。他们当晚在那里停留了七个小时，却并未达成一致。[60]

出席者通过望远镜看到了“位于图斯克拉诺的阿尔特姆斯公爵宫，所见如此清晰，以至于哪怕隔着20多千米，都能一一指出每扇窗户，连最小的一扇都清晰可见”[61]。然而，人们对观测结果的看法分歧颇多，正如发往乌尔比诺的快报所言，“他们当晚在那里停留了七个小时，却并未达成一致”。

伽利略此行，日程表排得满满当当，为的是说服还有所怀疑的人。[62]林琴科学院成员群情激昂，切西本人这样描述：

每个天气好的夜晚，我们都可以看见天空中的新事物，那是一片真正属于林琴科学院的天地：木星有四颗卫星，其运转周期各异；月球多山，洞穴密布，蜿蜒曲折，河流丰沛；金星有尖尖的角；土星呈三个星体之形，需在清晨进行观测。至于那些不动的星星，我就不加赘述了。哲学家们的结论是，要么天空是流动的，与空气无异，要么根据毕达哥拉斯派的古老学说，加上今天的新观察，星球就是以这种形式存在。然而，如果仍将地球当作天体的中心，则有明显的问题。[63]

伽利略在罗马停留的时间比预期要长。既然已陷入交锋，他便打算充分利用机会阐释其理论，尽可能说服更多人。4 月底，他询问托斯卡纳公国的秘书是否可以多停留一段时间，“迄今为止我已让大多数人满意了，但唯有每个人都完全满意才算圆满”。伽利略请求从尼科利尼大使的住所佛罗伦萨宫搬到托斯卡纳在罗马的另一个大本营，即位于圣三一教堂附近的美第奇别墅。[64] 直至 5 月最后几天，他才着手准备返回托斯卡纳，在离别之际，弗朗切斯科 · 马利亚 · 达尔蒙特给他写了一封信，积极肯定了他“罗马使命”的成功：“若我们现在身处古罗马共和国时代，我相信人们定会给阁下在坎皮多里奥山[1]上建一座雕像，以纪念阁下的卓越才华。”[65]

6 月 4 日，伽利略对“有机会很好地展示自己的发明，还受到这座城市所有博学之士和专家的推崇”[66] 甚感欣慰，遂打道回府。

1　坎皮多里奥山：罗马七丘之一，为罗马建城之初的重要宗教与政治中心。

5.

伽利略确信自己的发现是放之四海皆准的，他致力于以望远镜观测为中心，进行耐心的说服工作。其终极目标是彻底改变文化领域，用理想中的新视野取代陈旧衰竭的模式，以这些新事物和哥白尼理论为出发点，革新看待自然研究和思考人与自然关系的方式。

恰是这些方面引起了许多人极大的关注，如果说伽利略对驳斥反对意见游刃有余，那他对幕后操作则力不从心了。而正是在公开论辩和嘈杂争议之外的“秘密房间”内，反对者们蠢蠢欲动。

1611 年 5 月 17 日，枢机主教多米尼科·皮内利（Domenico Pinelli）于圣尤斯塔奇奥路的住所内召开了一场宗教裁判所会议。除皮内利外，阿里戈尼（Arrigoni）、贝拉明、塔韦尔纳（Taverna）、梅利尼（Mellini）、罗什富科（Rochefoucauld）和韦拉利（Veralli）等枢机主教均列席，宗教裁判所的委员安德烈亚·朱斯蒂尼亚尼（Andrea Giustiniani）、助理马尔切洛·菲罗纳尔迪（Marcello Filonardi）亦到场。会议过程中，有人提出了一个极不寻常的要求，即审查伽利略是否有资格被列入对亚里士多德派哲学家切萨雷·克雷莫尼尼的审判中。[67]

自 1591 年以来一直在帕多瓦教授哲学的克雷莫尼尼，是个常出现在裁判所的老面孔。1598 年，他遭到了第一次指控，因其按照阿弗洛迪西阿斯的亚历山大（Alexander of Aphrodisias）的“灵魂死亡”学说来教授亚里士多德的《论灵魂》。次年，由于同样的指控，他受到帕多瓦宗教裁判所的训诫。1608 年，法庭因其否认灵魂不朽而重提诉讼。然而不得不说，克雷莫尼尼总是能设法避开定罪和限制措施，从裁判所的手中灵活逃脱。对此，威尼斯政府的态度起到决定性作用，他们极为坚决地捍卫自己哲学家的自由。1604 年有一事可以明确证明，彼时克雷莫尼尼和伽利略的名字因威尼斯宗教裁判所提起诉讼而首次牵连在一起，但由于威尼斯政府一力反对，最终不了了之。[68]

如今时隔 7 年，这二人的名字又出现在同一份裁判所文件中，但这一次的主要目标不是克雷莫尼尼。裁判所的人想知道，那年春天以一番新理论在罗马名噪一时的“哲学和数学教授”究竟是何方神圣，他们想要查明他在帕多瓦的几年中是否也以某种方式参与了他哲学家同事（指克雷莫尼尼）离经叛道的活动。若他果真参与其中，则他的那些论断便颇为可疑，其究竟是否秉持正统思想亦值得深究。裁判所打算对伽利略进行初步了解，若当真不妥，再进行更细致、更严格的核查。

此事有无进一步发展，我们不得而知。然而上文所述那场“宗教裁判所会议”的要求值得玩味，由多明我会修士尼科洛 · 洛里尼和托马索 · 卡奇尼提出的控诉起到了推波助澜的作用，自 1615 年 2 月始，伽利略成为罗马宗教裁判所的重点关注对象。[69] 在那一条条主要的指控中，克雷莫尼尼的名字已经淡去了，另一位同样危险的“友人”之名浮现——保罗 · 萨尔皮。[70]

1615 年 12 月，托斯卡纳大使皮耶罗 · 圭恰迪尼（Piero Guicciardini）在伽利略重赴罗马前夕，忆起 4 年前的一段往事：

> 他［指伽利略］的学说，以及其他一些事，并没有让宗教裁判所的成员和枢机主教们感到高兴。贝拉明告诉我，他们固然对最尊贵的美第奇家族抱有很大的尊重，但若他在此地多停留一阵，他们便自然会给他［指伽利略］找一些理由。[71]

通过圭恰迪尼这段话可知，伽利略坚持的观点和含糊带过的“其他一些事”已然引起了裁判所成员的怀疑。如果他在罗马再多待一段时间，这种疑心就会演变成调查行动了。[72] 显而易见，伽利略停驻罗马期间与人反复论辩，在不同场所表达自己的观点，这在天主教正统的审慎守护者眼中，可谓极为危险。

直至离开罗马，伽利略都完全没意识到自己面临的风险。毕竟保密是裁判所的一项铁律，对伽利略的关注自然也秘而不宣。形势大好，周围人又热情怂恿，他的这场“使命”活动最终招来了裁判所的镇压和审查。不幸的是，后来的岁月里，当时那些隐而不显的威胁将露出狰狞的面目。

6.

罗马使命并未随着伽利略远去而告终，而是以其他形式延续。

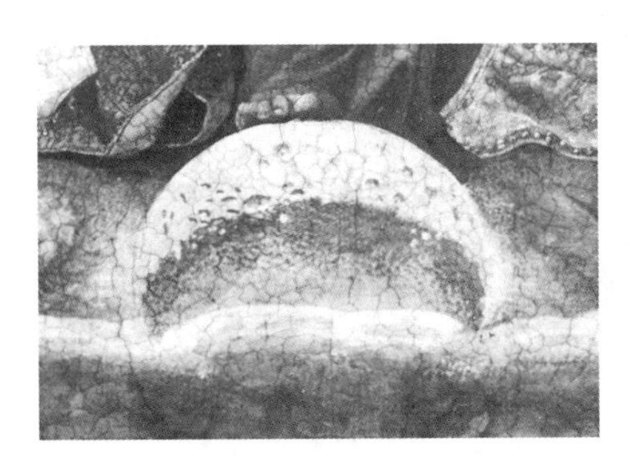

图23　卢多维科·齐戈里，圣母升天，湿壁画，1610—1612，局部图

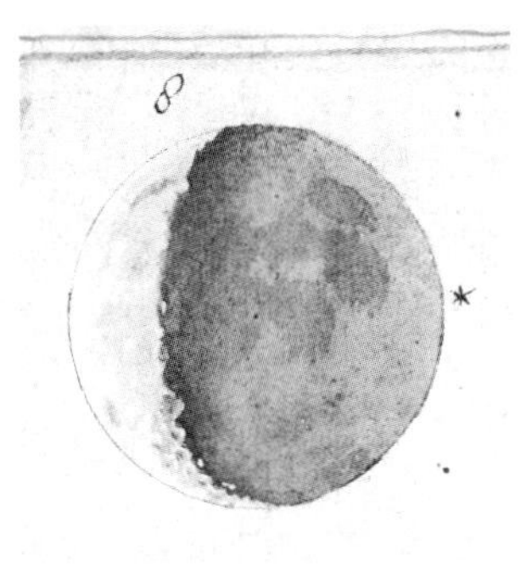

图24　伽利略·伽利雷，月球手绘，1609

在教宗保禄五世最伟大的文化遗产之一，罗马大圣母堂中博尔盖塞礼拜堂的壁画上便可见其踪迹。

在大教堂的穹顶，卢多维科 · 齐戈里描绘了在月球之上的圣母，画中的月球与望远镜观测到的那颗星球特征相同。图 23 展现的湿壁画再现了伽利略描述的特点，即“粗糙不平，沟壑迭起，与地球表面并无二致”[73]。

不规则的外形，环形山的存在，被伽利略解释为山脉标志的暗处发光点，这些都令人想起《星空报告》中的月球形态。正如欧文 · 帕诺夫斯基（Erwin Panofsky）所言，齐戈里此举是为了“致敬伟大的科学家”，意在令伽利略的“新”月球被人永远铭记，以纪念二人故交之谊。[74] 这幅宏大的壁画是一个可遇不可求的机会，《星空报告》在市面上一册难求，而其中最令人惊讶的新发现之一却可借此画流传开来。

礼拜堂开工之前，加斯帕雷·切利奥（Gaspare Celio）、凯鲁比诺·阿尔贝蒂（Cherubino Alberti）和齐戈里三人分别提出设计方案，最终保禄五世以齐戈里的方案为最佳。[75] 礼拜堂于 1610 年 9 月开工，竣工于 1612 年 10 月。[76] 虽说画作遭到了一些批评，负责监督壁画工程的枢机主教雅各布·塞拉（Jacopo Serra）却对其赞赏有加。[77] 此外，教宗和枢机主教希皮奥内·博尔盖塞（齐戈里的崇拜者兼赞助人）亦深感满意，并因此扶持齐戈里为马耳他骑士的候选人。[78]

但如何解释教会当局，尤其是教宗本人对这幅背离传统教规的作品的赞许呢？按惯例，月亮应该被画成光滑透明的样子，它是圣母的象征，体现她“纯洁无瑕的天国王后”的形象。斯蒂芬·奥斯特罗夫（Stephen Ostrow）指出：“当作为圣母象征出现在画作中时，月亮总是被描绘成一弯新月或一轮圆月，因为若月亮不完美，则如同玷污圣母的形象。”[79] 虔诚的画家弗朗西斯科·帕切科（Francisco Pacheco）就“圣母脚下”的月亮写道：“虽说它（月球）是一个固体，但我仍要让它在背景中光亮透明。”[80] 可见，齐戈里的画作违背了公认的意象和表征原则，这幅画为何会获得教宗左右和他本人的青睐呢？

要了解其中缘由，必须考虑到，对于保禄五世这座礼拜堂中的壁画，有着十分具体的指示。指示明确了要表现的主题，详述了其中的宗教意义和象征价值。[81] 给齐戈里的指示如下：

> 在穹顶上绘制《启示录》第十二章的异象：一个妇人身披日头，脚踏月亮，头戴十二颗星组成的冠冕，遇见了斗士模样的大天使米迦勒，他周围有三位大祭司，分属上中下三个神品，他们下方是一条头被压扁了的蛇，这个意象正如《创世记》第三章的描述。十二个使徒围绕着他们，那个女人象征着教会……圣母即教会的象征，她从世界伊始便向天使显现，直至世界终末，在天堂得胜。[82]

在基督徒想象出的圣母的不同形象中，这座穹顶采用了《启示录》第十二章中“身披日头的妇人”形象。

一种历史悠久的释经传统倾向于将圣母脚下的月亮同不稳定、不完美的地上世界联系到一起，由圣母代表的神圣教会胜过了它。耶稣会士布拉斯·维埃加斯（Blas Viegas）指出：

> 我们必须认为，月亮象征着不稳定，因为它有位相变化，也因为很多时候受地球位置影响，它并不发光……因此，月球象征着世界上那些偶然、变幻莫测、不稳定的事物。[83]

圣方济各会士让·德·拉哈耶（Jean de la Haye）认为：

> 月亮是不稳定的象征，更是不稳定的原因……它不会保持相同的形状，而是不断变化，从不稳定；因此，太阳具有积极

意义，月亮则具有消极意义……“脚踏月亮”的意思是，那个女性形象，即教会，不会把受时间制约的事物放在眼里，而是会将其踩在脚下，因为它们是暂时的。[84]

从这个角度来看，重点在于月球的不完美之处。正如葡萄牙人若昂·达·西尔维拉（João da Sylveira）所言：“由于月球上有多个斑点，有许多瑕疵，有时还有昏暗时刻［月食］，其象征着腐朽的错误和缺陷。因此，得胜的圣母马利亚完全有理由将其踩在脚下。”[85] 苏黎世的新教徒约翰·海因里希·布林格（Johann Heynrich Bullinger）也指出：

月亮是变化的，而且是多变的，甚至在颜色上也是如此：它常有盈缺，虽然发光，但总显斑驳，光源还是来自太阳。因此，教会将所有昙花一现的成败兴衰，连同当今一切多变腐朽、缺陷遍布之事都践踏在脚下。[86]

因此，一个充满了斑点和凹陷的“不完美”月球，与《启示录》第十二章赋予这颗星球的意义并不矛盾。而齐戈里想庆祝望远镜新发现的别样意图，又恰与壁画规定的主题完美契合。[87]

对于上述分析，教宗的肯定是最好的证明。巴萨诺的神学家安德烈亚·维托雷利（Andrea Vittorelli）也证实了这种看法，礼拜堂落成仅 3 年，他就写了约 150 页关于壁画图像学的分析。在献给保禄五世的《真福圣母荣耀回忆》中，他将月球定义为尘世现实的象征，多变而短暂："整个瞬息万变的世界都在圣母马利亚脚下，无论醉心世俗之人如何歌颂这广大尘世，她都视其为无物。"与上文所述的传统一致，他认为月球代表了物质和精神两方面的变动：它愚蠢地屈服于转瞬即逝的世俗诱惑。

> 月球不仅象征着腐朽的弊病，还代表着思想的疯狂……受天国启迪的马利亚将所有愚昧无知踩在脚下，一切疯狂的理论亦被她征服。[88]

然而，他没有提到这幅壁画和伽利略观点的关系，没有一个字涉及望远镜观测到的月球新形态，遑论其上的山川河谷。这种沉默非同寻常，因为维托雷利很熟悉《星空报告》。1611 年，他于维琴察印制了一部关于天使学的作品，后献给希皮奥内·博尔盖塞，其中两次引用了《星空报告》中的内容，在谈及黄道十二宫是否由某位天使移动的问题时，他写道：

> 前不久我说过，星空中除了无数已知的星星之外，还有诸多不为占星家所知的星星；现在我要补充，帕多瓦的数学家伽利略先生用望远镜观测到了许多比六等星还小的星星，它们与其他星星有着六倍以上的星等差异。[89]

伽利略主张，“借助望远镜，看到的五等星或六等星就像用肉眼看到的一等星那样清晰”[90]。维托雷利应是细读了《星空报告》，并在页边处提到引用了此书。在后续几页中，他与一些“犹太拉比”展开论战，那些人把每个星球都归于一位天使，故他再次强调：

> 所有这些皆非定论，但并非全无可能；帕多瓦大学的数学家伽利略先生在其名为《星空报告》的作品中说，得益于一台自制的完美望远镜，他发现了四颗新星，而若在当今已知的七颗星中再加上这四颗，还有谁会看重犹太拉比和其他人的观点呢？[91]

颇为奇怪的是，尽管如此了解，维托雷利却没有在分析齐戈里的画作时点出月球和伽利略的关系。当然，解释画作的象征意义不见得就要谈到天文，毕竟象征手法展示的是一个寓言般的世界，其目的主要在于教化而非认知。然而这种沉默还是出人意料，又或许，沉默是一种权宜之计，谁让当时的环境根本不适合颂扬天体新发现呢？这位巴萨诺的神学家于1616年出版了自己的著作，当时针对伽利略的异端指控已传至宗教裁判所。

抛开维托雷利的沉默和可能的原因，齐戈里壁画中的月球细节可谓公开认可了《星空报告》揭开的新世界一角。由此来看，此画可以说是《星空报告》的附录、封底甚至护封，那个奇怪的、崎岖不平的月球，遍布斑点凹陷，如此引人注目，作品的含义呼之欲出。

7.

在这座礼拜堂落成后的数月里，前来参访的大部分信徒都很可能还未领会月球细节的独特意义。不过有识之士自然理解其天文学内涵，故1612年12月23日，切西写信给伽利略：

> 齐戈里先生有幸在大圣母堂礼拜堂的穹顶之上创作，他作为阁下忠诚的益友，在圣母形象之下，依照阁下的发现绘制了月球，它有带锯齿的部分和一些小岛屿。[92]

约一个月后，1613年1月27日，周日，维托雷利口中“非凡的博尔盖塞礼拜堂”举行落成典礼，伴着“庄严的游行，无数人汇聚一堂”，据说由圣路加绘制的圣母像被转运至此，按照传统“同合适的灯烛”一并放在圣坛前。事实上，保禄五世下令，“除了两个大黄铜灯台里的灯烛……要一直燃烧外，另两根……蜡烛要在圣像前长明，其他……蜡烛要在圣像揭幕时亮起”[93]。无论如何，壁画绝不能背光，显而易见教宗对工作成果颇为满意。

而保禄五世满意，除了因为此画的释经象征含义，或也因为他本人喜欢代表着新发现的“月球”形象。不要忘记，1611年4月，教宗召见伽利略时甚至特许他“不必跪着说话”[94]。同样，希皮奥内·博尔盖塞也对望远镜抱有极大热情，他是意大利最早从佛兰德获得望远镜的人之一，后来又立刻向伽利略索要了一台。[95]

然而，这些毕竟不是对科学内容的认可，更不是对伽利略文化计划的认可。若说通过齐戈里的壁画，教会便“一致认可了新发现”，“默认了伽利略发现的表面不平的月球”[96]，未免言过其实。倒不如实事求是地说，教宗之所以予以赞同，是希望参照《启示录》第十二章中（被踏在脚下）的“腐朽”月亮，以一个原创、时新的形象来表达图中“月亮”的寓意，从而令赞助人眼前一亮。

无论如何，这幅壁画仍意义非凡，画中月球是伽利略所获成就的明确标志。更重要的是，伽利略亲身参与了壁画的准备工作。齐戈里在罗马的工作伙伴西吉斯蒙多·科卡帕尼（Sigismondo Coccapani）的一封亲笔信白纸黑字证明了此事：

> （他们）以罗马的一拃为单位测量大圣母堂的穹顶，经过伽利略·伽利雷先生的不懈努力，测出其长约4 000拃，宽约700拃，灯笼型天窗不计算在内。罗马的测量员几经测算，说它长3 000拃，宽700拃，高17拃。[97]

尽管齐戈里对透视学颇有了解[98]，但还是求助了伽利略，以期算出更精确的可利用面积。计算穹顶尺寸对划分空间、安排画中人物位置、决定整幅画的构图至关重要。伽利略提供的技术意见表明，他非常清楚这位画家朋友计划画些什么。

8.

大圣母堂壁画中“腐朽的”月球展现在世人面前，天体新发现意外获得了一个展示机会。然而，“罗马使命”尽管后来取得了部分成功，伽利略传播崭新世界观的雄心壮志却并没有实现。毕竟他的蓝图太大胆，阻力却太大，罗马宗教裁判所的问询就体现出阻力有多大。

1611 年春，天朗气清，但如此平静只是短暂的幻象，其实山雨欲来。几年后，就保禄五世如何坚决反对哥白尼学说一事，托斯卡纳大使皮耶罗 · 圭恰迪尼描述如下：

> 罗马这片天空阴云密布，尤其是现在，这里的王公厌恶华美文字和天资奇才，不愿听闻新发现或精妙之事，每个人都试图令自己的头脑和性情与教宗一致。[99]

伽利略此番“罗马使命”带来了一阵表面上对新事物开放的风气，在反宗教改革的传统主义阴云笼罩下，一缕微光转瞬即逝。从 1613 年年底开始，哥白尼学说便受到神学理论针对，那段短暂时光里本不算高涨的热情自此彻底冷却。圭恰迪尼十分现实地指出，罗马将不再是“人们可以前来讨论月球的城市，也不再支持和引入新学说”[100]。

第十二章

CAPITOLO DODICESIMO

漂洋过海：葡萄牙、印度、中国

1.

印度，“圣多默宗徒之城”，1612 年 11 月 2 日。

> 我从意大利知悉，有些眼镜横空出世，用它们可以清楚看到 25~30 千米以外的东西，并探索天空中的新事物，尤其是观测行星。尊敬的阁下，若您能将这些眼镜连同描述所见之物的论文一并寄来，在下感恩不尽。若阁下暂有不便或资金短缺，还请尽可能通过手稿和数据将其制造方式告知，详细为宜，我将把资料分送至几个国家，那里不缺官员，还盛产水晶。[1]

这是首份证明望远镜发现在亚洲传播的史料。作者为耶稣会传教士乔瓦尼·安东尼奥·鲁比诺（Giovanni Antonio Rubino），写下此信时，他正在葡萄牙殖民地圣多默，即科罗曼德尔海岸的米拉普尔，传说圣多默宗徒在那里殉难。收信人为罗马的格林伯格神父，字里行间可见鲁比诺对刚得知的这一震撼消息满怀热情。鲁比诺对天文的兴趣众所周知，因此，1611 年 5 月至 6 月间，罗马耶稣会学院告知鲁比诺，伽利略亲自证实了天体新发现。于是，鲁比诺请求格林伯格提供一台望远镜，至少寄来一篇“论文”，让他可以有办法在印度仿制。在等待愿望实现期间，他畅想着这台新仪器：

> 在我的想象中，这眼镜是金字塔形的，前宽后窄，我不知前端是否有凹陷。如果的确如此，愿主张视觉来自光线发射的透视学家不朽。请阁下施恩相助，把所有整理好和已公开的资料都寄给我。[2]

当时，鲁比诺在印度已经待了大约 10 年，凡赴亚洲的耶稣会士无不受葡萄牙裁判权辖制，故他在动身前亦需驻足葡萄牙。[3] 迈入传教士生涯后，鲁比诺暂留里斯本，从 1601 年 6 月一直等到了次年 3 月。[4] 在里斯本，鲁比诺参加了圣安唐学院的课程，那里是葡萄牙培养耶稣会士科学素养的主要中心，16 世纪末，为响应腓力二世为海员开设高等数学课程的号召，“地球班”应运而生，所授课程不只对耶稣会士开放，讲师几乎都出自克拉维乌斯门下，专门讲解航海和制图技术，包括如何使用星盘和四分仪，如何绘制航海图，课程也普及宇宙学和天文学概念。[5]

格林伯格神父于 1599 年受召进入圣安唐学院，1602 年返回罗马。鲁比诺在驻留里斯本期间听了他的课。这场学习生涯中意义非凡的相遇使鲁比诺接触到了罗马耶稣会学院的数学家，在他到达亚洲后，仍同格林伯格和克拉维乌斯有书信往来。[6] 这些交流是伽利略的发现传入远东的关键一环。

每年 3 月，里斯本港口都有船起航前往亚洲。船只沿非洲西海岸前行，绕过好望角，越过赤道无风带，在莫桑比克岛停留后，又进入印度洋，顺风会将其推向马拉巴尔海岸，同年 9 月便可到达果阿。若气象条件有利，这趟旅行仅需 6 个月左右。然而，前往中国的人至少需要在印度停留至次年 4 月，等季风带领另一艘船穿越马六甲，前往澳门港，若诸事顺利，便可在 3 个月后到达中国。因此，如果传教士们从罗马启程，需花上两三年时间才能到达目的地，寄送书信可能更久，需要 3~7 年。[7]

通过这种沟通往来，天体新发现的消息传播至印度，随后传到中国。考虑到旅途漫长艰难、险象环生，这样的传播速度已经非常快了。就在伽利略赴罗马 4 年后，以“阳玛诺”之名为人熟知的葡萄牙耶稣会士曼努埃尔 · 迪亚士（Manuel Dias）[8] 在北京出版了一本名为《天问略》的小册子，首次用中文详述了最新的望远镜发现。

2.

阳玛诺并非天文学家，他不是耶稣会在欧洲各大学院训练并派往远东的那种科学专家。1596 年至 1600 年，他在科英布拉学院学习哲学，掌握了基于亚里士多德教义和萨克罗博斯科《天球论》的宇宙学和天文学入门知识。[9] 他有可能学习了格林伯格 1599 年于科英布拉开设的课程，短短几月间提升了数学水平。[10] 然而，《天问略》的内容所体现的天文学技能，不是没有经过系统深入科学训练的人所能具备的。可见，阳玛诺在长驻亚洲期间，通过针对性阅读和同数学家、天文学家探讨，掌握了这些技能。

1601 年 4 月 11 日 [11]，阳玛诺从里斯本出发，乘"圣地亚哥号"大帆船到达果阿，居留至 1604 年。这段时间里，他应该有很多机会见到鲁比诺。鲁比诺于 1602 年 9 月到达这座印度城市，随即开始教授数学。[12] 但阳玛诺真正深入学习科学是从 1604 年至 1610 年在澳门学院的 6 年间，他在澳门学院担任哲学和神学讲师，同时对科学尤为关注。尽管当时理解亚里士多德《论天》[13] 的参考书目仍是萨克罗博斯科的《天球论》，但阳玛诺在精通数学和天文学的普利亚人熊三拔（Sabatino de Ursis）的指点下受益良多。熊三拔是利玛窦在北京最亲密的合作者之一。[14] 1602 年 3 月 25 日，熊三拔与鲁比诺同日从里斯本出发（但乘的不是一艘船）[15]，次年抵达澳门，在那里一直待到 1607 年。

可见，阳玛诺可能从知识渊博的数学家熊三拔那里学到了更多天文学技术，在澳门学院期间，他很可能也遇见了布雷西亚人艾儒略（Giulio Aleni），此人于 1610 年到达中国 [16]，天文知识扎实，还同马吉尼有书信往来 [17]。1612 年，有人提议将欧洲传教士带来的科学书籍翻译成中文[18]，所推荐的人中就有阳玛诺和熊三拔，可见阳玛诺充分利用了澳门学院提供的机会。1610 年，阳玛诺离开澳门，深入中国内地，此时他的天文学知识已经远不是只有当年在基础课程上学到的那点宇宙学了。

由于人们对耶稣会士怀有敌意，阳玛诺在韶州短暂停留后，便动身离去。1613 年 5 月，他到达北京，彼时熊三拔亦在此地。阳玛诺正是在这一时期开始撰写《天问略》的，次年，该书于他在"栅栏"附近的居所完工。有耶稣会士称，此书问世少不了熊三拔的帮助，阳玛诺"创作其《天问略》一书"时，熊三拔曾前往栅栏同他探讨 20 余日。[19] 1615 年，《天问略》在北京发行，诸多学者协力配合。[20] 有两位耶稣会士之名仅出现在第一版，此后便销声匿迹，[21] 他们是若昂 · 德 · 罗沙（João de Rocha）和佩德罗 · 里贝罗（Pedro Ribeiro），负责语言上的修订工作，此外还有至少 9 位皈依基督教的中国人相助。[22]

3.

《天问略》介绍了西方科学，以对话形式写作，一位中国人提出问题，一位欧洲人（阳玛诺自己）进行解答。此书将侧重点放在读者最感兴趣的部分，这种方式成为数十年间耶稣会士和中国学者之间高效文化交流的普遍模式。[23] 遵循萨克罗博斯科在《天球论》

中的传统，阳玛诺在综述欧洲宇宙学和天文学知识时，强调了中西都会讨论的主题，如日食和月食、日升日落、四季轮回，以及不同的历法问题。在专门讨论昼夜长短变化的章节中，他插入了一个表格，其中列出了在中国各省份不同的计算结果。[24]

在此背景下，阳玛诺决定加入对伽利略望远镜发现的描述。虽说这一主题同前文没有任何关联，阳玛诺仍用其为《天问略》画上句号，可谓“剧情突变”。相关描述仅有一页，亦是末页，一幅“边上有两颗小星”的插画令内容鲜活起来（图 25）：

> 凡右诸论，大约则据肉目所及测而已矣，第肉目之力劣短，曷能穷尽天上微妙理之万一耶？近世西洋精于历法一名士，务测日月星辰奥理，而哀其目力尫羸，则造创一巧器以助之，持此器观六十里远一尺大之物，明视之，无异在目前也，持之观月，则千倍大于常；观金星，大似月，其光亦或消或长，无异于月轮也；观土星，则其形如上图，圆似鸡卵，两侧继有两小星，其或与本星联体否，不可明测也；观木星，其四围恒有四小星，周行甚疾，或此东而彼西，或此西而彼东，或俱东俱西，但其行动与二十八宿甚异，此星必居七政之内，别一星也；观列宿之天，则其中小星更多、稠密，故其体光显相连，若白练然，即今所谓天河者。待此器至中国之日，而后详言其妙用也。[25]

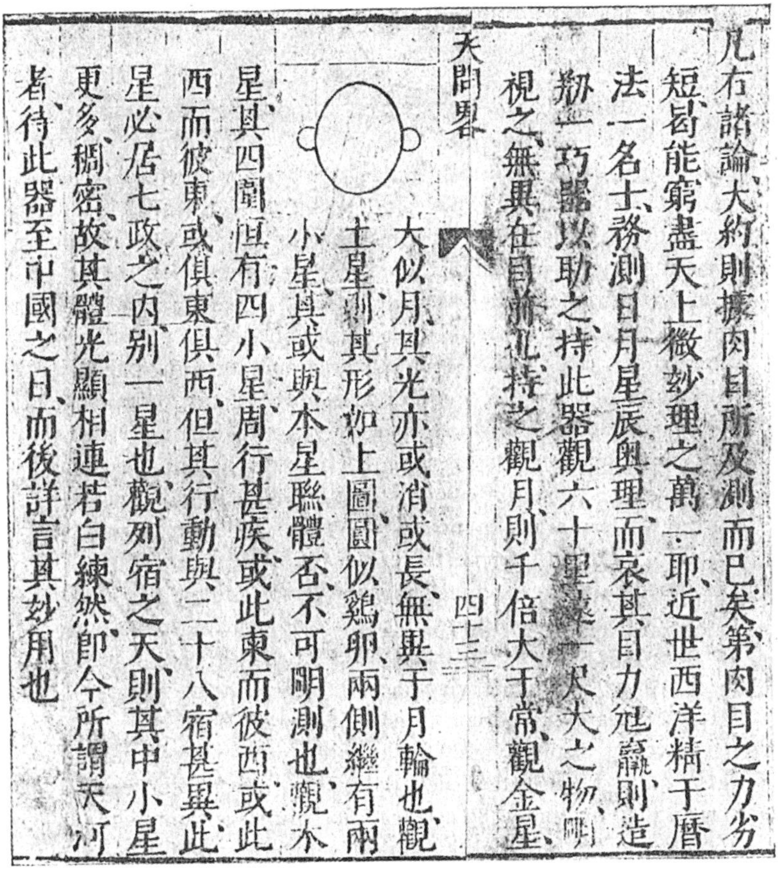

凡右諸論大約則據肉目所及測而已矣第肉目之力劣
短曷能窮盡天上微妙理之萬一耶近世西洋精于曆
法一名士務測日月星辰奥理而哀其目力尫羸則造
一巧器以助之持此器觀六十里遠一尺大之物明
視之無異在目前也持之觀月則千倍大于常觀金星

天問略　四十三

大似月其光亦或消或長無異于月輪也觀
土星則其形如上圖圓似鷄卵兩側繼有兩
小星其或與本星聯體否不可明測也觀木
星其四圍恒有四小星周行甚疾或此東而彼西或此
西而彼東或俱東俱西但其行動與二十八宿甚異此
星必居七政之内別一星也觀列宿之天則其中小星
更多稠密故其體光顯相連若白練然即今所謂天河
者待此器至中國之日而後詳言其妙用也

图25　阳玛诺，《天问略》，1615，第一部涉及伽利略望远镜发现的中文史料

这段文字中包含的丰富信息令人震撼，它不仅涉及《星空报告》中的观测成果，还提到后来关于金星位相和土星独特结构的结论。但阳玛诺对望远镜的制造方法只字未提，原因很简单，因为他从未见过望远镜，故《天问略》最后一句道：“待此器至中国之

日，而后详言其妙用也。”[26] 他也没有指出这些发现归功何人，仅以“近世西洋精于历法一名士”一笔带过，或许在他看来，名字对中国读者而言并不重要。所有因素都表明，阳玛诺传播的是二手信息，除此以外别无可能，因为直至 1615 年此书发行出版时，在亚洲的耶稣会士里尚无一人直接见证伽利略和欧洲其他人的天文观测。[27] 或许，阳玛诺参考的文本是 1611 年出版 [28] 的克拉维乌斯对萨克罗博斯科《天球论》的最新评注，其中承认了天体新发现，也对传统宇宙论秩序是否可靠提出疑问。

克拉维乌斯表示，幸而有望远镜，此前诸多未知的星星如今能够被清晰辨认，“尤其是巨蟹座和猎户座星云笼罩下的昴星团群星，以及在银河中（的星星）”，他强调，“用这台仪器（观察）”，月球表面显得“十分不平”，对此他深感震撼，后补充道：

> 人们应该参考伽利略·伽利雷先生的这本小册子，它于 1610 年在威尼斯出版，名为《星空报告》，其中描述了他观测星星的多项成果。在借助这台仪器所见之物中，不可忽视关于金星的新发现，它同月球一样接受太阳光，其盈亏取决于与太阳的距离。在罗马，我不止一次当着旁人观测到这些现象。土星与两颗小星相连，一颗在东，一颗在西。木星有四颗游移不定的小星相伴，它们之间以奇异的方式变换位置，有时甚至同木星调换，伽利略为此孜孜不倦，加以精准描述。既如此，天文学家们便必须考虑如何重新给天体“找到位置”，以解释这

些现象。[29]

克拉维乌斯的这番评论在耶稣会里广为流传，但基本不可能是阳玛诺的资料来源，这不仅是因为阳玛诺写作《天问略》时，这部作品尚未流传至中国，更因为阳玛诺并没有提及令克拉维乌斯印象深刻的“月球表面不平”之事，而且他对伽利略的后续发现，特别是关于金星位相的发现的宇宙论后果，似乎一无所知。[30] 那么，他究竟是如何写出《天问略》中的内容的呢？

由前文可见，望远镜的新消息首次传到印度时，阳玛诺正在中国，他与罗马耶稣会学院的数学家并无直接往来。故他只可能是从在葡萄牙[31] 或亚洲的某人的来信中得知相关消息，不排除“某人”就是鲁比诺，毕竟他们在果阿打过交道，在本章开头那封 1612 年 11 月 2 日的信中，鲁比诺曾向格林伯格坦言：“也许我会前往中国，我总感到受了呼召。”[32] 无论如何，阳玛诺是在《天问略》即将完成时才得知这些轰动性的观测成果的，在这本向中国读者展示西方天文知识的书中，他不愿漏掉这姗姗来迟的消息。

4.

伽利略就这样进入了天朝上国，尽管中国人还要过一些年才会知道那位“西洋名士”究竟是何方神圣。1640 年，德国耶稣会士汤若望（Johann Adam Schall von Bell）揭开谜底，他于 1623 年到达北京，后出版《历法西传》。1611 年 5 月 13 日，罗马耶稣会学院为伽利略举办了一次盛大聚会，二人便在会上结识。[33] 1626 年，汤若望出版了《远镜说》，其中完整描述了望远镜，用大量篇幅介绍天体新发现，并附上各类图表加以说明。[34] 然而直到 1640 年，他才将伽利略和古往今来著名的天文学家之名一并音译成中文：

> 第谷［第谷·布拉赫］没后，望远镜出，天象微渺尽著，于是有加利勒阿［伽利略］，于三十年前，创有新图，发千古星学之所未发……乃知木星旁有小星四，其行甚疾，土星旁亦有小星二，金星有上下弦等象，皆前此所未闻。[35]

两年后的 1642 年 1 月 8 日，被软禁于阿切特里的伽利略走完了一生。其遗体被秘密安葬在圣十字大教堂钟楼附近的一个小房间里，近一个世纪后，安葬处才为世人所知。

尾声

EPILOGO

1.

从 1610 年 3 月 13 日起，一切都发生得太快。当天体新发现传至印度和中国的港口，开始在东方传开时，欧洲却在打压从观测现象中得出的解释，尽管不是打压望远镜本身。很快，1616 年 3 月 5 日，哥白尼学说受到审判，伽利略以此为基础揭示的宇宙论含义也遭到沉重打击。彼时《星空报告》问世已 6 年，同样争议不断的《关于太阳黑子的书信》也已出版 3 年。管理禁书目录的罗马枢机主教会下令停印《天球运行论》，开始区分哪些关于宇宙结构的看法是“真”，哪些是“伪”，区分哪些是可以从望远镜观测中得出的合法结论，哪些是应当被禁止、不可当作真理传授的学说，其中就包括地球运动。

显然，如果仅在数学猜想领域内坚持日心说，则不会有什么问题。枢机主教贝拉明便道破了这一点，1615 年 4 月 12 日，他在给加尔默罗会修士保罗·安东尼奥·福斯卡里尼（Paolo Antonio Foscarini）的信中表明了这样的态度。福斯卡里尼出版了一本令人不安的小册子，讨论哥白尼的神学，而且是用俗语写的，小册子一经发行即被禁止。贝拉明写道：

> 首先我要说，在我看来，神父您和伽利略先生都十分谨慎，二位只谈假设，绝口不提定论，我一直相信哥白尼也是如此。若假设地球运动，而太阳静止，确实能比设置偏心轮和本轮更好地解释所有现象，可谓精彩的理论，对任何人都没有威胁，数学家也会满意。但是，若真断言太阳在宇宙中心自转，并无从东至西的运动，且地球在“第三重天”[1]围着太阳高速旋转，这就是一番危险的发言了，它不仅会激怒所有的经院哲学家和神学家，还会令《圣经》被视为谬误，从而使神圣的信仰蒙尘。[1]

从前，日心说和地球运动被视为天方夜谭，并未引起教会势力关注，如今，尽管金星位相和太阳黑子现象并未完全得到证实，却也引起了广泛共鸣，若这样的观念获得认可，后果不堪设想。贝拉明断言，坚持这一理念则意味着“令《圣经》被视为谬误，从而使

1 托勒密体系中有“十二重天”之说，一重天便是一颗行星运行的轨道。时人在不了解今太阳系的情况下，若以太阳为基准，则地球确实在“第三重天”（水星和金星距太阳更近）。

神圣的信仰蒙尘”，他想请伽利略以数学家的方式，只谈假设，而不要以哲学家的姿态行事。这封给福斯卡里尼的信亦有提醒伽利略的意思：“阁下素来审慎，不妨试想教会能否容忍与所有教父、所有希腊和拉丁释经者的观点相左的对《圣经》的阐释。”[2] 此事不仅关系到作为“科学之首”的神学的教学和传播活动，还涉及秩序和文明的理念，正如约翰·多恩的警告，这个世界，连同其伦理、社会和政治关系体系，都面临分崩离析、走向毁灭的危险。

贝拉明对伽利略的意图一清二楚，也了解佛罗伦萨日益壮大的“伽利略派”意欲何为。在枢机主教去信福斯卡里尼前两个月，多明我会教徒尼科洛·洛里尼不安地向宗教裁判所的另一位权威枢机主教保罗·卡米洛·斯丰德拉蒂（Paolo Camillo Sfondrati）报告了在佛罗伦萨的见闻。其中一个意图若广为传播，则会令洛里尼、贝拉明和整个枢机主教团心惊。1613 年 12 月 21 日，伽利略曾给卡斯特里写过一封信，就在“目前众所周知的这封信中”[3]，有一句惊人的断言，即若需获取自然现象的相关知识，《圣经》是“最末之选”。[4] 身为托斯卡纳大公的数学家和哲学家，伽利略全然不顾大公是何等虔诚的天主教徒，在《关于太阳黑子的书信》的第三封，也是最后一封信的结尾中，立场鲜明地赞颂“伟大的哥白尼体系”，称“它举世闻名，吹来一阵和风引航，护我们安心前行，如今不必再畏惧蒙昧与不幸”[5]。

望远镜的发现被严格限制在一定的宇宙论范围内，四方界限由严谨的神学戒律把控，难越雷池一步。事实上，1616 年 3 月 5 日的裁决是自特兰托宗教会议以来，教廷对严格意义上的天文学界发出的第一道审查令。当时，哥白尼的《天球运行论》出版已 70 余年，内部专业人士对其的评价和讨论贯穿整个 16 世纪，其流传范围却仅局限在天文学家和数学家自己划定的一小片学科领域内。[6] 1610 年，令人震惊的“天文眼镜”横空出世，每个人都能用其看到天体。因此，这一发现可谓潜在的混乱威胁，需要施以规范，严格控制。耶稣会士安东尼奥 · 波塞维诺（Antonio Possevino）数年前曾言，世界是上帝印制的“一本巨著”，字里行间体现着宗教和知识之间的完美和谐，[7] 而伽利略的新发现打破了天体不朽的观念，朝着日心说的方向奔去，人们将以截然不同的方式审视这本“巨著”，天穹的传统结构可能会被颠覆。

> 教廷管理禁书的部门称，哥白尼在《天球运行论》、迪亚戈 · 德 · 苏尼加（Diego de Zuñiga）在《约伯记》注释中论述地球运动和日心说理论，完全违背了神圣的《圣经》教义，这种错误的毕达哥拉斯学说仍在蔓延，并被许多人认可。[8]

这段话引自 3 月 5 日的反哥白尼法令，可见即使在天文学家和数学家的领域里，气氛也相当凝重。这段话显然是在暗指伽利略，他在宗教信仰和自然知识之间引发动荡，破坏了一直以来被视为不可触及、纯洁完美的天空，那里本应有众多天使“快乐地生活，面对上帝默祷”[9]。

2.

1610年后，天空不再是一直以来人们心目中那座精美绝伦的殿堂，它和地球上所有的物体一样，会改变，会衰败，会转化成别的模样。有人或许会反对，称即使在过去，看到新星问世、彗星扫过，人们也会对天空是否当真不朽产生怀疑，但那些现象毕竟比较罕见，可以被解释为人类无法理解的奇迹，也因此具备了宗教神迹的含义。然而，望远镜渐渐让世人看到，天空是何等复杂无序，这一仪器可能被视为渎神，玷污了古老的天穹形象。在那些年里，许多人如此思考，如此写作，正如诗人兼本笃会修士安杰洛·格里洛所言：

> 这副眼镜可以冠上“鲁莽”的名号，它甚至敢闯入天穹和星辰深处，一探月球是否患了“结石”，即其表面是否有山川谷地。简言之，它跨越距离的阻碍，揭露月球的不完美之处，告诉世人月球表面并非看上去那样光亮平滑，而是粗糙不平，遍布凹陷，有诸多瑕疵；它戳破古代占星术的谎言，不仅从理智上，也从感官上展示了新星和天空的新面貌。故一言以蔽之，这眼镜将教会眼睛怎样去看，也将成为天地间敏锐的侦察者。[10]

格里洛强调了这台新仪器为何“鲁莽”，他心怀惶惑，写道：

“由此说来，每个人都可以成为（望远镜）观察者。”[11] 寥寥数语勾勒出让人忧心的前景。伽利略的“大型眼镜”能让每个人都看到天空的新面貌，这将一发不可收拾，如洪水般摧毁现有知识体系中的秩序和等级观念。毕竟，鲁道夫的皇家数学家开普勒在《与〈星空报告〉的对话》中言及乔尔达诺·布鲁诺对伽利略的影响，难道哥白尼信徒开普勒不曾指出，布鲁诺那“可怕的”宇宙无限论和原子论有可能从望远镜新发现中得到支持吗？这些思考并没有被人忽视，而是被立刻当作攻击伽利略的有力武器。下文这段话就很能说明问题，虽然比较长，但言辞激昂，值得整段阅读：

> 德谟克利特认为，我们所见的辽阔天穹是空洞无际的，其中有无数不能生成也不会衰朽的微粒，它们是万事万物的本原，体积极小，形状各异，不可分割，不可改变，只受自身力量的影响。它们以各种顺序、数量和位置组合聚集，不抱任何目的，不做任何思虑，自在随心。这些偶然与偶然碰撞，创造了千千万万个世界……如德谟克利特所言，世界诞生复消亡，无穷无尽，因此便有诸多陆地星球，与这万千世界相对，月球为何不能成为这些星球之一，拥有自己的一片世界，其上山川湖海，居民所用，与我们无异，正如伽利略望远镜向我们展示的那样呢？几年前，我们同时代的人将这个观点从地狱中唤醒了，称每个星球都与地球相似，四周有其他天体环绕。如今，有人认为伽利略关于木星的四颗卫星和土星的两颗卫星的新发现证

明了这一观点，亦有人质疑。正如开普勒所说，如此一来，人们或会认为这些小星运转是在为木星和土星的居民服务。[12]

这段文字出自罗马第一大学的医生兼哲学教授朱利奥·切萨雷·拉加拉之手，极尽讽刺和恶意。1612年初，他于威尼斯刊行了一部作品（颇为讽刺的是，出版商与刊行《星空报告》的是同一个）。拉加拉将原子论、宇宙无限论、其他世界也有人居住的观点和天体新发现绑在了一起，换言之，德谟克利特、乔尔达诺·布鲁诺和他们的弟子都是一伙的。在拉加拉看来，那位弟子的发现将那些疯狂的哲学理论从地狱深处带回人间。几年后，这番已然颇为阴毒的图景中又加入了更多具有神学色彩的细节：

基于伽利略的看法，可以得出与穆罕默德类似的观点，即存在着多个世界，每个世界中都有陆地和海洋，还有生活在其中的人。如果每颗星都包含构成我们世界的四种元素，那么它们每颗无疑都是一个世界。但《圣经》中只描述了一个世界，也只提到了一种人类，而伽利略却唱起了反调，也许会有异端邪说随之而来，称或许基督也会因拯救人类而在另一颗星球上殉难。[13]

上文出自托马索·康帕内拉1616年的《为伽利略所作的辩白书》，该书完成于哥白尼的作品被定为禁书以前，托马索·康帕内拉打算驳斥 11 条反伽利略的论点，这段引文是其中之一。当然，康帕内拉有自己的一套方式，他称摩西传给毕达哥拉斯的神圣哲学，在“异教徒”亚里士多德的枷锁下遭受了数百年奴役，最终凭借“基督徒伽利略”[14]的望远镜发现而迎来解放。对这位卡拉布里亚的修士和先知，伽利略不屑一顾，他那怪诞偏执的想法并不值得过分关注。真正需要注意的是，无论是拉加拉的作品还是康帕内拉的辩护词，其展现的伽利略形象都同他本人作品体现的不符，他的实际行动也与之毫无关联。那种“形象”往往是诸多模棱两可看法的总和，主要出自对手的恐惧、不安与偏见，以及其崇拜者打着“哲学与神学”的旗号的荒诞、危险的言论。而这些形象叠加起来，不断重复，不断放大，最终成了“真相”，对伽利略造成的不利超出想象。

3.

意大利作家普里默·莱维告诫世人，书籍就像是游荡的兽群。即使是《星空报告》也不例外，从前面的引文中可见，一本书的命运如何，与作者究竟写了什么关系不大。同样，这台新仪器的“望远”能力很快就被赋予了超出天体科学范围的意义。“望远镜”的形象如此令人神往，并非能囿于天文领域之物。

那些年“天文眼镜”引出的讨论、争辩和建议都是对它的认可，是无可否认的证据。从天空到地球，从天文到政治，视角天翻地覆，这也是望远镜真实历史的一部分。从一开始的喁喁私语，到后来洪亮而清晰的表达，可谓必然结局。《星空报告》出版十载后，一份独特的文献这样评述：

> 如今，正如新一代数学家通过望远镜发现了天穹中的新星和新的太阳黑子，新一代政治家亦掌握了自己的“望远镜”和“光学”，用他们的观察方式和视角来鼎新革故。[15]

望远镜的成功转变成一个带有暗示性的政治隐喻，这个意象传达了新的政治视角的功用，即揭露暴政和“国家理性”，其效果远胜洋洋洒洒的论文。而伽利略其实并未预见，也不希望出现激进和异端的解读，以上引自波希米亚贵族温策尔·冯·梅罗施瓦（Wentzel von Meroschwa）的《信札》的文字便是此种解读的例子。

1620年，梅罗施瓦（可能是笔名）《信札》的拉丁文、法文、德文版一并问世。这部令人生畏的新教作品猛烈抨击了宗教改革联盟争执不下的政治丑态，其后果不久便体现在波希米亚军队及其盟友白山战役失利一事中。而所谓“望远镜的隐喻”，便是既然数学家在天空中发现了前所未闻的新事物，那么政治家也需开创新的政治理论。和天文学一样，政治领域也需要发明自己的“望远镜”，用古人未知的独到视角看待现实。天文学家通过望远镜观测得知天体的真实面貌，政治家则利用伪装的技艺来解读世人的隐秘举动，为此，他们也需要自己的“镜片”和“光学管子”。

自然界的天机被“天文眼镜”窥破，其他深不可测的奥秘或许也不再保险了，望远镜带来的新天文学俨然成为政治学的蓝本，帝国的秘密恐怕很快会被揭露。无怪乎在当时新教徒和天主教徒的刀光剑影中，望远镜被双方都当作文化武器和政治工具。教廷谴责哥白尼学说次年，德国耶稣会士亚当·坦纳（Adam Tanner）出版了一卷千余页的著作，名为《信仰的望远镜》（*Dioptra Fidei*），其中坚定捍卫了天主教的原则和教义。[16] 而几年前，著名的天主教神学家莱昂纳德斯·莱修斯（Leonardus Lessius）却向《星空报告》和望远镜致敬，不过显然，他是在秉持政治正确的基础上才有此赞叹，同贝拉明一样，他认为这一新科学应该只限制在知识领域，毕竟神的智慧和力量深不可测，人类的知识定有内在不足。莱修斯写道：

> 一个荷兰人近期发明了望远镜，不久人们就用它观察到了天空中惊人的现象，那些现象是前人闻所未闻的……我经常用望远镜观察这些现象，对造物主的智慧和力量钦佩不已，凡人无法领会他支配繁星运动的大手笔。[17]

莱修斯的作品于 1613 年在安特卫普出版。两年后，1615 年 4 月，贝拉明便给福斯卡里尼写下了前文所引之信。彼时费代里科·博罗梅奥还在米兰醉心于望远镜，一心要获得和制作质量精良的产品。而安杰洛·格里洛亦是如此，为满足佩鲁贾教友们的要求，他开始寻找优质镜片，同时也不忘警告他们，好奇心过剩将导致不利后果：

> 古代神话中说，弗勒格拉的巨人将山峦堆叠，击落星辰；而我们将玻璃重合，寻觅天空中的山峰，一探月球和星星的秘密，这何尝不是一种攻击？只不过巨人鲁莽地以坚固巍峨的山峰为武器，而我们使用的是小而脆弱的玻璃罢了。[18]

那些“小而脆弱的玻璃”正逐步成为自然界秘密的真正守护者，正如君主近臣使用的那些手段也忠诚维护着国家和政局的内幕一般。但不同之处在于，后者隐于国民和对手的视线之外，而前者则任凭渴望之人差遣，由此，新思想萌发，过去被埋没的观点重见天日：

> 如今，通过伽利略的望远镜，我们发现了天空的新面貌和新星，这一仪器成了月球和星星的近臣，相较于智力，在这里起作用的更多是感官，一个充满好奇心的新学派应运而生。哥白尼学说得以复苏，即地球像其他天体一样运动，太阳在宇宙中心保持静止，照亮这些天体；地球之于月球，如同月球之于地球，它们互相为对方提供光明。如果我没记错，这一理论并没有违背毕达哥拉斯的学说，他认为地球也是一颗普通的星星。如此，时移世易，思想迭代，岁月和人类的智慧在循环往

复中不断轮回。[19]

可见，贝拉明式的审慎和忧虑已出现在其他神学家、哲学家和文学家的著作中。但彼时耶稣会天文学家和数学家的主要目标之一是寻获高质量望远镜。这一愿望各地皆有，面对那些惊人新事物带来的观念变化，人们希望能造出更精良的仪器，成为出色的天文观测者，以限制和对抗这种改变。

望远镜的热潮席卷世界各地，然无论是在天主教内还是在其他领域，这股热潮都没有令伽利略和哥白尼的宇宙观成为普世守则，这种情况同哥伦布地理大发现之后的最初几十年颇为相似，大发现并没有让人们“摆脱诸多先入为主的观念和后天沿袭的想法”[20]。讽刺的是，世人接受了望远镜，却不接受新的天空，那是与他们的传统宇宙观和《圣经》解释相悖的；世人也不愿考虑存在其他世界的可能性。就像科尔特斯信口开河将阿兹特克人的神庙描述成清真寺[21]一样，许多人尽管将望远镜对准天空，却仍受困于自己对世界的想象。

4.

本书到此便要画上句号了。循着玛格丽特·尤瑟纳尔（Marguerite Yourcenar）的风格思考，[22]如果说《哈姆雷特》是首部关于怀疑的悲剧，《浮士德》是第一部关于骄傲和智力傲慢的剧作，那么《星空报告》则是第一部颠覆诸天秩序的作品。

将望远镜带到世间，首先就意味着要将世界颠倒过来。如果从望远镜中看到的月球同地球一样山峦起伏，木星与地球都有卫星环绕，太阳黑子也说明太阳如地球一般终将衰朽，那么，地球就很可能不过是万千行星中的一颗，它亦会像金星那样围着太阳运转。因此，地球和其他天体之间存在区别，不过是人类一厢情愿的结论，毕竟物质在整个宇宙中都是一样的。然而，若是如此，天界不就失去了不朽之名，其中所有皆同地球的组成部分无二吗？如果天界也有代代更迭，也有朽坏，蒙福者和天使还能安居于此吗？若地球本身就在天界之中，不再是离天界最遥远之处，那恶魔和罪人聚集的地狱，是不是也可能处于地球的中心？

伽利略的天文学和新哲学引发了重大的神学问题，望远镜成为其关键支撑。正因如此，自由的时光才会如此短暂。还要经过漫长跋涉，才能重新迎来自由的时节。

致谢

RINGRAZIAMENTI

本书并非简单的文集，而是集体智慧的结晶。真正的合作总是辛苦费力的，幸而我们自始至终都在交流共享，此作最终得以诞生，是我们中任何一个人单枪匹马都无法取得的成果。这部作品涉及面广、专业性强，需要集百家之长，聚众人之力。马西莫·布钱蒂尼负责第二、四、六、十章和第八章三至四节、第九章一至二节内容的起草和最终修订；米凯莱·卡梅罗塔负责第五章、第八章一至二节、第九章三至四节和第十一章的内容；弗兰科·朱迪切负责第一、三、七和第十二章。

诸多人士参与了本书项目并提供合作。首先，要特别鸣谢我们的“首席”读者，他们在本书编写过程中，阅读了部分章节甚至全文，并提出宝贵的意见和建议，他们是：彼得罗·科尔西（Pietro Corsi）、玛丽亚·皮娅·多纳托（Maria Pia Donato）、费德丽卡·法维诺（Federica Favino）、恩里克·贾内托（Enrico Giannetto）、伊莎贝莱·帕丁（Isabelle Pantin）、科拉多·平（Corrado Pin）、帕特

里齐娅 · 鲁弗（Patrizia Ruffo）、弗朗切斯卡 · 桑德里尼（Francesca Sandrini）、多米尼克 · 斯卡帕（Domenico Scarpa）、玛尔塔 · 斯特法尼（Marta Stefani）、马乌利奇奥 · 托里尼（Maurizio Torrini）。此外，我们还要感谢以下参与合作的人员：安东内拉 · 巴尔扎齐（Antonella Barzazi）、吉安 · 路易吉 · 贝蒂（Gian Luigi Betti）、马克 · 恰尔迪（Marco Ciardi）、安娜 · C. 奇泰尔奈西（Anna C. Citernesi）、斯蒂芬 · 克鲁卡斯（Stephen Clucas）、薇拉 · 康斯坦迪尼（Vera Costantini）、克里斯塔 · 德荣（Krista De Jonge）、罗伯特 · 艾利斯（Robert Ellis）、米凯莱 · 马凯里尼（Michele Maccherini）、艾乌杰尼奥 · 梅奈根（Eugenio Menegon）、玛丽亚 · 皮娅 · 佩达尼（Maria Pia Pedani）、艾琳 · 里弗斯（Eileen Reeves）、宋菁菁（Jingjing Song）、乔瓦尼 · 索尔蒂尼（Giovanni Sordini）、克莱 · 瓦莱里（Clay Valeri）、查尔斯 · 韦伯斯特（Charles Webster）。

最后，我们要特别鸣谢伽利略博物馆的所有工作人员，没有他们的专业精神和慷慨相助，本书不可能顺利完成。

注释

NOTE

缩写一览

ABIB 博罗梅奥档案馆，贝拉岛（“美丽岛”）

ANTT 葡萄牙国家古墓塔档案馆，里斯本

APUG 宗座格列高利大学档案室，罗马

ASB 博洛尼亚历史档案馆，博洛尼亚

ASDM 主教区档案馆，米兰

ASEPD 教会决议执行人协会档案馆，锡耶纳

ASF 佛罗伦萨历史档案馆，佛罗伦萨

ASV 梵蒂冈秘密档案馆，梵蒂冈城

ASVe 威尼斯历史档案馆，威尼斯

BAM 安布罗西亚那图书馆，米兰

BIC 英圭贝尔图书馆，卡庞特拉

BL 大英图书馆，伦敦

BNCF 意大利国家中心图书馆佛罗伦萨分馆，佛罗伦萨

BNCR 意大利国家中心图书馆罗马分馆，罗马

BNF 法国国家图书馆，巴黎

BRF 里卡尔迪亚纳图书馆，佛罗伦萨

BUB 博洛尼亚大学图书馆，博洛尼亚

BVR 瓦利切里亚纳图书馆，罗马

PH 佩特沃斯庄园，苏塞克斯

SBD 迪林根研究图书馆，迪林根

UBG 格拉茨大学图书馆，格拉茨

DBI 意大利名人辞典，意大利百科全书研究会，罗马，1960至今

Discussion 开普勒《与〈星空报告〉的对话》，参考版本为 Les Belles Lettres, Paris 1993

DNS 开普勒《与〈星空报告〉的对话》，参考版本为 Bottega d' Erasmo, Torino 1972

KGW 开普勒《作品集》，参考版本为 Beck, München 1937

Messager céleste 伽利略《星空报告》(法文版)，参考版本为 Les Belles Lettres, Paris 1992

OG 伽利略《作品集》，参考版本为 Firenze 1890—1909 (rist. 1968)

SN 伽利略《星空报告》(拉丁文版)，参考版本为 Marsilio, Venezia 1993

第一章　从尼德兰出发

[1] 这幅画反映了第一批荷兰望远镜问世之事，在以下资料中有简要提及：I. Keil, *Augustanus Opticus. Johann Wiesel (1583–1662) und 200 Jahre optisches Handwerk in Augsburg*, Akademie Verlag, Berlin 2000, pp. 267–68. 也可参见 P. Molaro - P. Selvelli, *The Mystery of the Telescopes in Jan Brueghel the Elder's Paintings*, in «Memorie della Società Astronomica Italiana», 75, 2008, pp. 282–85: 282–83。

[2] 关于阿尔布雷希特与伊莎贝拉夫妇及其"政治文化"王国的详情，参见 J. I. Israel, *Conflicts of Empires: Spain, the Low Countries and the Struggle for World Supremacy, 1585– 1713*, The Hambledon Press, London 1997, pp. 1–21; W. Thomas, *Andromeda Unbound: The Reign of Albert & Isabella in the Southern Netherlands, 1598–1621*, in W. Thomas – L. Duerloo (a cura di), *Albert & Isabella, 1598–1621: Essays*, Brepols, Turnhout 1998, pp. 1–14。

[3] 参见 H. Trevor-Roper, *Principi e artisti. Mecenatismo e ideologia alla corte degli Asburgo (1517–1633)*, Einaudi, Torino 1980, pp. 153–200 (ed. or. *Princes and Artists. Patronage and Ideology at Four Habsburg Courts 1517–1633*, Thames and Hudson, London 1976)。

[4] 参见 W. Thomas - L. Duerloo (a cura di), *Albert & Isabella, 1598–1621: Catalogue*, Brepols, Turnhout 1998, pp. 178–85。

[5] 描绘大公夫妇在其宅邸附近的系列画作充分展现了掌权者的形象，这种形象在鲁本斯和勃鲁盖尔绘制的两幅肖像画中也有非常明显的体现，两幅画作现存于马德里的普拉多博物馆，分别是阿尔布雷希特在特武伦城堡前和伊莎贝拉在马里蒙特城堡前的情景 (Ibid., pp. 149–57)。

[6] 参 见 K. Ertz, *Jan Brueghel der Ältere (1568–1625). Die Gemälde mit kritischem Oeuvrekatalog*, DuMont, Köln 1979, p. 163。

[7] 参见 J. Demeester, *Le domaine de Mariemont sous Albert et Isabelle (1598–1621)*, in «Annales du Cercle archéologique de Mons», 71, 1978–81, pp. 181–291: 210 e 277。

[8] 参见 H. Trevor-Roper, *Principi e artisti* cit., p. 172。

[9] 参见 K. Ertz, *Jan Brueghel der Ältere* cit., pp. 157–63。

[10] 参见 J. Demeester, *Le domaine de Mariemont sous Albert et Isabelle (1598–1621)* cit., pp. 258–62。

[11] 参见 M. Díaz Padrón, *Museo del Prado: Catálogo de Pinturas I, Escuela Flamenca Siglo XVII*, Museo del Prado y Patronato Nacional de Museos, Madrid 1975, pp. 52–53。

[12] 关于拿骚的莫里斯亲王在“望远镜传奇”中扮演的角色，参见近年的一部作品 R. Vermij, *The Telescope at the Court of the Stadtholder Maurits*, in A. Van Helden - S. Dupré - R. Van Gent - H. Zuidervaart (a cura di), *The Origins of the Telescope*, Knaw Press, Amsterdam 2010, pp. 73–92。

[13] 同多数涉及望远镜发明的资料一样，这封信的原文已出版，还有英译本，详见 A. Van Helden, *The Invention of the Telescope*, American Philosophical Society, Philadelphia 1977, p. 36。

[14] 参见 D. Van der Cruysse, *Louis XIV et le Siam*, Fayard, Paris 1991, pp. 53–69。

[15] 参见 J. J. L. Duyvendak, *The First Siamese Embassy to Holland*, in «T'oung Pao», 32, 1936, pp. 285–92。

[16] 关于这场辩论不同阶段的详述，参见 J. I. Israel, *The Dutch Republic: Its Rise, Greatness, and Fall, 1477–1806*, Oxford University Press, Oxford 1995, pp. 399–420。

[17] *Ambassades du Roy de Siam envoyé à l'Excellence du Prince Maurice*, in A. Van Helden, *The Invention of the Telescope* cit., p. 41.

[18] 参见 V. Ilardi, *Renaissance Vision from Spectacles to Telescopes*, American Philosophical Society, Philadelphia 2007, pp. 22–23, 51–55, 64–73, 136 e 152。

[19] 参见 S. Dupré, *Galileo, the Telescope, and the Science of Optics in the Sixteenth Century: A Case Study of Instrumental Practice in Art and Science*, Tesi di dottorato, Università di Gent 2002, pp. 234–84。

[20] 参见 J. Baltrušaitis, *Lo specchio. Rivelazioni, inganni e science-fiction*, Adelphi, Milano 1981, pp. 97–121 e 147–69 (ed. or. *Le miroir: révélations, science-fiction et fallacies*, Éditions du Seuil, Paris 1979)。

[21] 参见 G. B. Della Porta, *Magia naturalis libri XX*, apud Horatium Salvianum, Neapoli 1589, p. 269。

[22] 《自然魔法》一书在欧洲声名卓著，详见 L. Balbiani, *La ricezione della "Magia naturalis" di Giovan Battista Della Porta. Cultura e scienza dall'Italia all'Europa*, in «Bruniana & Campanelliana», V, 1999, pp. 277–303。

[23] 参见 V. Ilardi, *Renaissance Vision from Spectacles to Telescopes* cit., pp. 224–35。

[24] 参见 R. Willach, *The Long Route of the Telescope*, American Philosophical Society, Philadelphia 2008, pp. 94–95。

[25] 参见本书第三章，第 032 页。

[26] *Ambassades du Roy de Siam envoyé à l'Excellence du Prince Maurice*, in A. Van Helden, *The Invention of the Telescope* cit., p. 41.

[27] P. de L'Estoile, *Journal du régne de Henri IV Roi de France et de Navarre*, Le Haye

1761, III, pp. 513–14, ora in A. Van Helden, *The Invention of the Telescope* cit., p. 44.

[28] OG, X, p. 252 (corsivo nostro): G. B. Della Porta a F. Cesi, 28 agosto 1609.

[29] 参见 J. G. Walchius, *Decas fabularum humani generis*, Lazari Zetzneri, Argentorati 1609, pp. 249–50. 参见 E. Reeves, *Galileo's Glassworks: The Telescope and the Mirror*, Harvard University Press, Cambridge (Mass.) 2008, pp. 9–10。

[30] SN, p. 87; OG, III, p. 61. 关于这种尺寸的望远镜最多可以将物体放大 3 倍之事，详见 A. Van Helden, *The Invention of the Telescope* cit., pp. 11–12。

[31] 参见 *Verbali degli Stati Generali, 2 ottobre 1608*, in A. Van Helden, *The Invention of the Telescope* cit., p. 36。

[32] Ibid., p. 38.

[33] 参见 J. M. Baart, *Una vetreria di tradizione italiana ad Amsterdam*, in M. Mendera (a cura di), *Archeologia e storia della produzione del vetro preindustriale*, All'Insegna del Giglio, Firenze 1991, pp. 423–37。

[34] 参见 *Lettera dei consiglieri della Zelanda agli Stati Generali, 14 ottobre 1608*, in A. Van Helden, *The Invention of the Telescope* cit., pp. 38–39. 关于这个"年轻人"与米德尔堡眼镜制造商扎卡里亚斯 · 扬森 (Zacharias Janssen) 的鉴定，参见 C. De Waard, *De uitvinding der verrekijkers: eene bijdrage tot de beschavingsgeschiedenis*, W. L. & J. Brusse, Rotterdam 1906, pp. 172–73。

[35] 参见 *Lettera di Jacob Metius agli Stati Generali, ca. 15 ottobre 1608*, in A. Van Helden, *The Invention of the Telescope* cit., pp. 39–40。

[36] 参见 S. Mayr, *Mundus Iovialis*, sumptibus ex typis I. Lauri, Noribergensis 1614, ora in A. Van Helden, *The Invention of the Telescope* cit., p. 47. 据德瓦德（De Wuard）所言 (参见 *De uitvinding der verrekijkers* cit., pp. 168–70)，参加法兰克福展览会的荷兰人确是扎卡里亚斯 · 扬森，他在 10 月 13 日左右回到了米德尔堡，发现李普希在申请独家许可后，扬森便立即与自己所在省份的当局联系，告知他们自己也制造了一台类似的仪器。

[37] 参见 A. Van Helden, *The Invention of the Telescope* cit., pp. 21–22, nota。

[38] 参见 I. Pantin, *La lunette astronomique: une invention en quête d'auteurs*, in M. T. Jones Davies (a cura di), *Inventions et découvertes au temps de la Renaissance*, Klincksieck, Paris 1994, pp. 159–74: 161。

[39] 参见 *Verbali degli Stati Generali, 17 ottobre 1608*, in A. Van Helden, *The Invention of the Telescope* cit., p. 40。

[40] 参见 *Verbali degli Stati Generali, 15 dicembre 1608*, in Ibid., p. 42。

[41] 参见 E. Sluiter, *The Telescope before Galileo*, in «Journal for the History of Astrono-

my», XXVIII, 1997, pp. 223–34: 224。

[42] 参见 W. Thomas - L. Duerloo (a cura di), *Albert & Isabella, 1598–1621: Catalogue* cit., pp. 178–85。

[43] 参见 A. Clerici, *Ragion di Stato e politica internazionale. Guido Bentivoglio e altri interpreti italiani della Tregua dei Dodici Anni (1609)*, in «Dimensioni e problemi della ricerca storica», 2, 2009, pp. 187–223: 198。

[44] 这封信保存于梵蒂冈秘密档案室（保存区域：Fondo Borghese, II, 114, c. 127*r*), 首次公开于 A. H. L. Hensen, *De Verrekijkers van Prins Maurits en van Aartshertog Albertus*, in «Mededelingen van het Nederlandsh Historisch Instituut te Rome», III, 1923, pp. 199–204: 203–4。最近又经重印，纳入作品附录，参见 E. Sluiter, *The Telescope before Galileo* cit., pp. 231–32。

[45] 参见 C. De Waard, *De uitvinding der verrekijkers* cit., p. 230。参见 J.-C. Houzeau, *Le téléscope à Bruxelles, au printemps de 1609*, in «Ciel et terre», 3, 1882, pp. 25–28。

[46] ASV, Fondo Borghese, II, 114, c. 127*r*.

[47] 参见 E. Sluiter, *The Telescope before Galileo* cit., p. 226。

[48] ASV, Fondo Borghese, IV, 52, cc. 227*v*–228*r*.

[49] 关于曼奇尼其人参见 S. De Renzi - D. L. Sparti in DBI, 68, *ad vocem*。

[50] ASEPD, XIX, Eredità Mancini, 167, c. 247*r*. 这些信息是米凯莱 · 马凯里尼（Michele Maccherini）先生提供的，在此致谢。

[51] 参见本书第六章，第 142 页。

[52] 参见 E. Sluiter, *The Telescope before Galileo* cit., p. 226。

[53] 参见 *Les Négociations de Monsieur le Président Jeannin*, chez Pierre Le Petit, Paris 1656, pp. 518–19: Pierre Jeannin a Enrico IV, 28 dicembre 1608。

[54] 参见 P. de L'Estoile, *Mémoires-Journaux*, a cura di G. Brunet *et al.*, Librairie des Bibliophiles, Paris 1881, IX, p. 164。

[55] Ibid., p. 168.

[56] 参见 J. J. Roche, *Harriot, Galileo, and Jupiter's Satellites*, in «Archives Internationales d'Histoire des Sciences», 32, 1982, pp. 5–51: 10。

[57] 参见本书第二章，第 027 页。

[58] *Les Négociations de Monsieur le Président Jeannin* cit., p. 519: P. Jeannin a Enrico IV, 28 dicembre 1608.

[59] 参见 P. de L'Estoile, *Journal du régne de Henri IV Roi de France et de Navarre* cit., e *Le Mercure François, ou la suite de l'histoire de la paix* (Paris 1611)，也可参见 in A. Van Helden, *The Invention of the Telescope* cit., pp. 44 e 46。

[60] 参见 G. Sirtori, *Telescopium, sive ars perficiendi*, Iacobi, Francofurti 1618, in A. Van Helden, *The Invention of the Telescope* cit., p. 48。

[61] 参见 OG, X, p. 250。

[62] Ibid., p. 253.

[63] 参见 J. W. Shirley, *Thomas Harriot's Lunar Observations*, in E. Hilfstein - P. Czartoryski – F. D. Grande (a cura di) *Science and History: Studies in Honor of Edward Rosen*, The Polish Academy of Sciences Press, Wrocaw 1978, pp. 283–308: 283. 关于哈里奥特其人，参见本书第七章。

第二章 威尼斯群岛

[1] P. Sarpi, *Lettere ai protestanti*, prima ed. a cura di M. D. Busnelli, Laterza, Bari 1931, II, p. 15.

[2] Ibid., I, p. 58: P. Sarpi a J. Groslot de L'Isle, 6 gennaio 1609.

[3] 参见 L. Sosio, *Paolo Sarpi, un frate nella rivoluzione scientifica*, in C. Pin (a cura di), *Ripensando Paolo Sarpi*, Ateneo Veneto, Venezia 2006, pp. 183-236: 186-87。

[4] P. Sarpi, *Lettere ai protestanti* cit., I, p. 22: Sarpi a J. Groslot de L'Isle.

[5] P. Sarpi, *Lettere ai gallicani*, ed. critica, saggio introduttivo e note a cura di B. Ulianich, Steiner, Wiesbaden 1961, p. 179.

[6] Ibid.: P. Sarpi a G. Badoer, 30 marzo 1609. 关于巴道尔其人参见 B. Ulianich in DBI, 5, *ad vocem*。

[7] P. Sarpi, *Lettere ai protestanti* cit., I, p. 16.

[8] Ibid., p. 19.

[9] P. Sarpi, *Lettere*, raccolte e annotate da F. L. Polidori, Barbèra, Firenze 1863, I, pp. 10-11: P. Sarpi ad A. Lollino, 20 gennaio 1603.

[10] W. Gilbert, *De magnete*, Petrus Short, London 1600, p. 6. 参见 L. Sosio, *Galileo Galilei e Paolo Sarpi*, in *Galileo Galilei e la cultura veneziana*, atti del convegno di studio, Venezia, 18–20 giugno 1992, Istituto veneto di scienze, lettere ed arti, Venezia 1995, pp. 269–311: 282–83。

[11] P. Sarpi, *Lettere ai protestanti* cit., II, p. 45.

[12] *Messager céleste*, p. 59, nota 14.

[13] 参见 M. Biagioli, *Did Galileo Copy the Telescope? A "New" Letter by Paolo Sarpi*, in A. Van Helden - S. Dupré - R. Van Gent - H. Zuidervaart (a cura di), *The Origins of the Telescope* cit., pp. 221-22。

[14] 参见 *Messager céleste*, p. xx。

[15] 参见本书第三章，第068—074页。

[16] OG, X, p. 250: L. Pignoria a P. Gualdo, 1°agosto 1609.

[17] Ibid.: G. Bartoli a B. Vinta, 22 agosto 1609.

[18] Ibid.

[19] Ibid., p. 255.

[20] Ibid., p. 253: Galileo a B. Landucci, 29 agosto 1609.

[21] 参见 ASF, Mediceo del Principato 3001, c. 97*v*: A. Barbolani a Cosimo II, 23 maggio 1609.

[22] OG, X, p. 253.

[23] Ibid.

[24] Ibid.

[25] Ibid., pp. 254 e 257.

[26] Ibid., p. 257: G. Bartoli a B. Vinta, 5 settembre 1609.

[27] Gerolamo I Priuli, *Cronaca*, 21–25 agosto 1609, in OG, XIX, p. 587. 关于写作者是否为普留利，参见 G. Cozzi, *Galileo Galilei, Paolo Sarpi e la società veneziana*, in id., *Paolo Sarpi tra Venezia e l'Europa*, Einaudi, Torino 1979, p. 181, nota 99。

[28] OG, XIX, p. 588.

[29] F. Micanzio, *Vita del Padre Paolo dell'Ordine de'Servi e theologo della Serenissima* (Leida 1646), in P. Sarpi, *Istoria del Concilio Tridentino, seguita dalla Vita del padre Paolo di Fulgenzio Micanzio*, a cura di C. Vivanti, Einaudi, Torino 1974, II, pp. 1372–73.

[30] 拉法埃洛·瓜尔特罗蒂（Raffaello Gualterotti）于1610年3月6日从佛罗伦萨给伽利略写了一封信，附有萨尔皮的地址，参见OG, X, pp. 286–87。参见G. Cozzi, *Galileo Galilei, Paolo Sarpi e la società veneziana* cit., p. 183。

[31] OG, X, p. 260: L. Pignoria a P. Gualdo, 15 ottobre 1609.

[32] Ibid., pp. 259–60: G. Bartoli a B. Vinta, 26 settembre 1609.

[33] Ibid., p. 260.

[34] Ibid, p. 261: G. Bartoli a B. Vinta, 24 ottobre 1609.

[35] 在10月30日和11月20日写给贝利萨里奥·文塔的两封信以及11月4日写给帕多瓦大学改革派的信中，都没有提到这一点。关于12月4日的信，详见本书第二章。

[36] 收信人不明，参见 *Messager céleste*, p. XXIII。

[37] 参见本书第三章，第058页。

[38] P. Sarpi, *Lettere ai gallicani* cit., pp. 73–74 (trad. in P. Sarpi, *Pensieri naturali, metafisici e matematici*, ed. critica integrale commentata a cura di L. Cozzi e L. Sosio, Ricciardi, Milano-Napoli 1996, pp. CLXVI–CLXVII).

[39] Ibid., *Lettere ai gallicani* cit., p. 73 (trad. in id., *Pensieri naturali, metafisici e matematici* cit., p. CLXVI).

[40] G. Cozzi, *Galileo Galilei, Paolo Sarpi e la società veneziana* cit., p. 185.

[41] 参见 P. Sarpi, *Opere*, a cura di G. Cozzi e L. Cozzi, Ricciardi, Milano-Napoli 1969, p. 225。

[42] P. Sarpi, *Lettere ai gallicani* cit., p. 240.

[43] Ibid., p. 238.

[44] Ibid., p. 79. 参见 E. Reeves, *Kingdoms of Heavens: Galileo and Sarpi on the Celestial*, in «Representations», n. 105, 2009, pp. 61–84: 68。

[45] M. Torrini, *Il Rinascimento nell'orizzonte della nuova scienza*, in *Nuovi maestri e antichi testi. Umanesimo e Rinascimento alle origini del pensiero moderno*, atti del Convegno internazionale di studi in onore di Cesare Vasoli, Mantova, 1–3 dicembre 2010, Olschki, Firenze 2012, in stampa.

[46] C. Pin, *"Qui si vive con esempi, non con ragione" : Paolo Sarpi e la committenza di stato nel dopo-Interdetto*, in id. (a cura di), *Ripensando Paolo Sarpi* cit., pp. 343–-94: 357.

[47] ASF, Mediceo del Principato 3001, c. 77*r-v*: Asdrubale Barbolani al granduca Cosimo II, 2 maggio 1609.

[48] Ibid., c. 186*r*: G. Bartoli a B. Vinta, 7 novembre 1609.

[49] M. D. Busnelli, *Études sur fra Paolo Sarpi et autres essais italiens et français*, Slatkine, Genève 1986, p. 174. 也可参见 V. Frajese, *Sarpi scettico. Stato e Chiesa a Venezia tra Cinque e Seicento*, il Mulino, Bologna 1994, p. 263。

[50] P. Savio, *Per l'epistolario di Paolo Sarpi*, in «Aevum», 10, 1936, pp. 3–104: 12.

[51] 参见 B. Ulianich in DBI, 5, *ad vocem*。

[52] P. Sarpi, *Lettere ai protestanti* cit., II, pp. 98–99.

[53] «Ben è da pregarsi Iddio che voglia eliminare una siffatta peste dal mondo» (P. Sarpi a J. Leschassier, 3 agosto 1610, in P. Sarpi, *Lettere ai gallicani* cit., p. 89).

[54] Ibid., p. 81.

[55] P. Sarpi, *Lettere ai protestanti* cit., I, p. 122: P. Sarpi a J. Groslot de l'Isle, 10 maggio 1610.

[56] P. Sarpi, *Lettere ai gallicani* cit., p. 84: lettera dell'8 giugno 1610.

[57] Ibid., p. 241: J. Leschassier a P. Sarpi, 29 giugno 1610.

[58] 关于此人，参见 G. Cozzi - L. Cozzi in DBI, 32, *ad vocem*。

[59] OG, X, p. 363: G. C. Gloriosi a J. Schreck, 29 maggio 1610.

[60] Ibid., XI, p. 350.

第三章　爆炸性新闻：镜片与信封

[1] 参见本书第二章，第 031 页。

[2] 参见本书第二章，第 033—034 页。

[3] 参见 W. Eamon, *Science and the Secrets of Nature: Books of Secrets in Medieval and Early Modern Culture*, Princeton University Press, Princeton 1994, p. 238。

[4] SN, p. 85; OG, III, p. 60.

[5] 比亚焦利对此反应很大，提出须注意这封信，但他的解释颇为片面（参见 *Did Galileo Copy the Telescope? A "New" Letter by Paolo Sarpi* cit., pp. 203–8）。

[6] 参见 OG, VI, p. 258。

[7] 参见本书第二章，第 051—052 页。

[8] 若要进行简略而时新的历史回顾，请参考 S. Dupré, *Galileo, the Telescope, and the Science of Optics in the Sixteenth Century* cit., pp. 6–10。

[9] SN, p. 87; OG, III, pp. 60–61.

[10] 与《星空报告》不同，普留利在《编年史》中记述可放大 9 倍。参见 OG, XIX, p. 588。

[11] 参见 V. Ilardi, *Renaissance Vision from Spectacles to Telescopes* cit., pp. 82–95。

[12] 参见 A. Van Helden, *Galileo and the Telescope*, in A. Van Helden - S. Dupré - R. Van Gent - H. Zuidervaart (a cura di), *The Origins of the Telescope* cit., pp. 183–201: 187–88。

[13] 参见 S. Mayr, *Mundus Iovialis* (1614), ora in A. Van Helden, *The Invention of the Telescope* cit., p. 47。

[14] 参见本书第一章，第 024—025 页。

[15] G. Sirtori, *Telescopium, sive ars perficiendi* cit., in A. Van Helden, *The Invention of the Telescope* cit., p. 48.

[16] 参见 V. Ilardi, *Renaissance Vision from Spectacles to Telescopes* cit., p.145。

[17] 有时伽利略也为其他人行个方便，如他在帕多瓦的学生保罗 · 波佐波内利 (Paolo Pozzobonelli) 于 1602 年 9 月收到了伽利略送来的一台望远镜，并回信感谢伽利略“为赠我这台望远镜而付出的努力，以及这台珍贵礼物本身”。(OG, X, p. 93: P. Pozzobonelli a Galileo, 12 settembre 1602.)

[18] 参见 V. Ilardi, *Renaissance Vision from Spectacles to Telescopes* cit., pp. 183–84。

[19] 参见 OG, X, p. 259。

[20] 证据显示，1609 年 9 月底至 10 月底伽利略在佛罗伦萨。 参见 A. Favaro, *Galileo Galilei e lo Studio di Padova*, [rist. Antenore, Padova 1966] Le Monnier, Firenze 1883 I, p. 287, nota 5。

[21] OG, X, p. 280.

[22] Ibid., p. 268: G. Ammannati ad A. Piersanti, 21 novembre 1609.

[23] Ibid., p. 279.

[24] 参见 A. Favaro, *Galileo Galilei e lo Studio di Padova* cit., II, pp. 49–51。

[25] 参见本章尾注 21。

[26] SN, p. 87; OG, III, p. 60.

[27] 参见 OG, X, p. 270, nota 1. 关于内容的具体分析，参见 G. Strano, *La lista della spesa di Galileo: un documento poco noto sul telescopio*, in «Galilaeana», VI, 2009, pp. 197-211; M. Valleriani, *Galileo Engineer*, Springer, Dordrecht 2010, pp. 42–44。路易吉·泽金（Luigi Zecchin）1957 年的一份古旧研究报告中提及了伽利略的这份清单（参见 *I cannocchiali di Galilei e gli "occhialeri" veneziani*, ora in Id., *Vetro e vetrai di Murano: studi sulla storia del vetro*, Arsenale, Venezia 1987–90, II, pp. 255–65: 256）。

[28] 参见 M. Camerota, *Galileo Galilei e la cultura scientifica nell'età della Controriforma*, Salerno, Roma 2004, p. 113。

[29] 关于威尼斯玻璃制造业的详细情况，参见 F. Trivellato, *Fondamenta dei vetrai. Lavoro, tecnologia e mercato a Venezia tra Sei e Settecento*, Donzelli, Roma 2000, p. 136。

[30] C. A. Manzini, *L'occhiale all'occhio*, per l'Herede del Benacci, Bologna 1660, p. 8.

[31] 参见 OG, XI, pp. 314, 351, 521–22, 536, 539, 545 e 549–50. 伽利略和萨格雷多关于镜片的通信，参见 L. Zecchin, *I cannocchiali di Galilei e gli "occhialeri" veneziani* cit., e soprattutto O. Pedersen, *Sagredo's Optical Researches*, in «Centaurus», 13, 1968, pp. 139–50: 142–50。

[32] 关于镜片制作的不同阶段，参见 G. Strano, *La lista della spesa di Galileo* cit.; P. Solaini, *Storia del cannocchiale*, in «Atti della Fondazione Giorgio Ronchi», 51, 1996, pp. 805–72: 838–57; R. Willach, *The Development of Lens Grinding and Polishing Techniques in the First Half of the 17th Century*, in «Bulletin of the Scientific Instrument Society», 68, 2001, pp. 10–15。

[33] OG, X, p. 301.

[34] 参见 OG, X, p. 253: Galileo a B. Landucci, 29 agosto 1609; e *Sidereus nuncius* in OG, III, p. 60 (SN, p. 87)。

[35] OG, VI, p. 259. 参见 I. Pantin, *La lunette astronomique: une invention en quête d'auteurs* cit., pp. 165–66。

[36] 可以说，这也是比亚焦利给出的解释（参见 *Did Galileo Copy the Telescope? A "New" Letter by Paolo Sarpi* cit., p. 210）。

[37] 参见 T. B. Settle, *Ostilio Ricci, a Bridge between Alberti and Galileo*, in *Actes du XIIe Congrès International d'Histoire des Sciences*, Blanchard, Paris 1971, III B, pp. 121–26。笔者认为这份手稿的作者是丰塔纳，而塞特尔（Settle）认为它出自莱昂·巴蒂斯塔·阿尔贝蒂（Leon Battista Alberti）之手，详见 E. Battisti - G. Saccaro Battisti, *Le macchine cifrate di Giovanni Fontana*, Arcadia Edizioni, Milano 1984, p. 24。

[38] 参见 T. Garzoni, *Dello specchio di scientia universale*, appresso Andrea Ravenoldo, Venezia 1567, c. 55*v*。

[39] 参见 S. Dupré, *Ausonio's Mirrors and Galileo's Lenses: The Telescope and Sixteenth-Century Optical Knowledge*, in «Galilaeana», II, 2005, pp. 145–80: 148–49 e 152–70。

[40] Ibid., p. 154.

[41] 参见 *Considerazioni d'Alimberto Mauri sopra alcuni luoghi del Discorso di Lodovico delle Colombe intorno alla stella apparita nel 1604*, appresso Gio. Antonio Caneo, Firenze 1606, c. 8*r*-*v*。关于伽利略化名为“Alimberto Mauri”（阿里姆贝尔托·毛乌里）之事，参见 S. Drake, *Galileo against Philosophers in His Dialogue of Cecco di Ronchitti (1605) and Considerations of Alimberto Mauri*, Zeitlin & Ver Brugge, Los Angeles 1976, pp. 61–71。

[42] 参见 A. Favaro, *La libreria di Galileo Galilei*, in «Bullettino di bibliografia e di storia delle scienze matematiche e fisiche», XIX, 1886, pp. 219–93: 262。

[43] Ibid., p. 263. Della *Magia naturalis*, 该书描述了凹透镜与凸透镜结合产生的效果，现有 1611 年的意大利文版本。

[44] S. Dupré, *Ausonio's Mirrors and Galileo's Lenses: The Telescope and Sixteenth-Century Optical Knowledge* cit., pp. 167–72.

[45] 参见 B. S. Eastwood, *Alhazen, Leonardo, and Late-Medieval Speculation on the Inversion of Images in the Eye*, in «Annals of Science», 43, 1986, pp. 413–46。

[46] 开普勒关于视觉的理论，参见 D. C. Lindberg, *Theories of Vision from AlKindi to Kepler*, Chicago University Press, Chicago 1976, pp. 178–208; S. M. Straker, *Kepler, Tycho and the "The Optical Part of Astronomy". The Genesis of Kepler's Theory of Pinhole Images*, in «Archive for History of Exact Sciences», 24, 1981, pp. 267–93; G. Simon, *Archéologie de la vision. L'optique, le corps, la peinture*, Éditions du Seuil, Paris 2003, pp. 203–22。

[47] 参见 *Messager céleste*, pp. LXXXI–IXXXII。

[48] OG, X, p. 441.

[49] 关于《折光学》内容的深入研究，参见 A. Malet, *Kepler and the Telescope*, in

«Annals of Science», 60, 2003, pp. 107–36。

[50] 这封信收信人身份不明，原稿由弗朗科 · 帕拉迪诺发现并出版（参见 *Un trattato sulla costruzione del cannocchiale ai tempi di Galilei. Principi matematici e problemi tecnologici*, in «Nouvelles de la République des Lettres», 1, 1987, pp. 83–102: 95–102）。

[51] 关于文图里的生平，详见 I. Ugurgieri Azzolini, *Le pompe sanesi o'vero relazione delli huomini, e donne illustri di Siena e suo Stato*, nella Stamperia di Pier'Antonio Fortunati, Pistoia 1649, p. 679; E. Romagnoli, *Biografia cronologica de'Bellartisti Senesi, 1200-1800*, Edizioni S.P.E.S., Firenze 1976, IX, cc. 711–19。

[52] ASEPD, XIX, Eredità Mancini, 167, c. 262*v*: G. Mancini al fratello Deifebo, 4 novembre 1609.

[53] 参见本书第十章。

[54] B. Vannozzi, *Della suppellettile degli avvertimenti politici, morali, et christiani*, appresso gli Heredi di Giovanni Rossi, Bologna 1609–13, III, p. 685.

[55] 参见 F. Palladino, *Un trattato sulla costruzione del cannocchiale ai tempi di Galilei* cit., p. 101。

[56] P. Sarpi, *Lettere ai gallicani* cit., p. 240.

[57] 参见本书第二章，第 036—037 页。

[58] 参见本章尾注 21。

[59] OG, X, p. 271.

[60] Ibid., p. 273.

[61] 伽利略年轻时“对绘画的热爱”保持了很久，参见 V. Viviani, *Racconto istorico*, in OG, XIX, p. 602。

[62] 关于伽利略在水彩画中运用到的技巧，参见 H. Bredekamp, *Gazing Hands and Blind Spots: Galileo as Draftsman*, in «Science in Context», 13, 2000, pp. 423-62; Id., *Galilei der Künstler. Der Mond. Die Sonne. Die Hand*, Akademie Verlag, Berlin 2007, pp. 101-21 e 346–62。参见 E. Reeves, *Painting the Heavens. Art and Science in the Age of Galileo*, Princeton University Press, Princeton 1997, pp. 138–83; S. Y. Edgerton, *The Mirror, the Window and the Telescope: How Renaissance Linear Perspective Changed Our Vision of the Universe*, Cornell University Press, Ithaca (NY) 2009, pp. 151–67。

[63] 参见 E. A. Whitaker, *Galileo's Lunar Observations and the Dating of the Composition of "Sidereus Nuncius"*, in «Journal for the History of Astronomy», 9, 1978, pp. 155-69; id. *Identificazione e datazione delle osservazioni lunari di Galileo*, in P. Galluzzi (a cura di), *Galileo. Immagini dell'universo dall'antichità al telescopio*, Giunti,

Firenze 2009, pp. 262–67。

[64] 参见 E. Cavicchi, *Painting the Moon*, in «Sky and Telescope», 83, 1991, pp. 313–15。

[65] OG, X, pp. 277–78.

[66] Ibid., p. 278.

[67] 参见 A. Van Helden, *Galileo and the Telescope* cit., pp. 192–93。

[68] 参见 J. North, *Thomas Harriot and the First Telescopic Observations of Sunpots*, in J. W. Shirley (a cura di), *Thomas Harriot: Renaissance Scientist*, Clarendon Press, Oxford 1974, pp. 130-65: 158–60。

[69] SN, p. 87; OG, III, p. 60.

[70] OG, X, p. 262, nota 2.

[71] Ibid., p. 261.

[72] 参见 F. Braudel, *Civiltà e imperi del Mediterraneo nell'età di Filippo II*, Einaudi, Torino 20105 , I, pp. 387–98 (ed. or. *La Méditerranée et le Monde méditerranée à l'époque de Philippe II*, Librairie Armand Colin, Paris 1949)。

[73] 参见 L. De Zanche, *I vettori dei dispacci diplomatici veneziani da e per Costantinopoli*, in «Archivio per la storia postale», 2, 1999, pp. 19–43: 25–35; Id., *Tra Costantinopoli e Venezia: Dispacci di Stato e lettere di mercanti dal Basso Medioevo alla caduta della Serenissima*, Istituto di studi storici postali, Prato 2000, pp. 25–26 e 95–96; E. R. Dursteller, *Power and Information: The Venetian Postal System in the Early Modern Eastern Mediterranean*, in D. R. Curto - E. R. Dursteller - J. Kirshner - F. Trivellato (a cura di), *From Florence to the Mediterranean and Beyond: Essays in Honour of Anthony Molho*, Olschki, Firenze 2009, I, pp. 601–23: 605–8。

[74] 参见 G. Berchet, *Relazioni dei Consoli Veneti nella Siria*, Paravia, Torino 1886, p. 66。

[75] 参见 M. Sanudo, *I diarii: (MCCCCXCVI–MDXXXIII) dall'autografo Marciano ital. cl. VII codd. CDXIX–CDLXXVII*, F. Visentini, Venezia 1882, VII, p. 299。这些日记忠实地记录了从 1497 年到 1532 年在元老院宣读的来历各异的信件。

[76] OG, X, p. 277.

[77] 这份手稿现存于密歇根大学图书馆，斯蒂尔曼·德雷克（Stillman Drake）对其首次进行汇报（参见 *Galileo Gleanings XIII: An Unpublished Fragment Relating to the Telescope and Medicean Stars*, in «Physis», 4, 1962, pp. 342–44），在那之后又加以详细分析（参见 *Galileo's First Telescopic Observations*, in «Journal for the History of Astronomy», 7, 1976, pp. 153–68）。近期一项研究产生了几个与德雷克不同的结论，参见 O. Gingerich - A. Van Helden, *How Galileo Constructed the Moons of Jupiter*, in «Journal for the History of Astronomy», 42, 2011, pp. 259–64。参见 P. Needham, *Galileo Makes a Book: The first Edition of "Sidereus

Nuncius" Venice 1610, Akademie Verlag, Berlino 2011, pp. 13–18。

[78] 参见 S. Drake, *Galileo's First Telescopic Observations* cit., p. 165。

[79] SN, p. 137; OG, III, p. 81.

[80] 这本日记包含了伽利略从 1610 年 1 月 7 日至 3 月 2 日对木星的所有观测记录，与《星空报告》记载的时间吻合。日记从 3 月 9 日重新开始，并一直记录到 1613 年，其间有间断。该手稿经重印，收录于 OG, III.2, pp. 427–53。

[81] 关于伽利略使用纸片一说，参见 A. Favaro, *Le osservazioni di Galileo circa i pianeti medicei dal 7 gennaio al 23 febbraio 1613*, in «Atti del Reale Istituto veneto di scienze, lettere ed arti», 59, 1900, pp. 519–26: 524。

[82] OG, III.2, p. 427. 参见 O. Gingerich - A. Van Helden, *How Galileo Constructed the Moons of Jupiter* cit., p. 263。

[83] OG, III.2, p. 428.

[84] 筹备工作步骤繁多，参见 *Messager céleste*, pp. XXVII-XXX; O. Gingerich - A. Van Helden, *From "Occhiale" to Printed Page: The Making of Galileo's "Sidereus Nuncius"*, in «Journal for the History of Astronomy», 34, 2003, pp. 251–67; D. Wootton, *New Light on the Composition and Publication of the "Sidereus Nuncius"*, in «Galilaeana», VI, 2009, pp. 123–40; P. Needham, *Galileo Makes a Book: The first Edition of "Sidereus Nuncius" Venice 1610* cit., pp. 63–75.

[85] OG, X, pp. 280–81.

[86] Ibid., p. 281.

[87] Ibid., pp. 283–84. 伽利略试图保护自己的发明，他做的一系列保密工作参见 M. Biagioli, *Galileo's Instruments of Credit: Telescopes, Images, Secrecy*, The University of Chicago Press, Chicago 2006, pp. 77–134。关于比亚焦利论文的探讨参见 F. Giudice, *Only a Matter of Credit? Galileo, the Telescopic Discoveries, and the Copernican System*, in «Galilaeana», IV, 2007, pp. 391–413。

[88] OG, III.2, pp. 432–33.

[89] 巴利奥尼是个小印刷商，是罗贝尔托 · 梅耶蒂（Roberto Meietti）的前合伙人，他是关于宗教禁令的作品的主要出版商［参见 M. Infelise, *Ricerche sulla fortuna editoriale di Paolo Sarpi*, in C. Pin (a cura di) *Ripensando Paolo Sarpi* cit., pp. 519–46: 530–31］。1607 年伽利略曾与他合作，出版了《反对巴尔达萨雷 · 卡普拉的论辩》。1611 年，他还出版了《论云的形状和穿过云层的光线被云本身和降雨遮盖的现象》，作者是斯普利特大主教马尔坎东尼奥 · 德 · 多米尼斯（Marcantonio De Dominis）。据巴利奥尼手下的编辑乔瓦尼 · 巴尔托利（与大公在威尼斯的秘书同名）说，巴利奥尼吹嘘自己是第一个能解释望远镜工作原理的人，因为《星空报告》成书比出版实际上早了大约二十年。［参见 E.

De Mas, *Il «De radiis visus et lucis». Un trattato scientifico pubblicato a Venezia nel 1611 dallo stesso editore del «Sidereus Nuncius»*, in P. Galluzzi (a cura di), *Novità celesti e crisi del sapere*, Giunti, Firenze 1984, pp. 159-66: 160-62]。1612年，巴利奥尼又担任了朱利奥·切萨雷·拉加拉所著《关于由伽利略新望远镜引发的月球现象物理争论》(*De phoenomenis in orbe Lunae*) 的编辑，关于这本书，见本书第十一章和尾声部分。

第四章 电光石火

[1] 参见 OG, X, p. 288: Galileo a B. Vinta, 13 marzo 1610。关于《星空报告》，参见 *Messager céleste*, pp. IX–CIV; M. Torrini, *"Et vidi coelum novum et terram novam". A proposito di rivoluzione scientifica e libertinismo*, in «Nuncius», I, 1986, pp. 49–77; P. Hamou, *La mutation du visible. Essai sur la portée épistémologique des instruments d'optique au XVIIe siècle*, Presses Universitaires du Septentrion, Villeneuve d'Ascq (Nord) 1999, I, pp. 29–111; J. L. Heilbron, *Galileo*, Oxford University Press, Oxford 2010, pp. 147–60; D. Wootton, *Galileo: Watcher of the Skies*, Yale University Press, New Haven 2010, pp. 96–105; G. Galilei, *Sidereus nuncius: O mensageiro das estrelas*, a cura di H. Leitão, Fundaçao Calouste Gulbenkian, Lisboa 2010, pp. 17–136; E. Reeves, *Variable Stars: a Decade of Historiography on the Sidereus nuncius*, in «Galilaeana», VIII, 2011, pp. 37–52。

[2] OG, X, p. 289.

[3] Ibid., p. 288.

[4] L. P. Smith, *The Life and Letters of Sir Henry Wotton*, Clarendon Press, Oxford 1907, I, pp. 486–87.

[5] Ibid.

[6] OG, X, p. 291.

[7] Ibid., p. 296: G. B. Manso a Galileo, 18 marzo 1610.

[8] Ibid., p. 294: G. B. Manso a P. Beni, marzo 1610.

[9] Ibid., p. 295.

[10] 参见 M. Biagioli, *Galileo, Courtier. The Practice of Science in the Culture of Absolutism*, The University of Chicago Press, Chicago 1993, p. 103。

[11] 参见 OG, X, p. 299: Galileo a B. Vinta, 19 marzo 1610。

[12] 参见本书第十章，第249—250页。

[13] OG, X, p. 299.

[14] Ibid., p. 301.

[15] Ibid., p. 302.

[16] Ibid., p. 301.

[17] ASF, Mediceo 3004b, cc. 222*v*–223*r*. 1610 年 5 月 22 日派发的公文，参见 M. Bucciantini, *Galileo e Keplero. Filosofia, cosmologia e teologia nell'età della Controriforma*, Einaudi, Torino 2003, p. 175。

[18] 一些不同的解释，参见 M. Biagioli, *Replication or Monopoly? The Economies of Invention and Discovery in Galileo's Observations of 1610*, in «Science in Context», XIII (2000), nn. 3–4, pp. 547–90: 551; Id., *Galileo's Instrument of Credit* cit., pp. 83–84。

[19] OG, X, pp. 306–7: G. Bartoli a B. Vinta, 27 marzo 1610.

[20] Ibid., p. 305: E. Piccolomini d'Aragona a Galileo, 27 marzo 1610.

[21] Ibid., A. Sertini a Galileo, 27 marzo 1610.

[22] N. Lorini al cardinale P. C. Sfondrati, 7 febbraio 1615, in G. Galilei, *Scienza e religione. Scritti copernicani*, a cura di M. Bucciantini e M. Camerota, Donzelli, Roma 2009, p. 250.

第五章　漂泊

[1] 参见 V. Sampieri, *Origine e fondatione di tutte le Chiese che di presente si trovano nella Città di Bologna*, Clemente Ferroni, Bologna 1633, p. 92; G. N. Pasquali Alidosi, *Diario. Overo raccolta delle cose che nella Città di Bologna giornalmente occorrono per l'Anno MDCXIV*, per Bartolomeo Cochi, Bologna 1614, p. 25; A. Masini, *Bologna perlustrata*, terza impressione notabilmente accresciuta, per l'Erede di Vittorio Benacci, Bologna 1666, p. 297。

[2] 马西莫 · 卡普拉拉，吉罗拉莫 · 卡普拉拉和玛格丽塔 · 巴巴扎之子；1621 年与卡特琳娜 · 本蒂沃利结婚，1630 年去世。参见 G. Guidicini, *Alberi genealogici*, in ASB, II, c. 37*r*; L. Montefani Caprara, *Famiglie bolognesi*, in BUB, ms 4207.23, cc. 91*r* e 131*r*。

[3] 参见 OG, X, p. 359: G. A. Magini a J. Kepler, 26 maggio 1610. 据马丁 · 哈斯戴尔的记述，当时有 24 人在场。Ibid., p. 390.

[4] 参见 OG, III, pp. 142 e 196; X, p. 389: P. M. Cittadini a Galileo, 3 luglio 1610; p. 345: M. Hasdale a Galileo, 28 aprile 1610。关于罗芬尼其人，参见 D. Aricò, *Giovanni Antonio Roffeni: un astrologo bolognese amico di Galileo*, in «Il Carrobbio», XXIV, 1998, pp. 67–96。关于伯特利加里其人，参见 M. Calore – G. L. Betti, *"Il molto illustre Cavaliere Hercole Bottrigari". Contributi per la biografia di un eclettico in-*

tellettuale bolognese del Cinquecento, in «Il Carrobbio», XXXV, 2009, pp. 93–120。关于多明我会修士兼传教士齐塔迪尼其人，参见 G. M. Cavalieri, *Galleria de'sommi Pontefici, Patriarchi, Arcivescovi e Vescovi dell'Ordine de'Predicatori*, nella stamperia Arcivescovile, Benevento 1696, p. 568. 关于帕帕佐尼其人，参见 M. Camerota, *Flaminio Papazzoni: un aristotelico bolognese maestro di Federico Borromeo e corrispondente di Galileo*, in D. Di Liscia – E. Kessler – C. Methuen (a cura di), *Method and Order in Renaissance Philosophy of Nature. The Aristotle Commentary Tradition*, Ashgate, Aldershot 1997, pp. 271–300。

[5] KGW, XVI, p. 295: J. Kepler a G. A. Magini, 22 marzo 1610.

[6] OG, X, p. 365: M. Hasdale a Galileo, 31 maggio 1610. 关于哈斯戴尔其人，参见本书第六章，第 130—132 页。

[7] «D. Maginus honoratum convivium, et lautum et delicatum, Galileo paravit», OG, X, p. 343: M. Horky a J. Kepler, 27 aprile 1610.

[8] Ibid., p. 345: lettera di G. A. Magini a J. Zuckmesser, riportata da M. Hasdale a Galileo, il 28 aprile 1610.

[9] Ibid., p. 308: M. Horky a J. Kepler, 31 marzo 1610.

[10] Ibid., pp. 311 e 316: M. Horky a J. Kepler, 6 e 16 aprile 1610.

[11] G. A. Roffeni, *Epistola apologetica*, apud Heredes Joannis Rossij, Bologna 1611; 参见 OG, III, pp. 193–200: 195–96。

[12] Ibid., X, p. 343: M. Horky a J. Kepler, 27 aprile 1610.

[13] M. Horky, *Brevissima peregrinatio contra Nuncium Sidereum* […], apud Iulianum Cassianum, Modena 1610; 参见 OG, III, pp. 129–45: 142。参见 OG, X, pp. 358 e 387。据瓦斯科 · 隆基（Vasco Ronchi）称，当晚霍奇第一次观测到大熊座的北斗六（我们熟知的北斗七星中的“开阳”星），那确是一颗双星（中国古称“开阳双星”）。参见 V. Ronchi, *Galileo e il cannocchiale*, Idea, Udine 1942, p. 266。事实上，霍奇称看见了大熊座的“骑士”，即 Alcor（大熊座 80，古称“开阳增星”），却并未声称看到了开阳双星，只是观测到附近有四颗类似木星卫星的小星。参见 OG, III, p. 142。开阳双星反而是由伽利略和卡斯泰利（Castelli）在 1617 年首次观测到的。参见 U. Fedele, *Le prime osservazioni di stelle doppie*, in «Coelum», XVII, 1949, pp. 65–69。

[14] 参见 J. Wedderburn, *Quatuor problematum quae Martinus Horky* […] *proposuit. Confutatio* […], Marinelli, Patavii 1610, in OG, III, pp. 151–78: 172。

[15] OG, III, pp. 140–41.

[16] Ibid., X, p. 343.

[17] Ibid., pp. 342–43. 在 1610 年 5 月的另一封信中，霍奇对此又是旧调重弹。参

见 OG, XX, p. 599。

[18] BNCF, ms Gal. 48, c. 34*v*. 参见 OG, III, p. 436. 伽利略的观测结果与霍奇的声明之间的关系颇为微妙，开普勒敏锐地发现了这一点。参见 OG, X, p. 416: J. Kepler a Galileo, 9 agosto 1610。

[19] Ibid., p. 390: M. Hasdale a Galileo, 5 luglio 1610.

[20] Ibid., p. 358: G. A. Magini a J. Kepler, 26 maggio 1610. 当马吉尼在 1614 年重新发表这封信时，他认为最好删去我们引用的这段话。 参见 G. A. Magini, *Supplementum Ephemeridum ac Tabularum Secundorum Mobilium*, apud Haeredem Damiani Zenarii, Venetiis 1614, p. 267。

[21] OG, X, p. 343: M. Horky a J. Kepler, 27 aprile 1610.

[22] «No es Peregrinación aquel vagante, | Inquieto y solicito camino | Del que por ser curioso es caminante. | Ni el que por melancólico destino | O por necesidad o vanagloria, | O por intento vano es peregrino. | La peregrinación que de memoria | Y de albanza es digna en cielo y suelo, | Y la que se encarece en esta historia, | Es la de aquel que con piadoso celo, | Por voluntad u obligación, visita | Los lugares que acá señala el cielo». B. Cairasco de Figueroa, *Peregrinación*, in id., *Templo militante. Flos sanctorum, y triumphos de sus virtudes*, por Pedro Crasbeeck, Lisboa 1613, p. 157; 也可参见 J. Hahn, *The Origins of the Baroque Concept of Peregrinatio*, The University of North Carolina Press, Chapel Hill 1973, pp. 15–16。

[23] OG, III, p. 131.

[24] «Germaniam incolui, Gallorum urbes vidi; Italia, Philosophiae ac Medicinae amore, exul adii»: 出处同上。

[25] KGW, XVI, p. 268: M. Horky a J. Kepler, 12 gennaio 1610. 文中提到的利普修斯的话出自尤斯图斯 · 利普修斯（Justus Lipsius）在 1578 年 4 月给菲利普 · 拉诺伊（Philippe Lanoye）的信。参见 J. Lipsius, *Epistolarum selectarum centuria prima*, apud C. Plantinum, Antuerpiae 1586, pp. 92–108: 107. 之前，1605 年霍奇曾在布热格停留，在那里他讨论了同年在列格尼茨发表的一篇论文。参见 M. Horky, *Disputatio ethica de beatitudine politica*, typis N. Sartorii, Lignicii 1605。

[26] 参见 la nota di Carl Frisch in J. Kepler, *Opera Omnia*, a cura di C. Frisch, Heyder & Zimmer, Frankfurt 1858–71, II, p. 462。关于霍奇其人，参见 J. Smolka, *Böhmen und die Annahme der Galileischen astronomischen Entdeckungen*, in «Acta historiae rerum naturalium necnon technicarum», I, 1997, pp. 41–69; Ch. Strebel, *Martinus Horky und das Fernrohr Galileis*, in «Sudhoffs Archiv», XC, 2006, pp. 11–28。

[27] M. Horky, *Ein richtiger und sehr nützlicher Wegweiser, wie man sich für der Pestilentz bewahren solle*, Sachs, Rostock 1624.

[28] id., *Talentum astromanticum, oder Natürliche Weissagung und Verkündigung, auß deß Himmels Lauff, vom Zustand und Beschaffenheit deß Schald–Jahrs nach Christi Geburt 1632*, Ritzsch, Leipzig 1632.

[29] 例如：*Das grosse Prognosticon, Oder Astrologische Wunderschrifft [⋯] auffs 1633. Jahr Christi, durch die Handt Gottes am Gestirnten Firmament deß Himmels auffgezeichnet*, [s. n.], Hamburg 1633; Id., *Chrysmologium Physico–Astronomicum, Oder Natürliche Weissagung und Erkundigung auß dem Gestirn und Himmelslauff von dem Zustand und Beschaffenheit deß 1653. Jahrs Jesu Christi*, [s. n.], Nürnberg 1639; Id., *Alter und Newer Schreib–Calender sambt der Planeten Aspecten Lauff und derselben Influentzen auff das Jahr nach der Geburt Jesu Christi MDCLIII Auß den rechten wahrhafftigen alten und newen Canonibus mit Fleiß gestellet*, Endters, Nürnberg [1649?]. 前几年有一部小作品问世：*Eine Newe Diania Astromantica, oder gewisser Beweiß, Was zu halten sey von den schrecklichen Göttlichen Wunderwerck, so diß jetzige 1629 Jahr Christi an der Sonnen ist gesehen worden*, [s. n.], [s. l.] 1629. 相关内容参见 J. Smolka, *Martin Horký a jeho kalendá e* [*Martin Horky e i suoi calendari*], in «Miscellanea. Odd ě lení rukopis a starých tisk », 18, Národní Knihovna, Praha 2005, pp. 145–60。

[30] 在1609年12月3日的一封信中，马吉尼说他身边有“一个年轻的德国抄写员，写得很好”。参见 A. Favaro, *Carteggio inedito di Ticone Brahe, Giovanni Keplero e di altri celebri astronomi e matematici dei secoli XVI e XVII con Giovanni Antonio Magini*, Zanichelli, Bologna 1886, p. 118, nota 3。1610 年 4 月底，霍奇说他在博洛尼亚待了 6 个月（KGW, XVI, p. 307），而在 5 月底他写道：“尊贵善良的马吉尼先生 [………]（我在此）7 个月。”(OG, XX, p. 599)。因此，他一定是在 1609 年 11 月抵达博洛尼亚的。

[31] KGW, XVI, p. 306: M. Horky a J. Kepler, 27 aprile 1610.

[32] OG, III, p. 139.

[33] OG, X, p. 359: M. Horky a J. Kepler, 24 maggio 1610.

[34] 原文为：«Es beisst ein Fuchss den andern nicht, undt ein Hundt beldt den andern nicht ahn», Ibid., p. 358.

[35] Ibid., p. 386: M. Horky a J. Kepler, 30 giugno 1610.

[36] Ibid., p. 376: G. A. Roffeni a Galileo, 22 giugno 1610.

[37] Ibid., p. 379: G. A. Magini ad A. Santini, 22 giugno 1610.

[38] Ibid.

[39] Ibid., p. 389: P. M. Cittadini a Galileo, 3 luglio 1610. 参见一封信件：G. A. Roffeni a Galileo del 6 luglio, Ibid., pp. 391–92.

[40] Ibid., pp. 379, 384, 391–92 e 418. 1607 年，巴尔达萨雷 · 卡普拉因剽窃伽利略关于圆规和军用罗盘的创意而受谴责。 参见 M. Camerota, *Galileo Galilei e la cultura scientifica nell'età della Controriforma* cit., pp. 124–30。

[41] OG, X, p. 412: A. Sertini a Galileo, 7 agosto 1610.

[42] 参见 *Discussion*, p. xli。

[43] 参见 OG, XX, pp. 599–600。这封信的收件人签名为“D. H. M. Vall. Mon.”，可以确定是寄给奥拉齐奥 · 莫兰迪的 («Dominus Horatius Morandi Vallombrosanus Monachus»)。关于莫兰迪，参见 G. Ernst, *Scienza, astrologia e politica nella Roma barocca. La biblioteca di Orazio Morandi*, in E. Canone (a cura di), *Bibliothecae selectae. Da Cusano a Leopardi*, Olschki, Firenze 1993, pp. 217–52; B. Dooley, *Morandi's Last Prophecy and the End of Renaissance Politics*, Princeton University Press, Princeton 2002。

[44] 在《短暂漂泊》中，霍奇再次提到一位“月亮夫人的秘书，银河的主宰，猎户座的典礼官，四颗新星的见证者”(OG, III, p. 142)。与莫兰迪一样，信中提到的西兹也没写全名，而是缩写成“D. fr. sit. (Dominus Franciscus Sitius)”(OG, XX, p. 600)。

[45] 参见 F. Sizzi, *Dianoia astronomica, optica, physica, qua Syderei Nuncii rumor de Quatuor Planetis* [···] *vanus redditur*, apud P. M. Bertanum, Venetiis 1611; 参见 OG, III, pp. 203– 250。该作品可能是与莫兰迪合著的。参见 OG, X, p. 411. Su Sizzi, 参见 M. Camerota, *Francesco Sizzi. Un oppositore di Galileo tra Firenze e Parigi*, in F. Abbri e M. Bucciantini (a cura di), *Toscana e Europa. Nuova scienza e filosofia tra'600 e'700*, F. Angeli, Milano 2006, pp. 83–107。

[46] 参见 OG, III, p. 208。

[47] “马吉尼寄来了一封来自佛罗伦萨的信的副本，从信中可以看出（霍奇）是多么傲慢，他想给马吉尼的朋友们写信，还装作是经过了马吉尼同意，简直一派胡言。”OG, X, p. 384: G. A. Roffeni a Galileo, 29 giugno 1610.

[48] «Te [Morandi] numquam vidi *sed literas tuas legi* [···]»: OG, XX, p. 600 (corsivo nostro). 关于马吉尼和莫兰迪的关系，参见 A. Favaro, *Carteggio inedito* cit., p. 54。这里需要注意，罗芬尼提到“霍奇的佛罗伦萨对话者”是马吉尼的“朋友”(见上条注解)。后来，马吉尼抱怨说，霍奇会翻阅他的文件，“甚至窥探我从朋友那里收到的信件”。OG, X, p. 446.

[49] 也许这正是马吉尼恳求西兹保守的“秘密”。参见 1611 年 3 月 11 日的信件(OG, XI, p. 75)。

[50] 西兹将他的《思辨》献给了乔瓦尼 · 德 · 美第奇，卢多维科 · 德莱 · 科隆贝也是如此，他的《论辩》旨在驳斥伽利略的流体力学论文。关于乔瓦

尼·德·美第奇对伽利略的敌意，参见本书第十章，第236—237页。关于莫兰迪和乔瓦尼·德·美第奇之间的关系，参见G. Ernst, *Scienza, astrologia e politica nella Roma barocca* cit., pp. 224–27。

[51] OG, XX, p. 600.

[52] Ibid., X, p. 400.

[53] Ibid., p. 386: M. Horky a J. Kepler, 30 giugno 1619.

[54] Ibid., p. 418: M. Hasdale a Galileo, 9 agosto 1610. 开普勒也在8月9日告诉霍奇："你寄给韦尔泽先生的《短暂漂泊》广为人知，我也曾一读。"(Ibid., p. 419) . 但6月30日，霍奇已将一份《短暂漂泊》的副本寄给开普勒（Ibid., p. 386)，或许这份礼物没有送达，否则开普勒也不必借阅韦尔泽手里的副本了。

[55] Ibid., pp. 399–400: M. Horky a P. Sarpi, 10 luglio 1610.

[56] 参见BL, ms Sloane 682, cc. 46–47。参见A. Favaro, *Un inglese a Padova al tempo di Galileo*, in «Atti e Memorie della R. Accademia di scienze, lettere ed arti in Padova», XXXIV, 1918, pp. 12–14; M. Feingold, *Galileo in England: the First Phase*, in P. Galluzzi (a cura di), *Novità celesti e crisi del sapere* cit., pp. 411–20: 414。

[57] OG, X, p. 429: M. Maestlin a J. Kepler, 7 settembre 1610.

[58] Ibid., pp. 386–87. 在佛罗伦萨，该作品的另一份副本也在卢多维科·德莱·科隆贝的手中。同上, p. 398.

[59] Ibid., p. 358: M. Horky a J. Kepler, 24 maggio 1610.

[60] Ibid., III, p. 141.

[61] Ibid., X, p. 440: Galileo a Giuliano de'Medici, 1°ottobre 1610.

[62] Ibid., p. 414.

[63] Ibid., p. 419.

[64] J. Kepler a Galileo del 25 ottobre 1610; Ibid., p. 457.

[65] Ibid., pp. 457–58.

[66] Ibid., p. 422: Galileo a J. Kepler, 19 agosto 1610.

[67] 参见本章尾注14。

[68] 参见本章尾注11。该草稿的写作时间可能是1610年8月（献词上的日期是8月19日)，早在9月底，伽利略就收到了一份草草写就的意大利文版本。

[69] Ibid., p. 385: G. A. Roffeni a Galileo, 29 giugno 1610.

[70] 参见BUB, Aula V, Tab. I, D. I, vol. 319 (inserto 5)。事实上，从作品中的一些观点可见作者对天文学问题的最新解决方案有深入了解，这是马吉尼的专长。该书提到了"第谷很久以前寄给马吉尼的星表中包括一千颗迄今为止观测到的恒星，比第谷自己的初版星表中公布的要丰富得多"。(OG, III, p. 197)。很明显，只有这份礼物的接收者，即马吉尼本人才有资格围绕这个主题发表

论断。

[71] 参见 OG, X, pp. 378–79。

[72] Ibid., pp. 422–23: Galileo a J. Kepler, 19 agosto 1610. “哲学是一本书，是一个人的幻想，就如《伊利亚特》和《疯狂的罗兰》，书中所写是真是假，其实是最不重要的。”这种批判在《试金者》中也有体现 (参见 OG, VI, p. 232)。

第六章　布拉格论战

[1] J. Banville, *La notte di Keplero. Romanzo*, Guanda, Parma 1993, p. 137 (ed. or. *Kepler: A Novel*, Secker & Warburg, London 1981).

[2] OG, X, p. 316; KGW, XVI, p. 302.

[3] OG, X, p. 309.

[4] 参见 A. Favaro, *Amici e corrispondenti di Galileo*, a cura e con nota introduttiva di P. Galluzzi, Salimbeni, Firenze 1983, I, pp. 365–66; C. Clavius, *Corrispondenza*, a cura di U. Baldini e P. D. Napolitani, Università di Pisa, Dipartimento di matematica, Pisa 1992, VI, parte 1, pp. 111–12。

[5] 参见 A. Favaro, *Amici e corrispondenti* cit., I, pp. 354 e 360–63。

[6] 参见 *Discussion*, pp. XXXV–XXXVI。

[7] OG, X, pp. 363–64: G. C. Gloriosi a J. Schreck, 29 maggio 1610.

[8] 参见本书第十章，第 233 页。

[9] OG, X, p. 364.

[10] 关于哈斯戴尔其人，参见 A. Favaro, *Amici e corrispondenti* cit., I, pp. 600–6; *Messager céleste*, p. XIII; R. J. W. Evans, *Rodolfo II d'Asburgo. L'enigma di un imperatore*, il Mulino, Bologna 1984, p. 73 (ed. or. *Rudolf II and His World: A Study in Intellectual History, 1576–1612*, Clarendon Press, Oxford 1973)。

[11] OG, X, p. 314: M. Hasdale a Galileo, 15 aprile 1610.

[12] F. Micanzio, *Vita del Padre Paolo* cit., II, pp. 1343–44. 参见 G. Cozzi, *Galileo Galilei, Paolo Sarpi e la società veneziana* cit., p. 155, nota 50。

[13] ASVe, Consiglio dei Dieci, Segreta, registro 15, c. 59*r*. 本条注解来自 G. 科兹，记载交接时有一些模糊之处 (*Galileo Galilei, Paolo Sarpi e la società veneziana* cit., p. 155, nota 50)。

[14] 参见 OG, X, p. 366: M. Hasdale a Galileo, 31 maggio 1610。

[15] 参见 A. Favaro, *Amici e corrispondenti* cit., I, p. 605，以及网站 www.documenta.rudolphina.org，关于哈斯戴尔，参见 1611—1612 年间的信件。

[16] OG, X, p. 314.

[17] Ibid., p. 315.

[18] DNS, p. 21.

[19] Ibid., p. 23: 翻译时有微调。

[20] Ibid., p. 37.

[21] OG, X, p. 314.

[22] *Discussion*, pp. XXI–XXII. 关于此书，参见 R. S. Westman, *The Copernican Question*, University of California Press, Berkeley 2011, pp. 460–65。

[23] 参见K.–D. Herbst, *Galilei's Astronomical Discoveries using the Telescope and Their Evaluation Found in a Writing–calendar from 1611*, in «Astronomische Nachrichten», 6, 2009, pp. 536–39: 537; E. Reeves, *Variable Stars: A Decade of Historiography on the "Sidereus nuncius"* cit., pp. 65–66。

[24] OG, X, p. 365: M. Hasdale a Galileo, 31 maggio 1610.

[25] Ibid., p. 345: M. Hasdale a Galileo, 28 aprile 1610.

[26] Ibid., p. 418: M. Hasdale a Galileo, 9 agosto 1610.

[27] DNS, p. 23.

[28] R. Alidosi, *Relazione di Germania e della Corte di Rodolfo II imperatore*, a cura di G. Campori, Tipografia e Litografia Cappelli, Modena 1872, p. 6. 阿利多西于 1605—1607 年间在布拉格任大使。

[29] 参见 R. J. W. Evans, *Rodolfo II d'Asburgo* cit.; T. D. Kaufmann, *The School of Prague*, The University of Chicago Press, Chicago 1988; Id., *The Mastery of Nature: Aspects of Art, Science and Humanism in the Renaissance*, Princeton University Press, New Jersey 1993; E. Fu iková *et al.* (a cura di), *Rudolf II and Prague. The Court and the City*, Thames and Hudson, London 1997。

[30] ASF, Mediceo del Principato 4356, c. 505*r*: dispaccio del 22 ottobre 1600. 参见 M. Bucciantini, *Galileo e Praga*, in F. Abbri e M. Bucciantini (a cura di), *Toscana e Europa* cit., pp. 109–121。

[31] 引自 R. J. W. Evans, *Rodolfo II d'Asburgo* cit., p. 124。

[32] ASF, Mediceo del Principato 4356, c. 505*r*: dispaccio del 22 ottobre 1600.

[33] 引自 R. J. W. Evans, *Rodolfo II d'Asburgo* cit., p. 275。

[34] 引用同上。

[35] 参见 OG, X, pp. 390, 418。

[36] 参见 *Discussion*, pp. XXXI; 55, nota 30; 63, nota 57。

[37] 参见 OG, X, p. 418: M. Hasdale a Galileo, 9 agosto 1610。

[38] Ibid., p. 420: lettera del 17 agosto 1610.

[39] Ibid., p. 427: M. Hasdale a Galileo, 24 agosto 1610. 参见 *Discussion*, pp. XXXI–XXXII.

[40] OG, X, p. 427: M. Hasdale a Galileo, 24 agosto 1610.

[41] KGW, XVI, pp. 333–34; OG, X, p. 429: M. Maestlin a J. Kepler, 7 settembre 1610.

[42] OG, X, pp. 426–27.

[43] Ibid., p. 358. 关于卡罗西奥其人参见 A. Favaro, *Amici e corrispondenti* cit., III, pp. 1657–67。

[44] OG, X, p. 421: Galileo a J. Kepler, 19 agosto 1610.

[45] Ibid., p. 370: M. Hasdale a Galileo, 7 giugno 1610.

[46] BRF, ms 2446, lettere nn. 215, 308 e 494.

[47] 引自 M. Beretta, *Galileo in Sweden: Legend and Reality*, in M. Beretta – T. Frängsmyr (a cura di), *Sidereus Nuncius & Stella Polaris. The Scientific Relations Between Italy and Sweden in Early Modern History*, Science History Publications, Canton 1997, pp. 5–23: 12。

[48] OG, X, pp. 426–27: 24 agosto 1610.

[49] Ibid., p. 455: T. Segeth a Galileo, 24 ottobre 1610.

[50] DNS, p. 151, nota 15.

[51] Ibid., p. 95.

[52] 这里指的是伽利略在收到《宇宙的奥秘》后于 1597 年 8 月 4 日寄给开普勒的信。参见 M. Bucciantini, *Galileo e Keplero* cit., cap. 3: «Agosto 1597: microstoria di una lettera»; P. Galluzzi, *Genesi e affermazione dell'universo macchina*, in id. (a cura di), *Galileo. Immagini dell'universo dall'antichità al telescopio*, Giunti, Firenze 2009, pp. 289–97。

[53] OG, X, p. 483: Galileo a Giuliano de'Medici, 11 dicembre 1610.

[54] Ibid., III/2, p. 876. 参见 A. Favaro, *Elementi di un nuovo anagramma galileiano*, in Id., *Scampoli galileiani*, a cura di L. Rossetti e M. L. Soppelsa, LINT, Trieste 1992, II, pp. 446–47。

[55] OG, X, p. 410: Galileo a B. Vinta, 30 luglio 1610.

[56] 参见 J. Kepler, *Dioptrice* (1611), in KGW, IV, pp. 344–54。

[57] DNS, p. 87.

[58] OG, X, p. 421: Galileo a J. Kepler, 19 agosto 1610.

[59] Ibid., pp. 413–14: J. Kepler a Galileo, 9 agosto 1610.

[60] Ibid., p. 414: J. Kepler a Galileo, 9 agosto 1610. 参见 *Discussion*, p. 140。

[61] 参见 OG, X, pp. 382–83 e 407–10。

[62] Ibid., p. 393: Massimiliano di Baviera a Galileo, 8 luglio 1610.

[63] Ibid., p. 430: A. Cioli a B. Vinta, 13 settembre 1610.

[64] Ibid., XI, pp. 234–35: Giuliano de'Medici a B. Vinta, 14 e 21 novembre 1611.

[65] Ibid., X, p. 493: Giuliano de'Medici a Galileo.

[66] Ibid., X, pp. 440–41: Galileo a Giuliano de'Medici, 1°ottobre 1610.

[67] Ibid., p. 426: Giuliano de'Medici a Galileo, 23 agosto 1610.

[68] Ibid., p. 422: Galileo a J. Kepler, 19 agosto 1610.

[69] Ibid., p. 416: J. Kepler a Galileo, 9 agosto 1610.

[70] 马斯特林与天主教会之间的冲突首先体现在他与克里斯托弗·克拉维乌斯在历法改革一事上不和，参见 M. Bucciantini, *Galileo e Keplero* cit., pp. 74–81。

第七章　海峡彼端：诗人、哲学家与天文学家

[1] 洛厄指的是威廉·巴伦支 1594 年和 1596 年为寻找通往东北方向的通道而进行的极地探险。参见 J. H. Parry, *The Age of Reconnaissance: Discovery, Exploration and Settlement, 1450–1650*, University of California Press, Berkeley 1981, pp. 205–6。

[2] BL, Additional ms 6789, cc. 425–26: 425*r*: W. Lower a T. Harriot, 11 giugno 1610. 这封信曾经重印，但过程中略有错漏，参见 S. P. Rigaud, *Supplement to Dr. Bradley's Miscellaneous Works: With an Account of Harriot's Astronomical Papers*, Oxford University Press, Oxford 1833, pp. 25–26: 25。

[3] BL, Additional ms 6789, c. 425*v*; S. P. Rigaud, *Supplement to Dr. Bradley's Miscellaneous Works* cit., p. 26. 在布鲁诺的学说传入英国的背景下，这封信具有重要意义，参见 S. Ricci, *La fortuna del pensiero di Giordano Bruno, 1600–1750*, Le Lettere, Firenze 1990, pp. 76–78。

[4] BL, Additional ms 6789, c. 425*v*; S. P. Rigaud, *Supplement to Dr. Bradley's Miscellaneous Works* cit., p. 26.

[5] 参见 J. W. Shirley, *Thomas Harriot: A Biography*, Clarendon Press, Oxford 1983, pp. 358–79。

[6] 参见 J. Jacquot, *Harriot, Hill, Warner and the New Philosophy*, in J. W. Shirley (a cura di), *Thomas Harriot: Renaissance Scientist* cit., pp. 107–28; S. Clucas, *Corpuscular Matter Theory in the Northumberland Circle*, in C. Lüthy – J. E. Murdoch – W. E. Newman (a cura di), *Late Medieval and Early Modern Corpuscular Matter Theories*, Brill, Leiden 2001, pp. 181–207。

[7] 参见 R. H. Kargon, *L'atomismo in Inghilterra da Hariot a Newton*, il Mulino, Bologna 1983, p. 18 (ed. or. *Atomism in England from Hariot to Newton*, Clarendon Press, Oxford 1966)。16 世纪末，哈里奥特等诺森伯兰圈成员是英国最早支持哥白尼宇宙学说的人，参见 R. S. Westman, *The Astronomer's Role in the*

Sixteenth Century: A Preliminary Study, in «History of Science», 18, 1980, pp. 105–47: 136, nota 6。

[8] 参见 M. Kishlansky, *L'età degli Stuart. L'Inghilterra dal 1603 al 1714*, il Mulino, Bologna 1999, pp. 95 sgg. (ed. or. *A Monarchy Transformed: Britain 1603–1714*, Allen Lane The Penguin Press, London 1996)。

[9] J. W. Shirley, *Thomas Harriot: A Biography* cit., pp. 327–31.

[10] Ibid., pp. 340–41.

[11] 参见 C. Hill, *Le origini intellettuali della Rivoluzione inglese*, il Mulino, Bologna 1976。

[12] 参见 J. W. Shirley, *Sir Walter Ralegh and Thomas Harriot*, in Id. (a cura di), *Thomas Harriot: Renaissance Scientist* cit., pp. 16–35: 23–27。

[13] 参见 J. Jacquot, *Thomas Harriot's Reputation for Impiety*, in «Notes and Records of the Royal Society of London», 9, 1952, pp. 164–87. Per un'analisi piú recente, 参见 S. Mandelbrote, *The Religion of Thomas Harriot*, in R. Fox (a cura di), *Thomas Harriot: An Elizabethan Man of Science*, Ashgate, Aldershot 2000, pp. 246–79。

[14] 参见 KGW, XVI, p. 172。

[15] 哈里奥特出版的唯一作品讲述了他前往弗吉尼亚州的旅行（《关于弗吉尼亚州新发现地的简要且真实的报告》，1588），1585 年，沃尔特·罗利和理查德·格伦威尔爵士率领的探险队将他派往那里，担任那里的测量员。参见D. B. Quinn, *Thomas Harriot and the Problem of America*, in R. Fox (a cura di), *Thomas Harriot: An Elizabethan Man of Science* cit., pp. 9–27。

[16] 参见本书第六章，第 134 页。

[17] 参见 KGW, III, p. 20。

[18] 参见 G. A. Magini, *Ephemerides […] ab anno Domini 1581 usque ad annum 1620 secundum Copernici hypotheses, Prutenicosque canones*, apud Damianum Zenerium, Venetiis 1582, c. 453*v*。

[19] PH, ms HMC, 241/III.2, c. 12*r*; anche in S. P. Rigaud, *Supplement to Dr. Bradley's Miscellaneous Works* cit., p. 27.

[20] 参见 *Discussion*, p. 9。

[21] 关于洛厄的生平简介，参见 P. M. Hunneyball, *Sir William Lower and the Harriot Circle*, The Durham Thomas Harriot Seminar, Occasional Paper n. 31, 2002。参见 J. J. Roche, *Lower, Sir William (c. 1570–1615)*, in *Oxford Dictionary of National Biography*, Oxford University Press, Oxford 2004, *ad vocem*。

[22] *Artis analyticae praxis* di Harriot, Warner, 1631. 参见 M. Seltman, *Harriot's Algebra: Reputation and Reality*, in R. Fox (a cura di), *Thomas Harriot: An Elizabethan Man of Science* cit., pp. 153–85: 153–54; J. A. Stedall, *Rob'd of Glories. The Posthu-*

mous Misfortunes of Thomas Harriot and his Algebra*, in «Archive for the History of Exact Sciences», 54, 2000, pp. 455–97。

[23] 托波利撰文反对哈里奥特的原子论，此文留存至今（Birch ms 4458，cc.6-89），并载于J. 杰考特（J. Jackot）的作品附录中，参见*Thomas Harriot's Reputation for Impiety* cit., pp. 183–87. 参见 R. H. Kargon, *L'atomismo in Inghilterra da Harriot a Newton* cit., pp. 49–52; S. Clucas, *The Atomism of the Cavendish Circle: A Reappraisal*, in «The Seventeenth Century», 2, 1994, pp. 247–73: 249。

[24] 共有九封书信来往，参见 J. W. Shirley, *Thomas Harriot: A Biography* cit., p. 391, nota 33。

[25] 这封信第一部分的原件现已佚失，第二部分尚存（Additional ms 6789, cc. 427–28）。整封信发表在 S. P. Rigaud, *Supplement to Dr. Bradley's Miscellaneous Works* cit., pp. 42–45。普罗瑟罗之后成为哈里奥特的遗嘱执行人之一，参见 J. W. Shirley, *Thomas Harriot: A Biography* cit., pp. 412–14。

[26] 参见 PH, ms HMC, 241/VII, cc. 1–6: W. Lower a T. Harriot, 30 settembre 1607。

[27] 哈里奥特对这些数据极有兴趣，十分重视，从他在洛厄的来信背面以及空白处写下的那些连篇累牍、密密麻麻的笔记中可见一斑。参见 J. W. Shirley, *Thomas Harriot: A Biography* cit., pp. 395–96。

[28] 参见 R. S. Westman, *The Copernican Question* cit., p. 411。

[29] KGW, XV, pp. 348–52: J. Kepler a T. Harriot, 2 ottobre 1606.

[30] 这次通信中只有五封信件存留，其中三封出自发信人开普勒，两封出自哈里奥特。现载于 KGW, XV, pp. 348–52 e 365–68; XVI, pp. 31–32, 172–73 e 250–51。参见 J. W. Shirley, *Thomas Harriot: A Biography* cit., pp. 385–88。

[31] KGW, XV, p. 368: T. Harriot a J. Kepler, 2 dicembre 1606.

[32] 参见G. R. Batho, *Thomas Harriot and the Northumberland Household*, in R. Fox (a cura di), *Thomas Harriot: An Elizabethan Man of Science* cit., pp. 28–46: 39。

[33] 参见 S. Clucas, *Thomas Harriot and the Field of Knowledge in the English Renaissance*, in R. Fox (a cura di), *Thomas Harriot: An Elizabethan Man of Science* cit., pp. 93–135。

[34] 参见 BL, Additional ms 6789, cc. 1–538。参见 J. Lohne, *Essays on Thomas Harriot. III. A Survey of Harriot's Scientific Writings*, in «Archive for History of Exact Sciences», 20, 1979, pp. 265–312。

[35] 参见 BL, Additional ms 6789, cc. 266 e 268。参见 J. W. Shirley, *An Early Experimental Determination of Snell's Law*, in «American Journal of Physics», XIX, 1951, pp. 507–8; J. Lohne, *Thomas Harriot (1560–1621): The Tycho Brahe of Optics*, in «Centaurus», pp. 113–21: 116–18。

[36]　参见 G. R. Batho, *Thomas Harriot and the Northumberland Household* cit., p. 34。

[37]　参见 S. Clucas, *Thomas Harriot and the Field of Knowledge in the English Renaissance* cit., pp. 111–26。

[38]　参见本章尾注 31。关于哈里奥特的重大数学发现和引进一种新的符号语言之事，参见 J. A. Stedall, *Symbolism, Combinations, and Visual Imagery in the Mathematics of Thomas Harriot*, in «Historia Mathematica», 34, 2007, pp. 380–401。

[39]　哈里奥特在去世前不久立下的遗嘱中提到了自家宅邸的细节，参见 R. C. H. Tanner, *The Study of Thomas Harriot's Manuscripts: I. Harriot's Will*, in «History of Science», 6, 1967, pp. 1–16。

[40]　关于这一方法，除了经典研究，如：E. G. R. Taylor (*The Mathematical Practitioners of Tudor and Stuart England*, Cambridge University Press, Cambridge 1967), 还可参见 S. Johnston, *The Mathematical Practitioners and Instruments in Elizabethan England*, in «Annals of Science», 48, 1991, pp. 319–44。关于哈里奥特的相关资料，参见 J. A. Bennett, *Instruments, Mathematics, and Natural Knowledge: Thomas Harriot's Place on the Map of Learning*, in R. Fox (a cura di), *Thomas Harriot: An Elizabethan Man of Science* cit., pp. 137–52: 142–52。

[41]　参见 J. W. Shirley, *Thomas Harriot: A Biography* cit., pp. 382–83。

[42]　参见英国驻布鲁塞尔大使威廉 · 特伦布尔 1609 年 11 月 30 日给索尔兹伯里伯爵的信，以及布鲁斯上尉 1610 年 2 月 14 日给威廉 · 特伦布尔的信，载于《伦敦时报》: *Papers of William Trumbull the Elder, 1605–1610*, a cura di E. K. Purnell e A. B. Hinds, His Majesty's Stationery Office, London 1924–95, II, pp. 186 e 239。

[43]　参见本书第一章，第 023—024 页。

[44]　J. W. Shirley, *Thomas Harriot's Lunar Observations* cit., p. 283.

[45]　参见本书第三章，第 077—082 页。

[46]　参见 T. E. Bloom, *Borrowed Perceptions: Harriot's Maps of the Moon*, in «Journal for the History of Astronomy», 9, 1978, pp. 117–22: 117。

[47]　参见 S. Y. Edgerton Jr., *Galileo, Florentine "Disegno", and the "Strange Spottednesse" of the Moon*, in «Art Journal», 44, 1984, pp. 225–32; E. A. Whitaker, *Selenography in the Seventeenth Century*, in R. Taton – C. Wilson (a cura di), *The General History of Astronomy*, Cambridge University Press, Cambridge 1989, II, pp. 119–43: 122–24。

[48]　参见 A. R. Alexander, *Lunar Maps and Coastal Outlines: Thomas Harriot's Mapping of the Moon*, in «Studies in History and Philosophy of Science», 29, 1998, pp. 345–68; S. Pumfrey, *Harriot's Maps of the Moon: New Interpretations*, in «Notes and Records of the Royal Society», 63, 2009, pp. 163–68。

[49] S. P. Rigaud, *Supplement to Dr. Bradley's Miscellaneous Works* cit., p. 42 (corsivo nostro): W. Lower a T. Harriot, 6 febbraio 1610.

[50] BL, Additional ms 6789, c. 425*r* (corsivo nostro): W. Lower a T. Harriot, 11 giugno 1610.

[51] 在此只举一个例子：A. Chapman, *A New Perceived Reality: Thomas Harriot's Moon Maps*, in «Astronomy & Geophysics», 50, 2009, pp. 2–33。

[52] 参见 OG, III, p. 78; SN, p. 127。

[53] BL, Additional ms 6789, c. 425*v*: W. Lower a T. Harriot, 11 giugno 1610.

[54] 海登的作品名为《为明断占星术的辩护》，是对约翰·钱伯《论反对明断占星术》（1601）的回击，但这回击颇有争议。参见 R. S. Westman, *The Copernican Question* cit., pp. 409–11。

[55] 参见 M. Feingold, *The Mathematician's Apprenticeship: Science, Universities and Society in England, 1560–1640*, Cambridge University Press, Cambridge 1984, pp. 133–144: 140–41。

[56] W. Camden, *Epistolae*, impensis Richardi Chiswelli, Londini 1691, pp. 129–30: C. Heydon a W. Camden, 6 luglio 1610.

[57] 参见 J. W. Shirley, *Thomas Harriot's Lunar Observations* cit。

[58] 参见 T. E. Bloom, *Borrowed Perceptions: Harriot's Maps of the Moon* cit., p. 121。

[59] 参见 J. W. Shirley, *Thomas Harriot's Lunar Observations* cit., p. 303。

[60] 参见本章尾注 2。

[61] 参见 B. Tuckerman, *Planetary, Lunar, and Solar Positions: A. D. 2 to A. D. 1649*, American Philosophical Society, Philadelphia 1962, p. 519。

[62] 参见 PH, ms HMC, 241/IV, cc. 1–15。

[63] Ibid., c. 3*r*.

[64] Ibid., cc. 1, 6, 8 e 10.

[65] 参见 J. W. Shirley, *Thomas Harriot: A Biography* cit., p. 429。

[66] W. Ralegh, *The History of the World*, printed by William Stansby for Walter Burre, London 1614, p. 100.

[67] PH, ms HMC, 241/IV, c. 3*r*.

[68] BL, Additional ms 6789, c. 430*v*.

[69] 参见 J. North, *Thomas Harriot and the First Telescopic Observations of Sunspots* cit., p. 141。

[70] PH, ms HMC, 241/IV, c. 2*v*.

[71] 参见 OG, III, p. 80; SN, p. 133。

[72] 参见 PH, ms HMC, 241/IV, cc. 16–44*v*。

[73] 参见 J. J. Roche, *Harriot, Galileo, and Jupiter's Satellites*, in «Archives Internationales d'Histoire des Sciences», 32, 1982, pp. 9–51: 34。

[74] 参见 G. R. Batho, *Thomas Harriot's Manuscripts*, in R. Fox (a cura di), *Thomas Harriot: An Elizabethan Man of Science* cit., pp. 286–97。

[75] 参见 PH, ms HMC, 241/IV, c. 26*r*。

[76] 参见 J. J. Roche, *Harriot, Galileo, and Jupiter's Satellites* cit., pp. 35–49。这种方法后来继续为哈里奥特所用，德国天文学家西蒙·迈尔在 1614 年所著的《木星世界》也是如此，他记载的卫星星表为天文计算提供了一个可以进行比较的良机（参见 PH, ms HMC, 241/IV, cc. 40–44*v*）。

[77] 参见 J. North, *Thomas Harriot and the First Telescopic Observations of Sunspots* cit., p. 132。

[78] 参见 PH, ms HMC, 241/IV, c. 4*r*。

[79] 参见 J. J. Roche, *Harriot, Galileo, and Jupiter's Satellites* cit., p. 19。

[80] 参见 PH, ms HMC, 241/IV, c. 13*r*。

[81] 参见本书第六章，第 152—153 页。

[82] 参见前文，第 161—162 页。

[83] F. Bacon, *Philosophical Studies, c. 1611 – c. 1619*, a cura di G. Rees, Clarendon Press, Oxford 1996, VI, pp. 132, 156, 174 e 192. 关于培根重要著作的详细分析，参见 P. Boulier, *Cosmologie et science de la nature chez Francis Bacon et Galilée*, Thèse de Doctorat, Université Paris IV – Sorbonne, Paris 2010, pp. 534–65。

[84] 参见 M. Nicolson, *The "New Astronomy" and English Imagination*, in «Studies in Philology», XXXII, 1935, pp. 428–62, e poi in id., *Science and Imagination*, Great Seal Books, Ithaca (New York) 1956, pp. 30–57: 46–49 e 53。

[85] 关于原子论概念在英国诗歌界想象中激起的敌意和恐惧，参见 S. Clucas, *Poetic Atomism in Seventeenth–Century England: Henry More, Thomas Traherne and "Scientific Imagination"*, in «Renaissance Studies», 3, 1991, pp. 327–40: 328。

[86] 参见 J. Donne, *An Anatomy of the World* (1611), trad. it. in id., *Liriche sacre e profane. Anatomia del mondo. Duello della morte*, a cura di G. Melchiori, Mondadori, Milano 19973 , pp. 113–15。

[87] 参见 M. Bucciantini, *Galileo e Keplero* cit., pp. 246–47。

[88] 参见 M. Nicolson, *Kepler, the "Somnium" and John Donne*, in «Journal of the History of Ideas», 3, 1940, pp. 259–80: 268。

[89] 关于《依纳爵的秘密会议》的写作日期，参见 W. Heijting – P. R. Sellin, *John Donne's "Conclave Ignati" : The Continental Quarto and Its Printing*, in «Huntington Library Quarterly», 62, 1999, pp. 401–21: 401; 参见 R. C. Bald, *John Donne: A*

Life, Oxford University Press, Oxford 1970, pp. 227–28。

[90] 参见 E. Simpson, *A Study of the Prose Works of John Donne*, Clarendon Press, Oxford 19482 , pp. 194–95。参见 H. Marchitello, *The Machine in the Text: Science and Literature in the Age of Shakespeare and Galileo*, Oxford University Press, New York 2011, pp. 116–22。

[91] 参 见 J. Donne, *Ignatius his Conclave: An Edition of the Latin and English Texts*, a cura di T. S. Healy, Clarendon Press, Oxford 1969, p. 112。

[92] 当时舆论广泛认为耶稣会士是拉瓦亚克刺杀案在道德层面上的煽动者，参见 G. Minois, *Il pugnale e il veleno. L'assassinio politico in Europa (1400–1800)*, Utet, Torino 2005, pp. 189 sgg. (ed. or. *Le couteau et le poison. L'assassinat politique en Europe*, Fayard, Paris 1997)。耶稣会士作为"政治阴谋家"的形象在《依纳爵的秘密会议》中也有所体现，从他们首次在英国传教以来，这种"黑色传说"就一直伴随着他们，参见 W. S. Maltby, *The Black Legend in England: The Development of Anti–Spanish Sentiment, 1558–1660*, Duke University Press, Durham 1971。

[93] J. Donne, *Ignatius his Conclave* cit., pp. 6–7.

[94] 参见 R. C. Hassel Jr., *Donne's "Ignatius His Conclave" and the New Astronomy*, in «Modern Philology», 68, 1971, pp. 329–37。

[95] J. Donne, *Ignatius his Conclave* cit., p. 9.

[96] 关于多恩讽刺作品中提及这些人物的意义分析，参见 D. Albanese, *New Science, New World*, Duke University Press, Durham 1996, pp. 39– 58。作品中三分之一篇幅都是马基雅维利与依纳爵的对话，参见 S. Tutino, *Notes on Machiavelli and Ignatius Loyola in John Donne's "Ignatius his Conclave" and "Pseudo–Martyr"*, in «English Historical Review», CXIX, 2004, pp. 1308–21。

[97] J. Donne, *Ignatius his Conclave* cit., p. 13.

[98] Ibid., p. 81.

[99] J. Webster, *The Duchess of Malfi*, a cura di J. R. Brown, Manchester University Press, Manchester 1997, atto II, scena IV, p. 90. 关于多恩此举，参见 R. W. Dent, *John Webster's Borrowing*, University of California Press, Berkeley 1960, p. 200。韦伯斯特十分熟悉《世界的解剖》，其中诗句在他的剧作中反复体现，参见 M. Winston, "Gendered Nostalgia in *The Duchess of Malfi*" , in *The Renaissance Papers*, 1998, pp. 103–13。

[100] 参见 R. C. Bald, *John Donne: A Life* cit., pp. 119–23 e 145–50。

[101] 关于这个假设，参见 M. Nicolson, *Kepler, the "Somnium" , and John Donne* cit., pp. 259–80: 269。

[102] 参见本书第四章，第 092—095 页。

[103] 关于多恩和珀西的重要关系，相关细节参见 D. Flynn, *John Donne and the Ancient Catholic Nobility*, Indiana University Press, Bloomington 1995, pp. 16, 83, 158–59 e 177。

[104] 参见 R. C. Bald, *John Donne: A Life* cit., pp. 133–34。

[105] 参见 J. Johnson, *"One, four, and infinite" : John Donne, Thomas Harriot, and "Essayes in Divinity"* , in «John Donne Journal», 22, 2003, pp. 109–43: 115。

[106] 参见 G. R. Batho, *The Library of the "Wizard" Earl: Henry Percy Ninth Earl of Northumberland (1564–1632)*, in «The Library», 15, 1960, pp. 246–61。

[107] 参见前文，第 166 页。

[108] 参见 J. Donne, *Letters to Severall Persons of Honour*, printed by J. Flesher, London 1651, pp. 152, 195。

[109] 参见 G. R. Batho, *Thomas Harriot and the Northumberland Household* cit., pp. 37–38。

[110] Ibid., p. 41.

[111] 参见 J. Donne, *An Anatomy of the World* cit., p. 113。

[112] 参见 P. S. Rigaud, *Supplement to Dr. Bradley's Miscellaneous Works* cit., p. 43: W. Lower a T. Harriot, 6 febbraio 1610。

[113] 参见 R. H. Kargon, *L'atomismo in Inghilterra da Hariot a Newton* cit., p. 34。

[114] 参见 J. Jacquot, *Harriot, Hill, Warner and the New Philosophy* cit., pp. 107–9。

[115] 参见 J. Johnson, *"One, four, and infinite"* cit., pp. 115–16。

[116] 参见 R. C. Bald, *John Donne: A Life* cit., pp. 389 sgg。

第八章　法兰西征程

[1] C. Justel, *Codex canonum Ecclesiae universae*, H. Beys, Parisiis 1610. 这部作品收集了各次会议制定的 207 部法令，于 5 月出版。早在当月 25 日，萨尔皮就写信给卡斯特里诺，表示渴望见到这部作品问世。8 月底，他表示："我阅读这部作品，发现其中内容是精挑细选的。"参见 P. Sarpi, *Lettere ai protestanti* cit., II, pp. 86 e 102。

[2] 参见本书第二章，第 041—042 页。

[3] P. de L'Estoile, *Mémoires–Journaux* cit., X, pp. 200–1.

[4] 参见 OG, XVI, p. 27: N. Peiresc a Galileo, 26 gennaio 1634。Ibid., XII, p. 405; XVI, p. 169。关于他在帕多瓦的停留，参见 C. Rizza, *Peiresc e l'Italia*, Giappichelli, Torino 1965, pp. 9–19 e 51–67。

[5] 参见 P. Gassendi, *Viri Illustris Nicolai Claudii Fabricii de Peiresc* [···] *vita*, Vlacq, Ha-

gae Comitum, [Den Haag] 1655, p. 77。

[6] BIC, ms 1875, c. 93*r*: N. Peiresc a G. Pace, 28 luglio 1610. 参见 C. Rizza, *Peiresc e l'Italia* cit., p. 191. 关于帕切其人，参见 C. Vasoli, *Giulio Pace e la diffusione europea di alcuni temi aristotelici padovani*, in L. Olivieri (a cura di), *Aristotelismo veneto e scienza moderna*, Antenore, Padova 1983, II, pp. 1009–34。

[7] BNF, ms Fonds Français 9541, c. 28*r*: G. Pace a N. Peiresc, fine agosto 1610. 8 月 23 日，这本书寄送到帕切的儿子手里。参考同上, c. 29*r*. 从佩雷斯 11 月 20 日写给帕切的信中可知，寄给迪韦尔的书“丢失了”：“我必须承认，您的（书）在主席先生的家里丢失了，不知道是怎么回事。”(BIC, ms 1875, c. 96*v*)

[8] 参见 C. Rizza, *Peiresc e l'Italia* cit., p. 191。

[9] 在普罗旺斯圈子中，戈尔捷拥有渊博的天文学知识，参见 P. Hubert, *Joseph Gaultier de La Valette, astronome provençal (1564–1647)*, in «Revue d'histoire des sciences et de leurs applications», I, 1948, pp. 314–22。

[10] 参见 N. Peiresc, *Lettres à Malherbe (1606–1628)*, publiées par R. Lebègue, CNRS, Paris 1976, pp. 36–37。

[11] F. Malherbe, *Oeuvres*, a cura di M. L. Lalanne, Hachette, Paris 1862–69, III, p. 109. 在所有望远镜藏品中，佩雷斯科以雅克布·美提乌斯制作的那台为傲；参见 OG, XVI, p. 27。

[12] 参见 P. Gassendi, *Viri Illustris Nicolai Claudii Fabricii de Peiresc* [⋯] *vita* cit., p. 78。

[13] BIC, ms 1875, c. 96*r*: N. Peiresc a G. Pace, 7 novembre 1610.

[14] [⋯] j'ey faict mettre des petites pointes sur les extremités du dehors comme aux harquebuzes，出处同上。

[15] Ibid., c. 95*v*. 参见 C. Rizza, *Peiresc e l'Italia* cit., pp. 191–92。

[16] BIC, ms 1875, c. 96*v*: N. Peiresc a G. Pace, 20 novembre 1610 (cfr. C. Rizza, *Peiresc e l'Italia* cit., p. 192).

[17] BIC, ms 1875, cc. 105–6: N. Peiresc a G. Pace, 10 gennaio 1611 (cfr. C. Rizza, *Peiresc e l'Italia* cit., pp. 194–95).

[18] BIC, ms 1875, c. 110*r*: N. Peiresc a G. Pace, 21 giugno 1611 (cfr. C. Rizza, *Peiresc e l'Italia* cit., p. 196).

[19] 参见 S. L. Chapin, *The Astronomical Activities of Nicolas Claude Fabri de Peiresc*, in «Isis», XLVIII (1957), n. 1, pp. 13–29: 19。

[20] P. N. Miller, *Description Terminable and Interminable: Looking at the Past, Nature and Peoples in Peiresc's Archive*, in G. Pomata – N. Siraisi (a cura di), *Historia. Empiricism and Erudition in Early Modern Europe*, The MIT Press, Cambridge (Mass.) 2005, pp. 355–97: 374. 这份材料留存至今（Bic, ms 1803）。

[21] 参见 P. N. Miller, *Description Terminable and Interminable* cit., pp. 375–76。

[22] BIC, ms 1875, c. 113*r*: N. Peiresc a G. Pace, 29 settembre 1611.

[23] 参见 P. N. Miller, *Description Terminable and Interminable* cit., p. 375。在佩雷斯科于 1611 年 9 月 29 日写给帕切的信中，他详细描述了用两台望远镜观察到的结果。参见 BIC, ms 1875, c. 113*r*。

[24] Ibid., cc. 105–6: N. Peiresc a G. Pace, 10 gennaio 1611. 参见 C. Rizza, *Peiresc e l'Italia* cit., pp. 194–95。

[25] BIC, ms 1875, c. 110*r*: N. Peiresc a G. Pace, 21 giugno 1611.

[26] Ibid., c. 124*v*.

[27] Ibid., c. 111*r*: N. Peiresc a G. Pace, 20 settembre 1611.

[28] Ibid., cc. 105–6: N. Peiresc a G. Pace, 10 gennaio 1611.

[29] Ibid., c. 110*r*: N. Peiresc a G. Pace, 21 giugno 1611. 参见 C. Rizza, *Peiresc e l' Italia* cit., p. 195。

[30] BIC, ms 1875, cc. 105–6: N. Peiresc a G. Pace, 10 gennaio 1611.

[31] «[...] pour avoyr moien de faire ma dedication a la rayne [⋯]»: Ibid., c. 110*r*: N. Peiresc a G. Pace, 21 giugno 1611.

[32] 参见 F. Malherbe, *Oeuvres* cit., III, pp. 241–42。

[33] 参见 M. l'abbé Auguste, *Un dessin inédit de Chalette*, in «Bulletin de la Société archéologique du Midi de la France», 1912–14, pp. 185–87。

[34] 参见 P. Gassendi, *Viri Illustris Nicolai Claudii Fabricii de Peiresc* [⋯] *vita* cit., p. 79。

[35] 佩雷斯科及其圈子做法的局限性详见 A. Favaro, *Niccolò Fabri de Peiresc*, in Id., *Amici e corrispondenti di Galileo* cit., III, pp. 1535–82: 1552–53. S. L. Chapin, *The Astronomical Activities of Nicolas Claude Fabri de Peiresc* cit., p. 17，他反而断言这些数据是“非常准确的，尽管观察的时间很短，仪器设备也很简陋”。

[36] OG, XII, p. 125: N. Peiresc a P. Gualdo, 2 gennaio 1615 (corsivo nostro).

[37] Ibid., XVI, p. 27: N. Peiresc a Galileo, 26 gennaio 1634 (corsivo nostro).

[38] 参见 P. Gassendi, *Viri Illustris Nicolai Claudii Fabricii de Peiresc* [⋯] *vita* cit., pp. 79–80; C. Rizza, *Peiresc e l'Italia* cit., pp. 198–99; S. L. Chapin, *The Astronomical Activities of Nicolas Claude Fabri de Peiresc* cit., pp. 17–18。

[39] 引自 C. Rizza, *Galileo nella corrispondenza di Peiresc*, in «Studi francesi», XV, 1961, pp. 433–51: 437。

[40] C. de Rochemonteix, *Un Collège de Jésuites aux XVIIe et XVIIIe siècles. Le Collège Henry IV de la Flèche*, Leguicheux, Le Mans 1889, I, pp. 52–53.

[41] 关于此事的详细记载，参考 Ibid., pp. 139–43；也可参见 *Le convoy du coeur de tres–auguste, tres–clément et tres–victorieux Henry le Grand* [⋯] *depuis la ville*

de Paris jusques au College Royal de La Flèche, Morillon, Lyon 1610。

[42] 参见 C. Rochemonteix, *Un Collège de Jésuites* cit., pp. 144–46。

[43] *Sur la mort du Roy Henry le Grand et sur la decouverte de quelques nouvelles planettes ou estoiles errantes autour de Jupiter, faicte l'année d'icelle par Galilée, celèbre mathématicien du duc de Florence*. 这首十四行诗全文载于 *Anniversarium Henrici Magni obitus diem Lacrymae Collegii Flexiensis Regii S. J.*, Rezé, Flexiae [La Flèche] 1611。

[44] 意大利文版引自 S. Toulmin, *Cosmopolis. La nascita, la crisi e il futuro della modernità*, Rizzoli, Milano 1991, p. 92 (ed or. *Cosmopolis. The Hidden Agenda of Modernity*, The Free Press, New York 1990)。原文为：«La France avait deja repandu tant de pleurs | Pour la mort de son Roy, que l'empire de l'onde | Gros de flots ravageait à la terre ses fleurs, | D'un déluge second menaçant tout le monde; || Lorsque l'astre de jour, qui va faisant la ronde | Autour de l'Univers, meu des proches malheurs | Qui hastaient devers nous leur course vagabonde | Lui parle de la sorte, au fort de ses douleurs: || France de qui les pleurs, pour l'amour de ton Prince | Nuisent par leur excès à toute autre province, | Cesse de t'affliger sur son vide tombeau; || Car Dieu l'ayant tiré tout entier de la terre, | Au ciel de Jupiter maintenant il esclaire | pour servir aux mortels de céleste flambeau»: 参见 C. Rochemonteix, *Un Collège de Jésuites* cit., p. 147。

[45] Ibid., p. 148.

[46] 参见 S. Toulmin, *Cosmopolis* cit., pp. 92–93。据吉娜维弗·罗迪斯–路易斯（Geneviève Rodis-Lewis）的说法："可以认定在 1610—1611 年的人文课上，（笛卡儿）的作品入选了拉弗莱什学生为学院创始人周年纪念而写的诗集。"参见 G. Rodis–Lewis, *Cartesio. Una biografia*, Editori Riuniti, Roma 1997, p. 30 (ed. or. *Descartes*, Calmann Levy, Paris 1995)。

[47] 参见 M. Torrini, *"Et vidi coelum novum et terram novam"* cit., p. 51。

[48] 这个假设参考 A. Romano, *La contre–réforme mathématique. Constitution et diffusion d'une culture mathématique jésuite à la Renaissance*, École française de Rome, Roma 1999, pp. 490–91。

[49] G. Giraldi, *Esequie d'Arrigo Quarto* [···] *celebrate in Firenze dal Serenissimo Don Cosimo II*, Sermartelli, Firenze 1610, p. 8, 引自 *"Parigi val bene una messa!" L'omaggio dei Medici a Enrico IV re di Francia e di Navarra*, a cura di M. Bietti, F. Fiorelli Malesci, P. Mironneau, Sillabe, Livorno 2010, pp. 59 e 65.

[50] S. Mamone, *Il re è morto, viva la regina*, in *"Parigi val bene una messa!"* cit., pp. 33–34.

[51] P. Sarpi, *Lettere ai protestanti* cit., I, p. 130.

[52] OG, X, p. 381: Galileo a V. Giugni, 25 giugno 1610.

[53] T. Boccalini, *Ragguagli di Parnaso e pietra del paragone politico*, a cura di G. Rua, Laterza, Bari 1934, I, p. 17. Su questo punto 参见 F. A. Yates, *Astrea. L'idea di Impero nel Cinquecento*, trad. di E. Basaglia, Einaudi, Torino 1978, p. 248 (ed. or. *Astrea. The Imperial Theme in the Sixteenth Century*, Routledge & Kegan Paul, London and Boston 1975)。参见 M. Torrini, *"Et vidi coelum novum et terram novam"* cit。

[54] ASF, Mediceo del Principato 302, cc. 106*v*–107*r*: B. Vinta a O. Pannocchieschi d'Elci, 23 maggio 1610. Per una cronaca quasi giornalistica dell'avvenimento, 参见 V. J. Pitts, *Henri IV of France. His Reign and Age*, The Johns Hopkins University Press, Baltimore 2009, pp. 317–31。

[55] ASF, Mediceo del Principato 302, c. 107*r*. 注意：这段话由 Antonio Favaro 编入 OG, X, p. 356，但缺失了前文关于亨利四世之死的段落。根据国家版编辑整理的相关规则，在其他人的通信（伽利略既不是发信人，也不是收信人）中，只有提及伽利略的段落才会被收入。然而，就这封信而言，只看提到伽利略的段落就理解不了完整意义。

[56] 参见 OG, X, p. 392: M. Botti a B. Vinta, 6 luglio 1610。

[57] ASF, Mediceo del Principato 4872，参见（未注日期）: lettera di B. Vinta ad A. Cioli, 23 agosto 1610.

[58] OG, X, p. 430: A. Cioli a B. Vinta, 13 settembre 1610.

[59] Ibid., p. 347: A. Fontanelli ad A. Ruggeri, aprile 1610.

[60] Ibid., p. 433: M. Botti a B. Vinta, 19 settembre 1610.

[61] Ibid., XI, p. 173: M. Botti a Galileo, 18 agosto 1611.

[62] Ibid.。

第九章　米兰：无冕之王费代里科的宫廷

[1] 引自 F. Borromeo, *Il Museo*, trad. di L. Grasselli, prefazione e note di L. Beltrami, Tip. U. Allegretti, Milano 1909, p. 57, nota 1。

[2] F. Borromeo, *Musaeum*, commento di G. Ravasi, nota al testo e traduzione di P. Cigada, Claudio Gallone Editore, Milano 1997, p. 27. 关于《气的寓言》这幅画，勃鲁盖尔说："空气是光线的延展，（画面）各处散布着令人心情愉悦的物体。如果一定要（与同系列画作）做个比较，可以说这最后一幅画几乎倾尽心血，它为这个系列画上了句号。" (p. 29)

[3] ABIB, filza L.III.20, Minute del cardinale F. Borromeo, 1616–17.

[4] S. Bedoni, *Jan Brueghel in Italia e il collezionismo del Seicento*, premessa di P. De

Vecchi, prefazione di B. W. Meijer, Litografia Rotoffset, Firenze–Milano 1983, p. 193. 关于博罗梅奥对艺术的兴趣，参见 I. Baldriga, *L'occhio della lince. I primi Lincei tra arte, scienza e collezionismo (1603–1630)*, Accademia Nazionale dei Lincei, Roma 2002, pp. 15–31; L. C. Cutler, *Virtue and Diligence. Jan Brueghel I and Federico Borromeo*, in J. de Jong – D. Meijers – M. Westermann (a cura di), *Virtus: virtuositeit en kunstliefhebbers in de Nederlanden 1500–1700*, Waanders Nederlands kunsthistorisch jaarboek, Zwolle 2004, pp. 203–27。

[5] F. Borromeo, *Della pittura sacra libri due*, a cura di B. Agosti, Scuola Normale Superiore, Pisa 1994, p. 30. 这部拉丁文作品于 1624 年出版。费迪南多·波洛尼亚的评论值得一提，在他看来，卡拉瓦乔的诸多画作在博罗梅奥眼中一定是"缺乏秩序""欠缺教养"的："费代里科·博罗梅奥……不可能有眼光欣赏卡拉瓦乔的作品，比如那幅现存于伦敦的《在伊默斯的晚餐》，前景中勾勒的静物与画面描述的神圣故事同等重要。"(F. Bologna, *L'incredulità del Caravaggio e l'esperienza delle «cose naturali»*, Bollati Boringhieri, Torino 1992, p. 131)。

[6] F. Borromeo, *Della pittura sacra* cit., p. 30.

[7] ASDM, Mensa, 19, p. 357b. 参见 I. Balestrieri, *Le fabbriche del Cardinale Federico Borromeo, 1595–1631. L'Arcivescovado e l'Ambrosiana*, Hevelius, Benevento 2005, p. 41,"1614 年 1 月 13 日"这个日期是错误的，正确的是："1614 年 5 月 2 日 [……] 为巴蒂斯塔先生支付在威尼斯为他制作望远镜的费用。"

[8] BAM, G 264 inf., c. 41*r*, 参见 C. Marcora, *La biografia del cardinal Federico Borromeo scritta dal suo medico personale Giovanni Battista Mongilardi*, in «Memorie storiche della Diocesi di Milano», 15, 1968, pp. 134–36。这个地名或许不准，它现在可能叫波比加，位于贝萨纳-布莱恩扎市，参见 P. Boselli, *Toponimi lombardi*, SugarCo, Milano 1977, p. 217。

[9] F. Rivola, *Vita di Federico Borromeo*, Gariboldi, Milano 1656, p. 635.

[10] OG, XII, p. 276: lettera del 3 settembre 1616. 参见 A. Favaro, *Amici e corrispondenti di Galileo* cit.; G. Gabrieli, *Federico Borromeo e gli accademici Lincei*, in Id., *Contributi alla storia dell'Accademia dei Lincei*, Accademia dei Lincei, Roma 1989, II, pp. 1465–86。

[11] 关于邓玉函其人，参见 G. Gabrieli, *Giovanni Schreck linceo, gesuita e missionario in Cina e le sue lettere dall'Asia*, in Id., *Contributi alla storia dell'Accademia dei Lincei* cit., II, pp. 1011–51; I. Iannaccone, *Iohann Schreck Terrentius: le scienze rinascimentali e lo spirito dell'Accademia dei Lincei nella Cina dei Ming*, Istituto Universitario Orientale, Napoli 1998。

[12] «Mentre fu quivi di passaggio il suo Padre Terentio mostrò desiderio d'aver un

canochiale; et io promisi di mandarglielo. Hora non sapendo, ove egli di presente si trovi ho risoluto d'inviarlo a V. S. a fine che si contenti ricapitarglielo sicuro» (F. Borromeo a J. Faber: 30 marzo 1616, 引自 F. Cortesi, *Lettere inedite del cardinale Federico Borromeo a Giovan Battista Faber segretario dei primi Lincei*, in «Aevum», VI, 1932, pp. 514–18: 516)。参见 G. Gabrieli, *Federico Borromeo e gli accademici Lincei*, in Id., *Contributi alla storia dell'Accademia dei Lincei* cit., II, p. 1473。

[13] OG, XII, p. 275.

[14] Ibid.

[15] BAM, G 253 inf., c. 154*r*. 韦尔泽指的是耶稣会士克里斯托夫·沙伊纳分别于1612年1月和9月出版的三部作品。

[16] OG, XIII, p. 55: B. Cavalieri a Galileo, 13 maggio 1621.

[17] C. Scheiner, *De maculis solaribus et stellis circa Iovem errantibus accuratior disquisitio*, Ad insigne pinus, Augustae Vindelicorum 1612; 参见 OG, V, p. 62.

[18] F. Borromeo, *Pro suis studiis*, in BAM, G 310 inf., ins. 8, pp. 273–76. 此文值得一读，其中涉及对自然哲学的一些思索，尤其是记载了一些光学实验，令人联想到后世的相机，这些实验由博罗梅奥亲力亲为："在我看来，这是自然界的伟大秘密，我已经做了很多次测试，结果总是令人赞叹不已，当我在桌子上开一个洞，然后把玻璃放在这个洞里时，洞外的景象就会呈现在纸上，如果这块玻璃质量精良，还能以一定比例和生动的色彩来成像，那么没有一个画家能与它相比。因此在某一时刻，人们可以在纸或其他东西上绘制一幅美丽的图画，那些画室里的作品简直没办法同它相较。我相信，艺术圈子并没有发现这个秘密，它是机缘巧合，是上帝的旨意：由此我不禁思考，还有多少东西仍然隐藏在大自然和上帝创造的奇迹中，不为人知，也许永远湮没无名。" (pp. 276–78)

[19] P. Jones, *Federico Borromeo e l'Ambrosiana. Arte e Riforma cattolica nel XVII secolo a Milano*, Vita e Pensiero, Milano 1997, pp. 70–71 (ed. or. *Federico Borromeo and the Ambrosiana. Art Patronage and Reform in Seventeenth–Century Milan*, Cambridge University Press, Cambridge 1993).

[20] F. Borromeo, *Occhiale celeste*, in BAM, I 52 suss., p. 42, ora in G. Barbero – M. Bucciantini – M. Camerota, *Uno scritto inedito di Federico Borromeo: l' "Occhiale celeste"*, in «Galilaeana», IV, 2007, pp. 309–41: 322.

[21] 关于这个问题，参见杰罗拉莫·塞塔拉（Gerolamo Settala）在1618年12月1日给博罗梅奥的信："两天前，我看到一颗星在东方的十点钟方向从地平线上升起，它的星迹与彗星相似，或者可能是在它升起之前有一道密集的空气划过，形状纤长、略有弯曲，与天穹的颜色相近，却并非那种天青色。" (BAM,

G 313a inf., c. 171*r*).

[22] F. Borromeo, *Occhiale celeste* cit. p. 42, in G. Barbero – M. Bucciantini – M. Camerota, *Uno scritto inedito* cit., p. 322.

[23] Ibid., p. 327.

[24] 从页码可见，博罗梅奥参考的是在法兰克福重印的《星空报告》，参考 Ibid., pp. 322 e 332–33。此外，安布罗西亚博物馆 17 世纪的藏书目录中也收录了《星空报告》在威尼斯初版印刷时留下的一个副本，参见 BAM, Z 38 inf., c. 82*v*; ms Z 27 inf., p. 144。

[25] F. Borromeo, *Occhiale celeste* cit., p. 45, in G. Barbero – M. Bucciantini – M. Camerota, *Uno scritto inedito* cit., p. 324.

[26] Ibid., pp. 325–26.

[27] Ibid., p. 326.

[28] Ibid.。

[29] F. Borromeo, *I tre libri delle laudi divine*, [s. n.], Milano 1632, p. 24.

[30] «De *veritate Scripturae Sacrae*. Sumitur occasio a Galilaeo. Examinantur illius rationes. Confutantur»: BAM, G 310 inf. (ins. 4), c. 17*r*.

[31] «Quaestio de motu terrae ex Gallileo confutatur, et [iuxta] illud Psalmi 135, *qui firmavit terram super aquas*»: BAM, G 72 suss., p. 125.

[32] BAM, I 58 inf. 标题原文为：*Prima pars introductoriae constructionis astronomiae duas in partes distributae. In eam videlicet quae de primo mobili et eam quae de secundis mobilibus est.* 第二部分缺失。关于卡萨蒂其人及其著作《体系介绍》参见 M. Camerota, *Galileo e il Parnaso tychonico*, in O. Besomi – M. Camerota, *Galileo e il Parnaso tychonico. Un capitolo inedito del dibattito sulle comete tra finzione letteraria e trattazione scientifica*, Olschki, Firenze 2000, pp. 1–158: 112–18。

[33] «Opinionem de Terrae motu secundum hypothesim Copernici, ita exacte ipsis caelestibus phaenomenis congruere, ut nihil hac in re verisimilius adduci posse»: BAM, I 58 inf., c. 22*v*.

[34] «[...] cum ipsis caelesti numine praefatis magis consentiens»: Ibid., c. I*r*.

[35] «Nam etiam si exploratum habeam fore ut primo haereas talibus attonitus veris atque etiam perhorrescas nimium insolitae novitatis aspectu, ordine praepostero universi orbis naturam ac dispositionem ob oculos ponentis et omnium philosophorum (licet non ipsius verae philosophiae) dogmata longo usu et inveterata omnium opinione sancita prorsus abrogantis; nihilominus, si utroque, ut dicitur, oculo rem ipsam introspicere ac diligenti animadversione perpendere volueris in consilium

adhibitis rationibus quae ibi ad hanc rem insinuandam copiose satis subministrantur, persuadere mihi nullo modo possum te tantum humana philosophorum auctoritati daturum, ut propter illam rationes ipsas divinis oraculis confirmatas continuo tibi esse abiciendas putes»: Ibid., c. 1*v*.

[36] «[…] si quis tentaret supradictam de terrae motu opinionem sacrarum litterarum testimonio corroborare, id ei forte ex voto felicius contingeret, ac multo magis verisimilibus coniecturis confirmare posset opinionem suam, quam reliqui alterius sententiae suam»: Ibid., cc. 17*v*–18*r*.

[37] OG, XIII, p. 62: B. Cavalieri a Galileo, 28 aprile 1621.

[38] 参见本书第一章，第 024 页。1609 年 8 月，一则来自米兰的消息称：“有个法国人向总督阿塞韦多的佩德罗 · 恩里克斯兼丰特斯伯爵献上了一个喇叭形状的工具，用它观察远处的景物就像在附近一样，所以总督给他提议，让他再制作两个送去西班牙。”参见 ASV, Fondo Borghese, IV.52, c. 305*r*。

[39] ASF, Mediceo del Principato 3137, c. 383*v*: B. Vinta ad A. Beccheria, 21 giugno 1611.

[40] 参见 C. Borri, *Tractatus astrologiae* […], BAM, A 83 suss., cc. 1–104。1615 年的一个副本保存至今：BNCR, Fondo Gesuitico, ms 587. 关于博里和他的《论占星》，参见 M. Camerota, *Galileo e il Parnaso tychonico* cit., pp. 119–26。

[41] 参见 C. Borri, *Tractatus astrologiae*, in BAM, A 83 suss., cc. 17*r*–*v* e 52*v*–53*r*。

[42] Ibid., cc. 63*v*–67*v*.

[43] «Septem ab hinc annis ex quo animum mathematicis scientiis applicare coepi, cum, communem coelestium orbium descriptionem et distributionem ingressus, animadvertissem confusionem illam tot tantorumque epiciclorum, eccentricorumque a Ptolomaeis fictorum, ita animus meus ab illis abhorruit, ut nunquam adduci potuerim, ut illos crederem»: Ibid., c. 63*r*–*v*.

[44] «Certissimum esse Lunam non esse perfectissime rotundam, sed multis vallibus ac montibus reddi inaequalem; probabilius etiam est caetera astra esse montibus referta sicut Luna. De Luna non indiget probatione cum sensu pateat benefitio perspicilli, qui nuper a Galileo de Galileis Florentino, Patavii Gymnasii publico mathematico repertum esse dicitur, quem quidem perspicillum statim ac praemanibus habui, observavi hos montes et valles in Luna, sed non sum ausus antea proferre, ne alicuius temeraritatis notam subirem, sed postquam haec et alia, quae suo loco dicemus, iam video ab ipso Galileo observata, immo et in lucem edita, veritatem hanc confirmare et propagare non dubitabo»: Ibid., cc. 31*v*–32*r*.

[45] «Ut sic videmus in Terra circa Solis ortum, cum valles terrae nondum lumine per-

fusas, montes vero illas ex adverso Solis circundantes iam iam splendorem fulgentes intuemur, ac veluti terrestrium cavitatum umbrae, Sole sublimiora petente, imminuuntur, ita ut lunares istae cavitates, crescente parte luminosa, tenebras amittunt»: Ibid., c. 32*r*. Il passo è identico a quanto si legge nel *Sidereus nuncius*: 参见 OG, III, pp. 63–64。

[46] «Nella sua *Dioptrice*, Kepler dichiara di aver appreso con grande ammirazione che Saturno non costituisce un unico astro, ma tre distinti, tanto vicini tra loro da essere quasi in contatto reciproco» («Addit Cheplerus, in sua *Dioptrica*, Saturnum summa cum admiratione deprehendi, non unam solum esse stellam, sed tres inter se proximas, adeo ut sese mutuo quasi contingant»). C. Borri, *Tractatus astrologiae*, in BAM, A 83 suss., c. 40*r*.

[47] Ibid., c. 39*v*.

[48] «Hoc non indiget probatione, ut demum est de montibus in Luna, cum sensu pateat, ope eiusdem perspicilli, quae quidem stellae ab ipso Galileo ante omnes observatae sunt, et ego ipse quam diligenter [diligentius] potui, observavi. Horum vero veri motus et periodi nondum determinari potuerunt»: Ibid., c. 39*r*.

[49] 巴尔巴瓦拉现有几份关于三角学的手稿存世：BAM, G 84 suss. 关于奥迪其人及他在米兰开展的数学活动，参见 A. Marr, *Between Rapha el and Galileo: Mutio Oddi and the Mathematical Culture of Late Renaissance Italy*, The University of Chicago Press, Chicago 2011, pp. 57–105。

[50] 罗雅谷自 1618 年在中国担任耶稣会传教士。在此期间，他用中文翻译并写作了几部关于天文学的作品，其中一部探讨了伽利略的发现。比萨研究所的负责人吉罗拉莫·达·索马亚（Girolamo da Sommaia）写道："阿历桑德罗·罗先生在比萨研学，他有一个儿子在米兰当音乐家，还有一个儿子是耶稣会士(罗雅谷)，后者现在在印度，是一个伟大的数学家，在制造仪器和机械方面颇有天赋，常自己动手。如果他的父亲能让他单独研究数学，他将成为一个伟大的数学家，但总有其他东西分他的心。" (BNCF, ms Magl. XI, 57, c. 7*v*)

[51] 此即巴兰扎诺于 1617 年出版的《天王星观测》，1609 年他在蒙扎扬名，在米兰一直待到 1615 年。

[52] BAM, G 309 inf., p. 7; 引自 E. Bellini, *Stili di pensiero nel Seicento italiano. Galileo, i Lincei, i Barberini*, Edizioni Ets, Pisa 2009, p. 97。这篇文章于 1617 年出版了拉丁文版本，名为 *Salomon, sive Opus Regium*。

第十章　佛罗伦萨阴云

[1] OG, X, p. 305: E. Piccolomini d'Aragona a Galileo, 27 marzo 1610.

[2] 参见本书第四章，1610 年 3 月 27 日塞尔蒂尼的信。OG, X, p. 305.

[3] ASF, Guidi, 542, c. 日期不明，收件人不明。

[4] BRF, ms 2446, lettera n. 134.

[5] 在位于圣马可的铸造厂的账簿中有相应记录。1610 年 11 月 30 日的付款单记载了“在威尼斯为我制作了 14 台望远镜，8 月有另一条记录“13 台望远镜”，到了 1611 年 3 月 31 日“在威尼斯为我制作了 120 台望远镜[……]8 台望远镜”。(ASF, Mediceo del Principato 5132/A, mandati del 1610, cc. 数字不明。) 关于安东尼奥·德·美第奇其人，参见 P. Galluzzi, *Motivi paracelsiani nella Toscana di Cosimo II e di Don Antonio dei Medici: alchimia, medicina chimica e riforma del sapere*, in *Scienze, credenze occulte, livelli di cultura*, convegno internazionale di studi, Olschki, Firenze 1982, pp. 31-62。

[6] OG, X, p. 423.

[7] 参见 A. Santucci, *Trattato nuovo delle comete, che le siano prodotte in cielo, e non nella regione dell'aria, come alcuni dicono*, Caneo, Firenze 1611, pp. 102-16。

[8] 引自 M. Bucciantini, *Contro Galileo. Alle origini dell' "affaire"*, Olschki, Firenze 1995, p. 27, nota 1。

[9] B. Vannozzi, *Delle lettere miscellanee [···] volume terzo*, Bartolomeo Cochi, Bologna 1617, p. 407. 万诺齐和巴尔迪诺蒂生平，参见 V. Capponi, *Biografia pistoiese*, Tipografia Rossetti, Pistoia 1878, pp. 30 e 384-86。

[10] W. Shakespeare, *Amleto*, atto II, scena ii, 300-1. 众所周知，哈姆雷特这一人物登场于 1598—1601 年间。

[11] 见 *Delle Lettere Miscellanee* 第 403—405 页中 1610 年 8 月 17 日的信，巴尔迪诺蒂感谢万诺齐送他一台望远镜。万诺齐在回信中说：“伽利略的望远镜值得推崇，因为它是阁下送我的礼物，但这个发明并非首创，因为有人说阿基米德也做过这类工具，德拉波尔塔在一篇关于镜像的论文中也提到了它，认为它的原理与透镜相似。尽管如此，也不是没有人称赞伽利略。”(第 405 页)。紧接着（第 406—407 页）引用了万诺齐给巴尔迪诺蒂的信，没有标明日期。

[12] B. Vannozzi, *Delle lettere miscellanee* cit., p. 182: lettera senza data, ma da attribuire al 1610.

[13] Ibid., p. 181.

[14] 参见 L. Guerrini, *Galileo e la polemica anticopernicana a Firenze*, Edizioni Polistampa, Firenze 2009, pp. 25-26, 30-32; E. Reeves, *Variable Stars: a Decade of Histo-*

riography on the "Sidereus nuncius" cit., pp. 41-42。

[15] 参见 M. Bucciantini, *Reazioni alla condanna di Copernico: nuovi documenti e nuove ipotesi di ricerca*, in « Galilaeana», I, 2004, pp. 3-19: 12。

[16] Ibid., p. 11, nota 29.

[17] 关于这位乔瓦尼·德·美第奇，参见 Ibid., pp. 3-19; B. Dooley, *Narrazione e verità: don Giovanni de'Medici e Galileo*, in «Bruniana & Campanelliana», 14 (2008), n. 2, pp. 389-403; P. Volpini in DBI, 73, *ad vocem*。参见 Edward Goldberg su Benedetto Blanis, teologo ebreo e bibliotecario di don Giovanni: *Jews and Magic in Medici Florence. The Secret World of Benedetto Blanis*, University of Toronto Press, Toronto 2011; *A Jew at the Medici Court. The Letters of Benedetto Blanis Hebreo (1615- 1621)*, University of Toronto Press, Toronto 2011。

[18] 参见本书第五章。

[19] 参见 OG, X, pp. 312-13: M. Galilei a Galileo, 14 aprile 1610。

[20] Ibid., pp. 314-15: M. Hasdale a Galileo, 15 aprile 1610.

[21] Ibid., pp. 317-18: I. Altobelli a Galileo, 17 aprile 1610.

[22] Ibid., pp. 319-40: J. Kepler a Galileo, 19 aprile 1610.

[23] Ibid., p. 349: Galileo a B. Vinta, 7 maggio 1610 (corsivo nostro).

[24] Ibid., p. 351.

[25] Ibid., pp. 351-52.

[26] 参见本书第六章，第 157—158 页。

[27] 参见 C. Carabba - G. Gasparri, *La vita e le opere di Girolamo Magagnati*, in «Nouvelles de la République des Lettres», II, 2005, pp. 61-85; G. Magagnati, *Lettere a diversi*, a cura e con introduzione di L. Salvetti Firpo, con Premessa *La vita di Girolamo Magagnati*, a cura di C. Carabba - G. Gasparri, Olschki, Firenze 2006, pp. VII-XX。

[28] G. Magagnati, *Meditazione poetica sopra i pianeti medicei*, Heredi d'Altobello Salicato, Venezia 1610, c. [4*v*].

[29] OG, X, p. 356: B. Vinta a Galileo, 22 maggio 1610.

[30] Ibid., pp. 403-4: Giuliano de'Medici a Galileo, 19 luglio 1610.

[31] Ibid., p. 373: Galileo a B. Vinta, 18 giugno 1610. 7 月 25 日，伽利略发表了对木星的观测结果。参见本章尾注 2。

[32] Ibid., p. 374: Galileo a B. Vinta, 18 giugno 1610.

[33] Ibid., p. 367: 达尔蒙特致伽利略，1610 年 6 月 4 日："我极为高兴听到阁下说想用水晶做点什么，我希望通过阁下的理论和聪明才智，能发掘出更多令人钦佩的东西。"

[34] Ibid., p. 410: Galileo a B. Vinta, 30 luglio 1610.

[35] Ibid., p. 384: A. Barbolani a B. Vinta, 26 giugno 1610.

[36] Ibid., XI, p. 172: G. F. Sagredo a Galileo, 18 agosto 1611.

[37] Ibid., p. 172.

[38] Ibid., pp. 170-72.

[39] 例如：G. Cozzi, *Galileo Galilei, Paolo Sarpi e la società veneziana* cit., pp. 216-17, nota 163; P. Sarpi, *Istoria del Concilio Tridentino* cit., II, pp. LV-LVI.

[40] [F. Griselini], *Del genio di P. Paolo Sarpi*, Leonardo Bossaglia, Venezia 1785, II, pp. 70-71.

[41] OG, XI, p. 48: Galileo a P. Sarpi, 12 febbraio 1611.

[42] Ibid., p. 57: F. Micanzio a Galileo, 26 febbraio 1611.

[43] Ibid., p. 48: Galileo a P. Sarpi, 12 febbraio 1611.

[44] 在此感谢科拉多·平先生，他对萨尔皮的文风颇有研究，为我们提供了精准解读。

[45] OG, XI, p. 47: Galileo a P. Sarpi, 12 febbraio 1611 (corsivo nostro).

[46] Ibid., X, p. 425: Galileo a B. Vinta, 20 agosto 1610.

[47] Ibid., p. 299: Galileo a B. Vinta, 19 marzo 1610.

[48] Ibid., p. 373: Galileo a B. Vinta, 18 giugno 1610.

[49] Ibid., p. 410: Galileo a B. Vinta, 30 luglio 1610.

[50] Ibid., p. 412: A. Sertini a Galileo, 7 agosto 1610.

[51] Ibid., p. 421: Galileo a J. Kepler, 19 agosto 1610, p. 421.

[52] Ibid., p. 440: Galileo a Giuliano de'Medici, 1°ottobre 1610.

[53] Ibid., XI, p. 175: F. Cesi a Galileo, 20 agosto 1611.

[54] Ibid., X, pp. 431-32 e XI, pp. 46-50.

[55] Ibid., p. 431.

[56] Ibid., p. 442: L. Cigoli a Galileo, 1°ottobre 1610.

[57] Ibid., p. 445: A. Santini a Galileo, 9 ottobre 1610.

[58] Ibid., p. 431.

[59] Ibid., p. 432.

[60] Ibid., p. 436: L. Pignoria a P. Gualdo, 26 settembre 1610.

[61] Ibid., p. 485: C. Clavio a Galileo, 17 dicembre 1610.

[62] Ibid., p. 500: Galileo a C. Clavio, 30 dicembre 1610 (corsivo nostro).

第十一章　罗马使命

[1] 参见 OG, III, p. 442。

[2] Ibid., XI, p. 80: Galileo a B. Vinta, 1°aprile 1611.

[3] Ibid., pp. 78–79: G. Niccolini a Cosimo II, 30 marzo 1611. 关于伽利略的罗马之行参见 J. L. Heilbron, *Galileo* cit., pp. 170–77。

[4] 参见 E. Fasano Guarini, *"Roma officina di tutte le pratiche del mondo" : dalle lettere del cardinale Ferdinando de'Medici a Cosimo I e a Francesco I*, in G. Signorotto – M. A. Visceglia (a cura di), *La corte di Roma tra Cinque e Seicento. "Teatro" della politica europea*, Bulzoni, Roma 1998, pp. 265–97。

[5] OG, XI, pp. 28–29: B. Vinta a Galileo, 20 gennaio 1611.

[6] Ibid., p. 23: T. Campanella a Galileo, 13 gennaio 1611. 这里暗仿《启示录》诗句。

[7] 参见 OG, XI, pp. 60–61 e 80–81。

[8] Ibid., p. 79: G. Niccolini a Cosimo II, 30 marzo 1611.

[9] Ibid., p. 61: Cosimo II a F. M. Dal Monte, 27 febbraio 1611.

[10] Ibid., p. 79: Galileo a B. Vinta, 1°aprile 1611.

[11] «Galileus saepius ad Collegium nostrum et mathematicos venit»: SBD, ms XV.247, c. 208*v*.

[12] 参见 BNCF, ms Gal. 49, cc. 4*r* e 5*r*; 参见 OG, III, pp. 863–64. In una lettera a B. Vinta del 1°aprile。伽利略强调他的数据与耶稣会士的一致，参见 OG, XI, p. 80。

[13] 参见 BNCF, ms Gal. 13, c. 2*r*; 参见 OG, XI, pp. 87–88。从手写签名可以推断，伽利略可能直接从其作者或问询者那里收到这本小册子。然须注意，在 1611 年 8 月 11 日的一封信中，齐戈里表示："我从枢机主教达尔蒙特的秘书那里知悉了贝拉明先生向耶稣会提出的问询。"参见同上，第 168 页。因此，他可能将贝拉明这个问询的"简要说明"转告给了伽利略。

[14] Ibid., pp. 92–93.

[15] Ibid., pp. 13–14: M. Welser a Galileo, 7 gennaio 1611. 这个想法实际上可以追溯到中世纪，人们对阿威罗伊的《天空》进行了一番讨论。从书中角度看来，人们认为月球"吸收"了阳光后就会落下，由于月球表面的质地不同，吸收到的光是不均匀的。这便可以解释"月球斑"现象，即在满月阶段可见的阴影。最重要的是，这种"吸收"理论不认为月球表面完全光滑均匀，能像镜子一样反射太阳光，由此可证：在地球的每个角落都一样可见月光，当然，在某些区域光线可能会发生偏振，而月球所处的位置不同也会影响到这一点。参见 R. Ariew, *Galileo's Lunar Observations in the Context of Medieval Lunar Theory*, in «Studies in History and Philosophy of Science», XV (1984), n. 3, pp.

213–26; I. Pantin, *Galilée, la lune et les Jésuites*, in «Galilaeana», II, 2005, pp. 19–42: 22–23。

[16] V. Figliucci, *Stanze sopra le stelle e macchie solari scoperte col nuovo occhiale*, Mascardi, Roma 1615, p. 19. 作品第一部分起笔于 1611 年春天，当时菲柳奇还在罗马。参见 L. Guerrini, *Le "Stanze sopra le stelle e macchie solari scoperte col nuovo occhiale" di Vincenzo Figliucci. Un episodio poco noto della visita di Galileo Galilei a Roma nel 1611*, in «Lettere Italiane», L (1998), n. 3, pp. 387–415。

[17] 参见 OG, XI, p. 151: Galileo a G. Gallanzoni, 16 luglio 1611。

[18] 参见 BNCF, ms Gal. 13, c. 2bis*r*。其副本存留至今：Archivum Romanum Societatis Iesu: Opp. NN 245, c. 430. 近期，乌戈·巴尔迪尼先生发现了一个最新版本：la Biblioteca Oliveriana di Pesaro (ms 1582, fasc. II, 1); 参见 U. Baldini, *Saggi sulla cultura della Compagnia di Gesú*, Bulzoni, Roma 1995, p. 238, nota 60。1611 年 5 月 28 日乔瓦尼·科莱给皮埃尔·马戴奥·乔尔达尼的信中提到一批文件："贝拉明枢机主教对伽利略的事抱有疑问，已经写在文件中，此外还有一些耶稣会士的确认答复。"参见 E. Gamba, *Galilei e l'ambiente scientifico urbinate. Testimonianze epistolari*, in «Galilaeana», IV, 2007, pp. 343–60: 354。

[19] 参见 OG, XI, p. 127: M. Welser a Galileo, 17 giugno 1611。

[20] I. A. F. Orbaan, *Documenti sul Barocco in Roma*, Società Romana di Storia Patria, Roma 1920, p. 284.

[21] «Presentibus 4 cardinalibus et ipso Galileo Galileo»: SBD, ms XV.247, c. 234*r*: P. Guldin a J. Lanz, 21 maggio 1611.

[22] 关于这位演说者，参见 OG, XI, pp. 162–63。关于 1604 年的那场会议，参见 U. Baldini, *Legem impone subactis. Studi su filosofia e scienza dei Gesuiti in Italia. 1540–1632*, Bulzoni, Roma 1992, pp. 155–82。关于罗马耶稣会学院，参见 I. Pantin, *Galilée, la lune et les Jésuites* cit.; E. Reeves – A. Van Helden, *Verifying Galileo's Discoveries: Telescope–making at the Collegio Romano*, in J. Hamel – I. Keil (a cura di), *Der Meister und die Fernrohre: das Wechselspiel zwischen Astronomie und Optik in der Geschichte*, H. Deutsch, Frankfurt am Main 2007, pp. 127–41。

[23] 参见 OG, III, pp. 293–98。

[24] Ibid., p. 295.

[25] Ibid., p. 298.

[26] «[…] non absque Philosophorum murmure»: G. de Saint–Vincent a C. Huygens, 4 ottobre 1659, in C. Huygens, *Oeuvres complètes, Correspondance*, II, 1657–59, M. Nijhoff, La Haye 1889, p. 490.

[27] 参见 OG, XI, p. 274。

[28] Ibid., p. 233: D. Tamburelli a C. Grienberger, 11 novembre 1611.

[29] 参见 C. Grienberger, *Catalogus veteres affixarum longitudines conferens cum novis*, apud B. Zanettum, Romae 1612, p. ii [c. non num.]。

[30] V. Figliucci, *Stanze sopra le stelle e macchie solari* cit., p. 9.

[31] OG, XI, p. 33: C. Grienberger a Galileo, 22 gennaio 1611 (corsivi nostri).

[32] Ibid., p. 34 (corsivo nostro).

[33] Ibid. (corsivo nostro).

[34] Ibid., XII, pp. 63–64: F. Colonna a Galileo, 16 maggio 1614.

[35] 在给科西莫二世的献词中，伽利略指出，木星及其卫星“一致围绕世界的中心，也就是围绕太阳进行公转”，参见 OG，III，p. 56。之后伽利略又重复了一遍这句话，表明了哥白尼体系的正确性：参见 Ibid., p. 95。

[36] J. Kepler, *Dissertatio cum Nuncio Sidereo*; 参见 OG, III, p. 122。

[37] OG, XI, p. 27: Galileo a B. Vinta, 15 gennaio 1611.

[38] Ibid., p. 100: P. Gualdo a Galileo, 6 maggio 1611.

[39] 参见 *Ratio atque Institutio Studiorum Societatis Iesu. Ordinamento degli studi della Compagnia di Gesú*, Introduzione e traduzione di A. Bianchi, Rizzoli, Milano 2002, pp. 194–95。

[40] «Quaeso rogas P. Clavio et P. Grinbergero an pro salvandis motibus novorum illorum planetarum Iovis, Saturni, Martis, sufficiat ponere epicyclos, quorum centra sint eadem cum centris Jovis, Saturni, Martis, an vero alia theoria sit excogitanda»: UBG, ms 159, busta n. 17, c. 5*r*. 通过望远镜可以观察到土星和火星的奇异现象，这就证明了它们有卫星；在早先的一封信中，兰茨宣称罗马学院的教士们在土星的侧面看到了两颗星，还有一些“关于火星的（现象）”，参考 Ibid., c. 2*r*. «non Jovem tantum sed et alios planetas suos habere satellites, cum Sol, Venerem et Mercurium habent»: Ibid., c. 7a*r*.

[41] 参见本书第十二章，第 294 页。

[42] 参见本书第九章，第 223—226 页。

[43] «Confessemos que Venus e Mercurio se movem a o redor do Sol, e que hora abaixo ou assima de lle, hora antes hora depois de lle fazem seu curso, como tambem se pode collegir das varias oppinioines dos antiguos, dos quaes hunos poserão estes 2 plametas assima outros abaixo do Sol. [⋯] Ambas estes oppinioines conciliou Ticho Brahe, dilligentissimo e mais moderno observador do curso dos planetas e estrellas, o quoal determinão que se movião a o redor do corpo Sollar no lib. 2 *De mundi aetherei recentioribus phenomenis*, cap. 8, por estas pallavras: Em Venus e Mercurio os mesmos circuitos menores a o redor do Sol e que nao

cercâo a terra, pois parece que tem hum certo modo de epiciclos; e tinha dito assima que todos os planetas tirando a Luna se moviâo a o redor do Sol, como a o redor de capitâo ou Rey seu». ANTT, Livraria, ms 1770, cc. 33*v*–34*r*. 关于所引用的布拉赫的话，参见 T. Brahe, *Opera Omnia*, a cura di I. L. E. Dreyer, In Libraria Gyldendaliana, Hauniae 1913 (repr. Swets & Zeitlinger, Amsterdam 1972), IV, p. 157。

[44] V. Figliucci, *Stanze sopra le stelle e macchie solari* cit., pp. 21–22.

[45] 参见 C. Acquaviva, *De soliditate et uniformitate doctrinae*, in *Epistolae selectae praepositorum generalium ad superiores Societatis*, Typis Poliglottis Vaticani, Roma 1911, pp. 207–9。

[46] OG, XI, p. 94: Galileo a B. Vinta, 27 aprile 1611.

[47] Ibid., p. 89: Galileo a F. Salviati, 22 aprile 1611.

[48] 关于圣三一教堂的花园，参见 I. A. F. Orbaan, *Documenti sul Barocco* cit., p. 197。伽利略与昝瓦尤斯的会面是由 G. 加朗佐尼、C. 博尔萨奇和昝瓦尤斯的信件往来推断出来的，昝瓦尤斯在 1611 年 9 月收到了伽利略赠送的一台望远镜：参见 OG, XI, pp. 132, 137, 208 e 211。参见 la lettera di Galileo a Gallanzoni del 16 luglio 1611: Ibid., pp. 141–55: 141。

[49] Ibid., pp. 78–79. 关于达尔蒙特的宅邸，参见 I. A. F. Orbaan, *Documenti sul Barocco* cit., pp. 163 e 168。

[50] 参见 OG, XI, pp. 80–81。关于巴尔贝里尼的宅邸，参见 I. A. F. Orbaan, *Documenti sul Barocco* cit., pp. 101 nota e 103 nota。

[51] 参见 OG, XI, p. 86. 关于班蒂尼的宅邸，参见 I. A. F. Orbaan, *Documenti sul Barocco* cit., p. 26 nota。

[52] 参见 OG, XI, p. 132。

[53] 参见 E. Bellini, *Umanisti e lincei. Letteratura e scienza a Roma nell'età di Galileo*, Antenore, Padova 1997, pp. 13–14; F. Favino, *Le ragioni del "patronage". I Farnese di Roma e Galileo*, in M. Bucciantini – M. Camerota – F. Giudice (a cura di), *Il caso Galileo. Una rilettura storica, filosofica, teologica*, Olschki, Firenze 2011, pp. 163–85: 174–75。

[54] 参见 OG, XI, p. 205。关于阿古奇对天文学的兴趣，参见 M. Bucciantini, *Teologia e nuova filosofia. Galileo, Federico Cesi, Giovambattista Agucchi e la discussione sulla fluidità e corruttibilità del cielo*, in *Sciences et Religions. De Copernic à Galilée*, École Française de Rome, Roma 1999, pp. 411–42。

[55] OG, XI, pp. 82–83: Galileo a V. Orsini, 8 aprile 1611.

[56] G. B. Strozzi, *Lettione in biasmo della superbia malvagia e fino a che segno ripren-*

sibile, in Id., *Orazioni et altre prose*, Grignani, Roma 1635, p. 206. 西尔维奥 · 巴尔比（Silvio Barbi）在其关于斯特罗齐的专著中盛赞这场 1624 年的演说。参见 S. A. Barbi, *Un accademico mecenate e poeta. Giovan Battista Strozzi il giovane*, Sansoni, Firenze 1900, p. 55。事实上，正如上述伽利略的信件所证，这场盛大的演讲是在 1611 年 4 月举行的。据 1611 年 4 月 9 日萨尔瓦多雷 · 卢奇（Salvatore Luci）给文塔的信中所言，这次演讲持续了一个小时，随后钱波利（Ciampoli）主教高歌一曲。（参见 ASF, Mediceo del Principato 972, c. 117*r*）

[57] 参见 OG, XI, pp. 87 e 92。

[58] Ibid., p. 89. 参见大使尼科利尼给文塔的公文。同上 , p. 92 及 W. R. Shea e M. Artigas, *Galileo a Roma. Trionfo e tribolazioni di un genio molesto*, Marcianum Press, Venezia 2009, pp. 55–58。

[59] 参见 OG, XIX, p. 265。

[60] I. A. F. Orbaan, *Documenti sul Barocco* cit., p. 283.

[61] 参见 G. C. Lagalla, *De phoenomenis in orbe Lunae novi telescopii usu a D. Gallileo Gallileo nunc iterum suscitatis Physica disputatio*, apud T. Balionum, Venetiis 1612; 参见 OG, III, p. 330。参见 G. Sirtori, *Telescopium* cit., p. 27。关于聚会的更多信息，参见 J. Faber, *Animalia Mexicana descriptionibus scholiisque exposita*, apud. I. Mascardum, Romae 1628, p. 473。关于佩尔西奥及其秘书乔瓦尼 · 巴尔托利尼的生平，参见 G. Gabrieli, *Contributi alla storia dell'Accademia dei Lincei* cit., I, p. 877。

[62] 1611 年春天，伽利略在“卡瓦洛山花园”，即今奎里纳尔宫，首次对太阳黑子进行了观测，参见 OG, V, pp. 81–82; XI, pp. 305, 335, 329, 418 e 424; XII, p. 175; XVIII, p. 297。

[63] OG, XI, p. 99: F. Cesi a F. Stelluti, 30 aprile 1611.

[64] Ibid., p. 94.

[65] Ibid., p. 119: F. M. Dal Monte a Cosimo II, 31 maggio 1611.

[66] 关于伽利略此行，参见 Ibid., p. 121: P. Guicciardini a B. Vinta, 4 maggio 1611。

[67] OG, XIX, p. 275; *I documenti vaticani del processo di Galileo Galilei (1611–1741)*, 现有一新修订版问世，经 S. 帕戈诺修订并添加注释（Archivio Segreto Vaticano, Città del Vaticano 2009, pp. 171–72）。

[68] 参见 A. Poppi, *Cremonini e Galilei inquisiti a Padova nel 1604. Nuovi documenti d'archivio*, Antenore, Padova 1992。

[69] 此事件的详细信息，参见 M. Bucciantini, *Contro Galileo. All'origine dell' "affaire"* cit.; M. Camerota, *Galileo Galilei e la cultura scientifica nell' età della Controriforma* cit., pp. 272–332。

[70] 卡奇尼在向教廷提供的证词中说："有人说他和那个保罗神父非常亲近，整个威尼斯都知道他很冲动。"参见 G. Galilei, *Scienza e religione. Scritti copernicani* cit., p. 255。

[71] OG, XII, p. 207: P. Guicciardini a C. Picchena, 5 dicembre 1615.

[72] 参见 A. Prosperi, *Tribunali della coscienza. Inquisitori, confessori, missionari*, Einaudi, Torino 1996, pp. 194–210。

[73] 参见 OG, III, pp. 62–63。

[74] E. Panofsky, *Galileo critico delle arti*, a cura di M. C. Mazzi, Cluva, Venezia 1985, pp. 30–31 (ed. or. *Galileo as a Critic of the Arts*, Nijhoff, The Hague 1954). 在帕诺夫斯基之前，这幅作品与伽利略望远镜之间的联系已有人研究，参见 G. Anichini, *La cupola del Cigoli a S. Maria Maggiore e un cimelio galileiano*, in «L'Illustrazione Vaticana», III (1932), n. 16, p. 814。

[75] 参见 G. B. Cardi, *Vita di Lodovico Cardi da Cigoli*, a cura di G. Battelli, Barbèra, Firenze 1913, pp. 38–39; F. Baldinucci, *Notizie de'Professori del Disegno da Cimabue in qua*, Società Tipografica de'Classici Italiani, Milano 1812, IX, pp. 134–35。

[76] 该工作第一张付款单的日期是 1610 年 9 月 25 日。参见 A. M. Corbo, *I pittori della cappella Paolina in S. Maria Maggiore*, in «Palatino», XI (1967), n. 3, pp. 301–13: 307。在 1612 年 10 月 19 日写给伽利略的信中，齐戈里称他正处于"苍穹尽头": OG, XI, p. 418。

[77] Ibid., XI, p. 291: L. Cigoli a Galileo, 13 aprile 1612. 至于批评的声音，齐戈里说，一些反对者指责他根本不知道如何作画，说壁画中的人物"看起来就像用油泼上去的一样"，参见 Ibid., p. 425。

[78] 参见 D. M. Stone, *Bad Habit: Scipione Borghese, Wignacourt and the Problem of Cigoli's Knightood*, in M. Camilleri – T. Vella (a cura di), *Celebratio Amicitiae. Essays in Honour of Giovanni Bonello*, Fondazzjoni Patrimonju Malti, Malta 2006, pp. 207–29。

[79] S. F. Ostrow, *L'arte dei papi. La politica delle immagini nella Roma della Controriforma*, Carocci, Roma 2002, p. 246 (ed. or. *Art and Spirituality in Counter–Reformation Rome*, Cambridge University Press, Cambridge 1996). 参见 E. Reeves, *Painting the Heavens* cit., pp. 141–54; S. F. Ostrow, *Cigoli's "Immacolata" and Galileo's Moon: Astronomy and the Virgin in Early Seicento Rome*, in «The Art Bulletin», LXXVIII (1996), n. 2, pp. 218–35: 225–29。

[80] F. Pacheco, *Arte de la pintura. Su antiguedad y grandezas*, Faxardo, Sevilla 1649, p. 483. 参见 E. Reeves, *Painting the Heavens* cit., p. 194。

[81] 负责规划绘画进度的是两兄弟：托马索·博齐奥和弗朗西斯科·博齐奥，他

们都是修会的神父。其中托马索负责了大部分内容。参见 S. F. Ostrow, *L'arte dei papi* cit., pp. 179–92。

[82] BVR, ms O 57, c. 377*r*. 参见 S. F. Ostrow, *Cigoli's "Immacolata" and Galileo's Moon* cit., p. 219, nota 13。参见大教堂档案中一份几乎相同的版本 (Archivio capitolare di Santa Maria Maggiore, Collezione Bianchini, tomo X, c. 539*r*)。参见 A. M. Corbo, *I pittori della cappella Paolina* cit., p. 304。

[83] B. Viegas, *Commentarii exegetici in Apocalypsim Ioannis Apostoli*, Apud D. Binet, Parisiis 1606, p. 520.

[84] J. de la Haye, *Commentarii literales et conceptuales in Apocalypsim Sancti Ioannis Evangelistae*, Apud N. Buon et D. Thierry, Parisiis 1644, p. 424.

[85] J. da Sylveira, *Commentarii in Apocalypsim D. Joannis Apostoli*, Apud A. Nissonios et J. Posuel, Lugduni 1681, II, p. 23. 参见 E. Reeves, *Painting the Heavens* cit., p. 140。

[86] H. Bullinger, *In Apocalypsim Iesu Christi revelatam*, In officina Froschoviana, Tiguri [Zurigo] 1590, p. 75.

[87] 相似结论参见 S. E. Booth – A. Van Helden, *The Virgin and the Telescope: The Moons of Cigoli and Galileo*, in J. Renn (a cura di), *Galileo in Context*, Cambridge University Press, Cambridge 2001, pp. 193–216。

[88] A. Vittorelli, *Gloriose memorie della Beatissima Vergine Madre di Dio*, Facciotto, Roma 1616, pp. 223 e 225.

[89] A. Vittorelli, *Dei ministerii et operationi angeliche libri sei*, Tozzi, Vicenza 1611, p. 150.

[90] 参见 OG, III, p. 76。

[91] A. Vittorelli, *Dei ministerii et operationi angeliche* cit., pp. 233–34. 与上文不同，这段话出自 S. F. Ostrow, *L'arte dei papi* cit., p. 298。

[92] OG, XI, p. 449.

[93] G. Severato, *Memorie delle sette Chiese di Roma*, Mascardi, Roma 1630, I, p. 710. 拉丁文引文摘自《教宗典礼官手记》，其中详细描述了就职典礼的情况，参见 I. A. F. Orbaan, *Documenti sul Barocco* cit., p. 12. 保禄五世的仆役长考斯达古迪（G. B. Costaguti）的手记指出，教宗为小教堂捐赠了“精美可爱、种类丰富的家具”，包括“六个烛台 [......] 两个大的银制烛台、一盏灯，以及其他类似的铜制器物”。参见 L. von Pastor, *Storia dei Papi dalla fine del Medio Evo*, Desclée, Roma 1908–1934 (ed. or. *Geschichte der Päpste seit dem Ausgang des Mittelalters*, Herder, Freiburg im Breisgau 1899–1933), XII, p. 705。

[94] OG, XI, p. 89.

[95] 参见本书第一章，第 020—022 页；参见本书第六章，第 155 页。

[96] S. Y. Edgerton Jr., *Galileo, Florentine "Disegno" and the "Strange Spottednesse" of the Moon*, in «Art Journal», XLIV (1984), n. 3, pp. 225–32: 230.

[97] 参见 E. Acanfora, *Cigoli, Galileo e le prime riflessioni sulla cupola barocca*, in «Paragone», LI (2000), n. 31, pp. 29–52: 32。

[98] 参见 F. Camerota, *Linear Perspective in the Age of Galileo. Ludovico Cigoli's "Prospettiva Pratica"*, Olschki, Firenze 2010。

[99] OG, XII, p. 242: P. Guicciardini a Cosimo II, 4 marzo 1616 (corsivo nostro).

[100] Ibid., p. 217: P. Guicciardini a C. Picchena, 5 dicembre 1615.

第十二章　漂洋过海：葡萄牙、印度、中国

[1] APUG, 534, cc. 55*r*–56*v*: 55*r*. 这封信经德里贤（P. M. D'Elia）重印，其中叙述了伽利略望远镜的消息是如何传到亚洲的，参见 *Galileo in Cina. Relazioni attraverso il Collegio Romano tra Galileo e i gesuiti scienziati missionari in Cina (1610–1640)*, apud Aedes Pontificiae Universitatis Gregorianae, Roma 1947, pp. 23–24。

[2] APUG, 534, c. 56*v*.

[3] 参见 U. Baldini, *The Portuguese Assistancy of the Society of Jesus and Scientific Activities in its Asian Missions until 1640*, in L. Saraiva (a cura di), *História das Ciências Matemáticas, Portugal e o Oriente*, Fundação Oriente, Lisboa 2000, pp. 49–104。

[4] 参见 *Breve memoria della vita del V. P. Giovanni Antonio Rubino della Compagnia di Gesú, martire del Giappone*, Tipografia G. Derossi, Torino 1898, pp. 6–7。鲁比诺生平参阅 J. Dehergne, *Répertoire des Jésuites de Chine de 1552 à 1800*, Institutum Historicum S. I., Roma 1973, p. 729。

[5] 关于"地球班"的活动，参见 L. de Albuquerque, *A "Aula da Esfera" do Colégio de Santo Antão no século XVII*, in «Anais da Academia Portuguesa de História», XXI (1972), n. 2, pp. 337–91; U. Baldini, *The Portuguese Assistancy of the Society of Jesus and Scientific Activities in its Asian Missions until 1640* cit.; Id. *L'insegnamento della matematica nel Collegio di S. Antão a Lisbona, 1590–1640*, in *A Companhia de Jesus e a Missionação no Oriente*, Brotéria e Fundação Oriente, Lisboa 2000, pp. 275–310; Id., *The Teaching of Mathematics in the Jesuit Colleges of Portugal, from 1640 to Pombal*, in L. Saraiva – H. Leitão (a cura di), *The Practice of Mathematics in Portugal. Papers from the International Meeting Organized by the Portuguese Mathematical Society*, Actas Universitatis Conimbrigensis, Coimbra 2004, pp. 293–465。

[6] 参见 U. Baldini, *L'insegnamento della matematica nel Collegio di S. Antão a Lisbona*

cit., p. 284, nota 31。

[7] 关于耶稣会传教士前往远东的路线，参见 P. M. D'Elia, *Galileo in Cina* cit., p. 28; e, soprattutto, L. Brockey, *Largos Caminhos e Vastos Mares: Jesuit Missionaries and the Journey to China in the Sixteenth and Seventeenth Centuries*, in «Bulletin of Portuguese/Japanese Studies», 2001, 1, pp. 45–72，该书详述了传教士前往远东过程中各个时期的情况和旅程所依托的物质条件。

[8] 曼努埃尔 · 迪亚士在当时被称为"小迪亚士"，这是为了与同时代另一位年长者区别。他的生平参见 J. Sebes, *Dias (o Novo), Manuel*, in C. E. O'Neil – J. M. Dominguez (a cura di), *Diccionario Histórico de la Compañia de Jesús*, Universidad Pontificia Comillas, Madrid 2001, II, p. 1113。参见 J. Dehergne, *Répertoire des Jésuites de Chine de 1552 à 1800* cit., pp. 76–77。

[9] 参见 N. Standaert, *Jesuits in China*, in T. Worcester (a cura di), *The Cambridge Companion to the Jesuits*, Cambridge University Press, Cambridge 2008, pp. 169–85: 172–75。

[10] 参见 U. Baldini, *The Portuguese Assistancy of the Society of Jesus and Scientific Activities in its Asian Missions until 1640* cit., pp. 60–61。

[11] 参见 J. Wicki, *Liste der Jesuiten–Indienfahrer, 1541–1758*, in «Aufsätze zur Portugiesischen Kulturgeschichte», 7, 1967, pp. 252–450: 283。

[12] 参见 U. Baldini, *The Portuguese Assistancy of the Society of Jesus and Scientific Activities in its Asian Missions until 1640* cit., pp. 79 e 85。

[13] 参见 Id., *The Jesuit College in Macao as a Meeting Point of the European, Chinese and Japanese Mathematical Traditions. Some Remarks on the Present State of Research, Mainly Concerning Sources (16th–17th Centuries)*, in L. Saraiva – C. Jami (a cura di), *The Jesuits, the Padroado and East Asian Science (1552–1773)*, World Scientific Pub. Co., Singapore 2008, pp. 33–79: 51。

[14] 参见 G. Bertuccioli in DBI, 39, *ad vocem*。

[15] 鲁比诺登上的船为"和平圣母"号，熊三拔登上的船为"比贡哈圣母"号，参见 J. Wicki, *Liste der Jesuiten–Indienfahrer, 1541–1758* cit., pp. 283–84。

[16] 参 见 E. Zürcher, *Giulio Aleni's Chinese Biography*, in T. Lippiello – R. Malek (a cura di), *Scholar from the West: Giulio Aleni S. J. (1582–1649) and the Dialogue between Christianity and China*, Fondazione Civiltà Bresciana – Monumenta Serica Institute, Brescia – Sankt Augustin 1997, pp. 85–127: 101。

[17] 参见 A. Favaro, *Carteggio inedito* cit., pp. 347–49。

[18] 参见 P. M. D'Elia, *Galileo in Cina* cit., p. 30。

[19] 参见 H. Leitão, *The Contents and Context of Manuel Dias'Tianwenlüe*, in L. Saraiva – C. Jami (a cura di), *The Jesuits, the Padroado and East Asian Science (1552–1773)*

cit., pp. 99–112: 100, nota 5, da cui è tratta anche la citazione。

[20] 通常认为该副本现存于梵蒂冈图书馆，区域 Borgia Cinese, 324。

[21] 关于阳玛诺作品不同版本的相关问题，参见 R. Magone, *The Textual Tradition of Manuel Dias'Tianwenlüe*, in L. Saraiva e C. Jami (a cura di), *The Jesuits, the Padroado and East Asian Science (1552–1773)* cit., pp. 123–38。

[22] 参见 P. M. D'Elia, *Galileo in Cina* cit., p. 25, nota 1。

[23] 参见 I. Iannaccone, *From N. Longobardo's Explanation of Earthquakes as Divine Punishment to F. Verbiest's Systematic Instrumental Observations: The Evolution of European Science in China in the Seventeenth Century*, in F. Masini (a cura di), *Western Humanistic Culture Presented to China by Jesuit Missionaries (XVII–XVIII Centuries)*, Institutum Historicum S. I., Roma 1996, pp. 159–74: 160。

[24] 《天问略》内容概述参见 H. Leitão, *The Contents and Context of Manuel Dias' Tianwenlüe* cit., pp. 110–13。

[25] 参考了德里贤译本，有微调（参见 *Galileo in Cina* cit., pp. 24–28）。感谢梅欧金（Eugenio Menegon）先生对文本进行修订，在此致谢。

[26] Ibid.

[27] 参见 H. Leitão, *The Contents and Context of Manuel Dias' Tianwenlüe* cit., p. 117。

[28] 参见 J. M. Lattis, *Between Copernicus and Galileo: Christoph Clavius and the Collapse of Ptolemaic Cosmology*, The University of Chicago Press, Chicago 1994, p. 180。

[29] C. Clavio, *Commentarium in Sphaeram Ioannis de Sacrobosco*, in Id., *Opera Mathematica V Tomis distributa*, sumptibus A. Hierat excudebat R. Eltz, Moguntiae 1611–12, III, p. 75.

[30] 参见 H. Leitão, *The Contents and Context of Manuel Dias'Tianwenlüe* cit., p. 116。

[31] 天体新发现的消息在 1611 年和 1612 年间传入里斯本，所以任何前往亚洲的传教士都有可能成为"信使"。参见 H. Leitão, *Galileo's Telescopic Observations in Portugal*, in J. Montesinos – C. Solís (a cura di), *Largo campo di filosofare*, Fundación Canaria Orotava de Historia de la Ciencia, La Orotava 2001, pp. 903–13。

[32] APUG, 534, c. 56*v*. 关于这个假设，参见 P. M. D'Elia, *Galileo in Cina* cit., p. 24.。

[33] Ibid., pp. 47–48.

[34] 参见 Z. Zhang, *Johann Adam Schall von Bell and his Book "On the Telescope"*, in R. Malek (a cura di), *Western Learning and Christianity in China: The Contribution and Impact of Johann Adam Schall von Bell, S. J. (1592–1666)*, Monumenta Serica Institute, Sankt Augustin 1998, II, pp. 681–90.

[35] 参考了德里贤译本，有微调。参见 *Galileo in Cina* cit., p. 65。

尾声

[1] OG, XII, p. 171. Cfr. M. Clavelin, *Galilée copernicien*, Albin Michel, Paris 2004, pp. 54-68.

[2] Ibid., p. 172 (corsivo nostro).

[3] G. Galilei, *Scienza e religione. Scritti copernicani* cit., p. 249: N. Lorini al cardinale P. C. Sfondrati, 7 febbraio 1615. Cfr. M. Bucciantini, *L'«affaire» Galileo*, in S. Luzzatto e G. Pedullà (a cura di), *Atlante della letteratura italiana*, Einaudi, Torino 2011, II, pp. 338-43.

[4] G. Galilei, *Scienza e religione. Scritti copernicani* cit., p. 8: Galileo a B. Castelli, 21 dicembre 1613.

[5] G. Galilei, *Istoria e dimostrazioni intorno alle macchie solari* (1613), in OG, V, p. 238.

[6] 一个例外是佛罗伦萨多明我会修士乔瓦尼·马利亚·托洛萨尼（Giovanni Maria Torosani）写于1546—1547年的作品，但这些作品并未发表。参见E. Garin, *Alle origini della polemica anticopernicana*, in Id., *Rinascite e rivoluzioni. Movimenti culturali dal XIV al XVIII secolo*, Laterza, Roma-Bari 1975, pp. 283-95。

[7] 参见A. Prosperi, *Intellettuali e Chiesa all'inizio dell'età moderna*, in *Storia d'Italia. Annali 4. Intellettuali e potere*, a cura di C. Vivanti, Einaudi, Torino 1981, p. 166。

[8] G. Galilei, *Scienza e religione. Scritti copernicani* cit., p. 261: Decreto della Congregazione dell'Indice, 5 marzo 1616.

[9] F. de'Vieri, *Trattato nel quale si contengono i tre primi libri delle metheore* (1582), cit. in E. Casali, *Le spie del cielo. Oroscopi, lunari e almanacchi nell'Italia moderna*, Einaudi, Torino 2003, p. 102.

[10] A. Grillo, *Delle lettere*, Evangelista Deuchino, Venezia 1616, II, p. 305. La lettera è senza data, inviata a Tommaso Arigucci. Su Grillo, cfr. L. Matt in DBI, 59, *ad vocem*; M. C. Farro, *Un "libro di lettere" da riscoprire. Angelo Grillo e il suo epistolario*, in «Esperienze letterarie», XVIII, 1993, pp. 69-81; N. Wilding, *Instrumental Angels*, in J. Raymond (a cura di), *Conversations with Angels. Essays towards a History of Spiritual Communication, 1100-1700*, Palgrave Macmillan, Basingstoke 2011, pp. 67-89.

[11] A. Grillo, *Delle lettere* cit., II, p. 305.

[12] G. C. Lagalla, *De phoenomenis in orbe Lunae physica disputatio* cit., in OG, III, 1, pp. 347-49.

[13] T. Campanella, *Apologia pro Galileo*, a cura di M.-P. Lerner, traduzione di G. Ernst, Scuola Normale Superiore, Pisa 2006, p. 21.

[14] Ibid., pp. XLII-XLIII.

[15] W. Meroschwa, *Epistola ad Ioannem Traut Noribergensem de statu praesentis belli, et urbium imperialium*, [s. l.] 1620. Cfr. M. Bucciantini, *Galileo e Keplero* cit., pp. 247-51.

[16] A. Tanner, *Dioptra Fidei, Das ist: Allgemeiner, Catholischer und Gründtlicher ReligionsDiscurs von dem Richter unnd Richtschnur in Glaubenssachen*, Angermayr, Ingolstadt 1617.

[17] L. Lessius, *De providentia numinis et animi immortalitate*, ex Officina Plantiniana, apud Viduam & Filios Io. Moreti, Antperviae 1613, pp. 18-19. Su Lessius e Tanner cfr. M. Bucciantini, *Novità celesti e teologia*, in J. Montesinos - C. Solís (a cura di), *Largo campo di filosofare* cit., pp. 795-808.

[18] A. Grillo, *Delle lettere* cit., II, p. 306: lettera a T. Arigucci, [s. d.].

[19] Ibid., p. 149: lettera ad A. Chiocco, [s. d.] (corsivo nostro).

[20] J. H. Elliott, *Il vecchio e il nuovo mondo: 1492-1650*, ed. italiana a cura di D. Taddei, Il Saggiatore, Milano 1985, p. 26 (ed. or. *The Old World and the New: 1492-1650*, Cambridge University Press, Cambridge 1970). 有必要完整引述 Elliott 的这一观点：“在某些方面，至少在文艺复兴的早期阶段，人们的思想是走向封闭而非开放的。人们迂腐崇古，权威人士用新的断言对抗经验。像宇宙学或社会哲学这样的传统学科，其界限和内容都被古典文本框定，古典文本被首次印到纸上后，获得了更大的确定性。因此，来自其他来源的新信息如果与数百年来积累的知识相悖，就会被视为无关紧要，甚至完全不可信。如此尊崇权威，人们就不可能轻易地在心理上接受新世界，更不用说在学术圈子内接受了。”(p. 27)

[21] Ibid., p. 30.

[22] 参见 M. Yourcenar, *Pellegrina e straniera*, Einaudi, Torino 1990, p. 133 (ed. or. *En pè-lerin et en étranger*, Gallimard, Paris 1989)。

参考文献

BIBLIOGRAFIA

原始资料

Acquaviva, C., *De soliditate et uniformitate doctrinae*, in *Epistolae selectae praepositorum generalium ad superiores Societatis*, typis Poliglottis Vaticani, Roma 1911.

Alidosi, R., *Relazione di Germania e della Corte di Rodolfo II imperatore*, a cura di G. Campori, Tipografia e Litografia Cappelli, Modena 1872.

Bacon, F., *Philosophical Studies, c. 1611 - c. 1619*, edited with introduction, notes and commentary by G. Rees, Clarendon Press, Oxford 1996.

Berchet, G., *Relazioni dei Consoli Veneti nella Siria*, Paravia, Torino 1886.

Boccalini, T., *Ragguagli di Parnaso e pietra del paragone politico*, a cura di G. Rua, Laterza, Bari 1934.

Borromeo, F., *Della pittura sacra libri due*, a cura di B. Agosti, Scuola Normale Superiore, Pisa 1994.

Brahe, T., *Opera Omnia*, Edidit I. L. E. Dreyer, In Libraria Gyldendaliana, Hauniae 1913 (repr. Swets & Zeitlinger, Amsterdam 1972), 15 voll.

Bullinger, H., *In Apocalypsim Iesu Christi revelatam*, in Officina Froschoviana, Tiguri [Zurigo] 1590.

Cairasco de Figueroa, B., *Templo militante. Flos sanctorum, y triumphos de sus virtudes*, por Pedro Crasbeeck, Lisboa 1613.

Camden, W., *Epistolae*, impensis Richardi Chiswelli, Londini 1691.

Campanella, T., *Apologia pro Galileo*, a cura di Michel-Pierre Lerner, traduzione di Germana Ernst, Scuola Normale Superiore, Pisa 2006.

Cavalieri, M., *Galleria de'sommi Pontefici, Patriarchi, Arcivescovi e Vescovi dell'Ordine de' Predicatori*, nella stamperia Arcivescovile, Benevento 1696.

Clavius, C., *Commentarium in Sphaeram Ioannis de Sacrobosco*, in Id., *Opera Mathematica V Tomis distributa*, sumptibus A. Hierat excudebat R. Eltz, Moguntiae 1611-12.

– *Corrispondenza*, a cura di U. Baldini e P. D. Napolitani, Università di Pisa, Dipartimento di matematica, Pisa 1992.

Le convoy du coeur de tres-auguste, tres-clément et tres-victorieux Henry le Grand [...] depuis la ville de Paris jusques au College Royal de La Flèche, Morillon, Lyon 1610.

De La Haye, J., *Commentarii literales et conceptuales in Apocalypsim Sancti Ioannis Evangelistae*, apud N. Buon et D. Thierry, Parisiis 1644.

Della Porta, G. B., *Magia naturalis libri XX*, apud Horatium Salvianum, Neapoli 1589.

I documenti vaticani del processo di Galileo Galilei (1611-1741), nuova edizione accresciuta, rivista e annotata da S. Pagano, Archivio Segreto Vaticano, Città del Vaticano 2009.

Donne, J., *Letters to severall persons of honour*, printed by J. Flesher, London 1651.

– *Ignatius his Conclave: An Edition of the Latin and English Texts*, edited by T. S. Healy, Clarendon Press, Oxford 1969.

– *An Anatomie of the World* (1611), trad. it. in J. Donne, *Liriche sacre e profane. Anatomia del mondo. Duello della morte*, a cura di G. Melchiori, Mondadori, Milano 19973 .

Faber, J., *Animalia Mexicana descriptionibus scholiisque exposita*, apud. I. Mascardum, Romae 1628.

Figliucci, V., *Stanze sopra le stelle e macchie solari scoperte col nuovo occhiale*, Mascardi, Roma 1615.

Galilei, G., *Opere*, Edizione Nazionale a cura di A. Favaro, Barbèra, Firenze 1890-1909 (rist. 1968).

– *Sidereus Nuncius. Le messager céleste*, texte, traduction et notes établis par I. Pantin, Les Belles Lettres, Paris 1992.

– *Sidereus Nuncius*, a cura di A. Battistini, traduzione di M. Timpanaro Cardini, Marsilio, Venezia 1993.

– *Scienza e religione. Scritti copernicani*, a cura di M. Bucciantini e M. Camerota, Donzelli, Roma 2009.

– *Sidereus nuncius: o mensageiro das estrema*, a cura di H. Leitão, Fundaçao Calouste Gulbenkian, Lisboa 2010.

Garzoni, T., *Dello specchio di scientia universale*, appresso Andrea Ravenoldo, Venezia 1567.

Gassendi, P., *Viri Illustri Nicolai Claudij Fabricij de Peiresc* [...] *vita*, Vlacq, Hagae Comitum

[Den Haag] 1655.
Giraldi, G., *Esequie d'Arrigo Quarto [...] celebrate in Firenze dal Serenissimo don Cosimo II*, nella stamperia di Bartolommeo Sermartelli e fratelli, Firenze 1610.
Grienberger, C., *Catalogus veteres affixarum longitudines conferens cum novis*, apud B. Zanettum, Romae 1612.
Grillo, A., *Delle lettere*, Evangelista Deuchino, Venezia 1616.
[Griselini, F.], *Del genio di P. Paolo Sarpi*, Leonardo Bossaglia, Venezia 1785.
Horky, M., *Disputatio ethica de beatitudine politica*, typis N. Sartorii, Lignicii 1605.
– *Brevissima peregrinatio contra Nuncium Sidereum* [...], apud Iulianum Cassianum, Modena 1610.
– *Ein richtiger und sehr nützlicher Wegweiser, wie man sich für der Pestilentz bewahren solle*, Sachs, Rostock 1624.
– *Eine Neue Diania Astromantica, oder gewisser Beweiß, Was zu halten sey von den schrecklichen Göttlichen Wunderwerck, so diß jetzige 1629 Jahr Christian der Sonnen ist gesehen worden*, [s. n.], [s. l.] 1629.
– *Talentum astromanticum Oder Natuerliche Weissagung und Verkuendigung aus des Himmels Lauff, vom Zustand und Beschaffenheit des Schalt-Jahrs nach Christii Geburt 1632*, Ritzsch, Leipzig 1632.
– *Das grosse Prognosticon, oder Astrologische Wunder Schrifft [...] auff das Jahr Christi MDC.XXXIII*, [s. n.], Hamburg 1633.
– *Chrismologium physico-astromanticum, oder Natürliche Weissagung und Erkundigung auss dem Gestirn und Himmelslauff, vom Zustand und Beschaffenheit dess 1639 Jahrs Christi*, [s. n.], Nürnberg, 1639.
– *Alter und Newer SchreibKalender, sampt der Planeten Aspecten Lauff und derselben Influentzen, Auffs Jahr [...] MDCL [...] gestellet*, Endters, Nürnberg [1649?].
Kepler, J., *Gesammelte Werke*, ed. W. Von Dick, M. Caspar, F. Hammer, Beck, München 1937-.
– *Dissertatio cum Nuncio sidereo. Discussion avec le Messager céleste; Narratio de observatis Jovis satellitibus. Rapport sur l'observation des satellites de Jupiter*, texte, traduction et notes établis par I. Pantin, Les Belles Lettres, Paris 1993.
– *Discussione col Nunzio Sidereo*, introduzione, edizione critica, traduzione, commento a cura di E. Pasoli e G. Tabarroni, Bottega d'Erasmo, Torino 1972.
Lagalla, G. C., *De phoenomenis in orbe Lunae novi telescopii usu a D. Gallileo Gallileo nunc iterum suscitatis Physica disputatio*, apud T. Balionum, Venetiis 1612.
L'Estoile (De), P., *Mémoires-Journaux*, a cura di G. Brunet *et al.*, Librairie des Bibliophiles,

Paris 1881.

Lessius, L., *De providentia numinis et animi immortalitate*, ex Officina Plantiniana, apud Viduam & Filios Io. Moreti, Antperviae 1613.

Lipsius, J., *Epistolarum selectarum centuria prima*, apud C. Plantinum, Antuerpiae 1586.

Magagnati, G., *Meditazione poetica sopra i pianeti medicei*, Heredi d'Altobello Salicato, Venezia 1610.

– *Lettere a diversi*, a cura e con introduzione di L. Salvetti Firpo, con premessa *La vita di Girolamo Magagnati*, a cura di C. Carabba e G. Gasparri, Olschki, Firenze 2006.

Magini, G. A., *Ephemerides [...] ab anno Domini 1581 usque ad annum 1620 secundum Copernici hypotheses, Prutenicosque canones*, apud Damianum Zenerium, Venetiis 1582.

– *Supplementum Ephemeridum ac Tabularum Secundorum Mobilium*, apud Haeredem Damiani Zenarii, Venetiis 1614.

Malherbe, F., *Oeuvres*, ed. M. L. Lalanne, Hachette, Paris 1862.

Manzini, C. A., *L'occhiale all'occhio*, per l'Herede del Benacci, Bologna 1660.

Masini, A., *Bologna perlustrata*, terza impressione notabilmente accresciuta, per l'Erede di Vittorio Benacci, Bologna 1666.

Mayr, S., *Mundus Iovialis*, sumptibus ex typis I. Lauri, Noribergensis 1614.

Meroschwa, W., *Epistola ad Ioannem Traut Noribergensem de statu praesentis belli, et urbium imperialium*, [s. n.], [s. l.] 1620.

Micanzio, F., *Vita del Padre Paolo dell'Ordine de'Servi e theologo della Serenissima (Leida 1646)*, in P. Sarpi, *Istoria del Concilio Tridentino, seguita dalla "Vita del padre Paolo" di Fulgenzio Micanzio*, a cura di C. Vivanti, Einaudi, Torino 1974.

Notizie storiche e descrittive delle missioni della provincia Torinese della Compagnia di Gesù nell'America del Nord. Con appendice sulle antiche missioni d.C.d.G. nel territorio degli Stati Uniti e breve memoria della vita del V. P. Giovanni Antonio Rubino S.J., martire del Giappone, tipografia Derossi, Torino 1898.

Pacheco, F., *Arte de la pintura. Su antiguedad y grandezas*, Faxardo, Sevilla 1649.

Pasquali Alidosi, G. N., *Diario. Overo raccolta delle cose che nella Città di Bologna giornalmente occorrono per l'Anno MDCXIV*, per Bartolomeo Cochi, Bologna 1614.

Peiresc, N., *Lettres à Malherbe (1606-1628)*, publiées par R. Lebègue, CNRS, Paris 1976.

Ralegh, W., *The history of the world*, printed by William Stansby for Walter Burre, London 1614.

Ratio atque Institutio Studiorum Societatis Iesu. Ordinamento degli studi della Compagnia di Gesù, introduzione e traduzione di A. Bianchi, Rizzoli, Milano 2002.

Rivola, F., *Vita di Federico Borromeo*, Gariboldi, Milano 1656.

Roffeni, G. A., *Epistola apologetica*, apud Heredes Joannis Rossij, Bologna 1611.

Sampieri, V., *Origine e fondatione di tutte le Chiese che di presente si trovano nella Città di Bologna*, Clemente Ferroni, Bologna 1633.

Santucci, A., *Trattato nuovo delle comete, che le siano prodotte in cielo, e non nella regione dell'aria, come alcuni dicono*, Caneo, Firenze 1611.

Sanudo, M., *I diarii: (MCCCCXCVI-MDXXXIII) dall'autografo Marciano ital. cl. VII codd. CDXIX-CDLXXVII*, F. Visentini, Venezia 1882.

Sarpi, P., *Lettere*, raccolte e annotate da F. L. Polidori, Barbèra, Firenze 1863.

– *Lettere ai protestanti*, prima edizione critica a cura di M. D. Busnelli, Laterza, Bari 1931.

– *Lettere ai gallicani*, ed. critica, saggio introduttivo e note a cura di B. Ulianich, Steiner, Wiesbaden 1961.

– *Opere*, a cura di G. e L. Cozzi, Ricciardi, Milano-Napoli 1969.

– *Pensieri naturali, metafisici e matematici*, ed. critica integrale commentata a cura di L. Cozzi e L. Sosio, Ricciardi, Milano-Napoli 1996.

Scheiner, C., *De maculis solaribus et stellis circa Iovem errantibus accuratior disquisitio*, ad insigne pinus, Augustae Vindelicorum 1612.

Severato, G., *Memorie delle sette Chiese di Roma*, Mascardi, Roma 1630.

Sirtori, G., *Telescopium, sive ars perficiendi*, Iacobi, Francofurti 1618.

Smith, L. P., *The Life and Letters of Sir Henry Wotton*, Clarendon Press, Oxford 1907.

Strozzi, G. B., *Lettione in biasmo della superbia malvagia e fino a che segno riprensibile*, in Id., *Orazioni et altre prose*, Grignani, Roma 1635.

Sur la mort du Roy Henry le Grand et sur la decouverte de quelques nouvelles planettes ou estoiles errantes autour de Jupiter, faicte l'année d'icelle par Galilée, celèbre mathématicien du duc de Florence, In *Anniversarium Henrici Magni obitus diem Lacrymae Collegii Flexiensis Regii S. J., Rezé*, Flexiae [La Flèche] 1611.

Da Sylveira, J., *Commentarii in Apocalypsim D. Joannis Apostoli*, apud A. Nissonios et J. Posuel, Lugduni 1681.

Tanner, A., *Dioptra Fidei, Das ist: Allgemeiner, Catholischer und Gründtlicher Religions-Discurs von dem Richter und Richtschnur in Glaubenssachen*, Angermayr, Ingolstadt 1617.

Trumbull the Elder, W., *Papers, 1605-1610*, edited by E. K. Purnell and A. B. Hinds, His Mayesty's Stationery Office, London 1924-95, 6 voll.

Ugurgieri Azzolini, I., *Le pompe sanesi o'vero relazione delli huomini, e donne illustri di Siena e suo Stato*, nella Stamperia di Pier'Antonio Fortunati, Pistoia 1649.

Vannozzi, B., *Della suppellettile degli avvertimenti politici, morali, et christiani*, appresso gli

Heredi di Giovanni Rossi, Bologna 1609-13.
– *Delle lettere miscellanee... volume terzo*, Bartolomeo Cochi, Bologna 1617.
Viegas, B., *Commentarii exegetici in Apocalypsim Ioannis Apostoli*, apud D. Binet, Parisiis 1606.
Vittorelli, A., *Dei ministerii et operationi angeliche libri sei*, Tozzi, Vicenza 1611.
– *Gloriose memorie della Beatissima Vergine Madre di Dio*, Facciotto, Roma 1616.
Walchius, J., *Decas fabularum humani generis*, Lazari Zetzneri, Argentorati 1609.
Webster, J., *The Duchess of Malfi*, edited by John Russell Brown, Manchester University Press, Manchester 1997.

二次文献

Acanfora, E., *Cigoli, Galileo e le prime riflessioni sulla cupola barocca*, in «Paragone», LI (2000), n. 31, pp. 29-52.
Albanese, D., *New Science, New World*, Duke University Press, Durham 1996.
Albuquerque, L., *A "Aula da Esfera" do Colégio de Santo Antão no século XVII*, in «Anais da Academia Portuguesa de História», XXI (1972), n. 2, pp. 337-91.
Alexander, A. R., *Lunar Maps and Coastal Outlines: Thomas Harriot's Mapping of the Moon*, in «Studies in History and Philosophy of Science», 29, 1998, pp. 345-68.
Anichini, G., *La cupola del Cigoli a S. Maria Maggiore e un cimelio galileiano*, in «L'Illustrazione Vaticana», III (1932), n. 16, p. 814.
Aricò, D., *Giovanni Antonio Roffeni: un astrologo bolognese amico di Galileo*, in «Il Carrobbio», XXIV, 1998, pp. 67-96.
Ariew, R., *Galileo's Lunar Observations in the Context of Medieval Lunar Theory*, in «Studies in History and Philosophy of Science», XV (1984), n. 3, pp. 213-26.
Auguste A. (abbé), *Un dessin inédit de Chalette*, in «Bulletin de la Société archéologique du Midi de la France», 1912-14, pp. 185-87.
Baart, J. M., *Una vetreria di tradizione italiana ad Amsterdam*, in M. Mendera (a cura di), *Archeologia e storia della produzione del vetro preindustriale*, all'Insegna del Giglio, Firenze 1991, pp. 423-37.
Balbiani, L., *La ricezione della Magia naturalis di Giovan Battista Della Porta. Cultura e scienza dall'Italia all'Europa*, in «Bruniana & Campanelliana», V, 1999, pp. 277-303.
Bald, R. C., *John Donne: A Life*, Oxford University Press, Oxford 1970.
Baldini, U., *Legem impone subactis. Studi su filosofia e scienza dei Gesuiti in Italia 1540-1632*, Bulzoni, Roma 1992.

– *Saggi sulla cultura della Compagnia di Gesú*, Bulzoni, Roma 1995.

– *The Portuguese Assistancy of the Society of Jesus and Scientific Activities in its Asian Missions until 1640*, in L. Saraiva (a cura di), *História das Ciências Matemáticas, Portugal e o Oriente*, Fundação Oriente, Lisbona 2000, pp. 49-104.

– *L'insegnamento della matematica nel Collegio di S. Antão a Lisbona, 1590-1640*, in *A Companhia de Jesus e a Missionação no Oriente*, Brotéria e Fundação Oriente, Lisbona 2000, pp. 275-310.

– *The Teaching of Mathematics in the Jesuit Colleges of Portugal, from 1640 to Pombal*, in L. Saraiva e H. Leitão (a cura di), *The Practice of Mathematics in Portugal. Papers from the International Meeting Organized by the Portuguese Mathematical Society*, Actas Universitatis Conimbrigensis, Coimbra 2004, pp. 293-465.

– *The Jesuit College in Macao as a Meeting Point of the European, Chinese and Japanese Mathematical Traditions. Some Remarks on the Present State of Research, Mainly Concerning Sources (16th-17th Centuries)*, in L. Saraiva e C. Jami (a cura di), *History of Mathematical Sciences: Portugal and the East Asia (1552-1773)*, World Scientific Pub Co, Singapore 2008, pp. 33-79.

Baldinucci, F., *Notizie de' Professori del Disegno da Cimabue in qua*, Società Tipografica de' Classici Italiani, Milano 1812.

Baldriga, I., *L'occhio della lince. I primi Lincei tra arte, scienza e collezionismo (1603-1630)*, Roma, Accademia Nazionale dei Lincei 2002.

Baltrušaitis, J., *Lo specchio. Rivelazioni, inganni e science-fiction*, Adelphi, Milano 1981 (ed. or. *Le miroir: révélations, science-fiction et fallacies*, Éditions du Seuil, Paris 1979).

Banville, J., *La notte di Keplero. Romanzo*, trad. di L. Noulian, Guanda, Parma 1993 (ed. or. *Kepler: A Novel*, Secker & Warburg, London 1981).

Barbero, G., Bucciantini, M. e Camerota, M., *Uno scritto inedito di Federico Borromeo: l' "Occhiale celeste"* , in «Galilaeana», IV, 2007, pp. 309-41.

Barbi, S. A., *Un accademico mecenate e poeta. Giovan Battista Strozzi il giovane*, Sansoni, Firenze 1900.

Batho, G. R., *The Library of the 'Wizard' Earl: Henry Percy Ninth Earl of Northumberland (1564-1632)*, in «The Library», 15, 1960, pp. 246-61.

– *Thomas Harriot and the Northumberland Household*, in R. Fox (a cura di), *Thomas Harriot: An Elisabethan Man of Science*, Ashgate, London 2000, pp. 28-46.

– *Thomas Harriot's Manuscripts*, in R. Fox (a cura di), *Thomas Harriot: An Elisabethan Man of Science*, Ashgate, London 2000, pp. 286-97.

Battisti, E. e Saccaro Battisti, G., *Le macchine cifrate di Giovanni Fontana*, Arcadia Edizioni,

Milano 1984.

Bedini, S. A., *The Instruments of Galileo Galilei*, in E. McMullin (a cura di), *Galileo Man of Science*, Basic books, New York 1967, pp. 272-80.

Bedoni, S., *Jan Brueghel in Italia e il collezionismo del Seicento*, premessa di P. De Vecchi, prefazione di B. V. Meijer, Litografia Rotoffset, FirenzeMilano 1983.

Bellini, E., *Umanisti e lincei. Letteratura e scienza a Roma nell'età di Galileo*, Antenore, Padova 1997.

– *Stili di pensiero nel Seicento italiano. Galileo, i Lincei, i Barberini*, Edizioni ETS, Pisa 2009.

Bennett, J., *Instruments, Mathematics, and Natural Knowledge: Thomas Harriot's Place on the Map of Learning*, in R. Fox (a cura di), *Thomas Harriot: An Elisabethan Man of Science*, Ashgate, London 2000, pp. 137-52.

Beretta, M., *Galileo in Sweden: Legend and Reality*, in M. Beretta e T. Frängsmyr (a cura di), *Sidereus Nuncius & Stella Polaris. The Scientific Relations Between Italy and Sweden in Early Modern History*, Science History Publications, Canton 1997, pp. 5-23.

Bertuccioli, G., *De Ursis, Sabatino*, in *Dizionario biografico degli italiani*, Istituto della Enciclopedia Italiana, Roma 1960-, 39, *ad vocem*.

Biagioli, M., *Galileo, Courtier. The Practice of Science in the Culture of Absolutism*, The University of Chicago Press, Chicago 1993.

– *Replication or Monopoly? The Economies of Invention and Discovery in Galileo's Observations of 1610*, in «Science in Context», XIII (2000), nn. 3-4, pp. 547-90.

– *Galileo's Instruments of Credit: Telescopes, Images, Secrecy*, The University of Chicago Press, Chicago 2006.

– *Did Galileo Copy the Telescope? A 'New' Letter by Paolo Sarpi*, in A. Van Helden, S. Dupré, R. von Gent and H. Zuidervaart (a cura di), *The Origins of the Telescope*, Knaw Press, Amsterdam 2010, pp. 203-30.

Bigourdan, G., *Histoire de l'astronomie d'observation et des observatoires en France*, Gauthier-Villars, Paris 1918.

Bloom, T. E., *Borrowed Perceptions: Harriot's Maps of the Moon*, in «Journal for the History of Astronomy», 9, 1978, pp. 117-22.

Bologna, f., *L'incredulità del Caravaggio e l'esperienza delle «cose naturali»*, Bollati Boringhieri, Torino 1992.

Booth, S. E. e Van Helden, A., *The Virgin and the Telescope: The Moons of Cigoli and Galileo*, in J. Renn (a cura di), *Galileo in Context*, Cambridge University Press, Cambridge 2001, pp. 193-216.

Boselli, P., *Toponimi lombardi*, SugarCo, Milano 1977.

Boulier, P., *Cosmologie et science de la natura chez Francis Bacon et Galilée*, Thèse de Doctorat, Université Paris IV - Sorbonne, Paris 2010.

Braudel, F., *Civiltà e imperi del Mediterraneo nell'età di Filippo II*, Einaudi, Torino 20105 , 2 voll. (ed. or. *La Méditerranée et le Monde méditerranée à l'époque de Philippe II*, Librairie Armand Colin, Paris 1949).

Bredekamp, H., *Gazing Hands and Blind Spots: Galileo as Draftsman*, in «Science in Context», 13, 2000, pp. 423-62.

– *Galilei der Künstler. Der Mond. Die Sonne. Die Hand*, Akademie Verlag, Berlin 2007.

Brockey, L., *Largos Caminhos e Vastos Mares: Jesuit Missionaries and the Journey to China in the Sixteenth and Seventeenth Centuries*, in «Bulletin of Portuguese/Japanese Studies», 1, 2001, pp. 45-72.

Bucciantini, M., *Contro Galileo. Alle origini dell'"affaire"*, Olschki, Firenze 1995.

– *Teologia e nuova filosofia. Galileo, Federico Cesi, Giovambattista Agucchi e la discussione sulla fluidità e corruttibilità del cielo*, in *Sciences et Religions. De Copernic à Galilée*, École Française de Rome, Roma 1999, pp. 411-42.

– *Galileo e Keplero. Filosofia, cosmologia e teologia nell'età della Controriforma*, Einaudi, Torino 2003.

– *Reazioni alla condanna di Copernico: nuovi documenti e nuove ipotesi di ricerca*, in «Galilaeana», I, 2004, pp. 3-19.

– *Galileo e Praga*, in F. Abbri e M. Bucciantini (a cura di), *Toscana e Europa. Nuova scienza e filosofia tra '600 e '700*, F. Angeli, Milano 2006, pp. 109-21.

– *L'«affaire» Galileo*, in S. Luzzatto e G. Pedullà (a cura di), *Atlante della letteratura italiana*, Einaudi, Torino 2011, II, pp. 338-43.

Busnelli, M. D., *Etudes sur fra Paolo Sarpi et autres essais italiens et francais*, Slatkine, Genève 1986.

Calore, M. e Betti, G. L., *'Il molto illustre Cavaliere Hercole Bottrigari'. Contributi per la biografia di un eclettico intellettuale bolognese del Cinquecento*, in «Il Carrobbio», XXXV, 2009, pp. 93-120.

Camerota, f., *Linear Perspective in the Age of Galileo. Ludovico Cigoli's Prospettiva Pratica*, Olschki, Firenze 2010.

Camerota, m., *Flaminio Papazzoni: un aristotelico bolognese maestro di Federico Borromeo e corrispondente di Galileo*, in D. Di Liscia, E. Kessler, C. Methuen (a cura di), *Method and Order in Renaissance Philosophy of Nature. The Aristotle Commentary Tradition*, Ashgate, Aldershot 1997, pp. 271-300.

– *Galileo e il Parnaso tychonico*, in O. Besomi - M. Camerota, *Galileo e il Parnaso tychon-*

ico. Un capitolo inedito del dibattito sulle comete tra finzione letteraria e trattazione scientifica, Olschki, Firenze 2000, pp. 1-158.

– *Galileo Galilei e la cultura scientifica nell'età della Controriforma*, Salerno Editrice, Roma 2004.

– *Francesco Sizzi. Un oppositore di Galileo tra Firenze e Parigi*, in F. Abbri e M. Bucciantini (a cura di), *Toscana e Europa. Nuova scienza e filosofia tra '600 e '700*, F. Angeli, Milano 2006, pp. 83-107.

Capponi, V., *Biografia pistoiese*, Tipografia Rossetti, Pistoia 1878.

Carabba, C. e Gasparri, G., *La vita e le opere di Girolamo Magagnati*, in «Nouvelles de la Republique des Lettres», XI, 2005, pp. 61-85.

Cardi, G. B., *Vita di Lodovico Cardi da Cigoli*, a cura di G. Battelli, Barbèra, Firenze 1913.

Casali, E., *Le spie del cielo. Oroscopi, lunari e almanacchi nell'Italia moderna*, Einaudi, Torino 2003.

Cavicchi, E., *Painting the Moon*, in «Sky and Telescope», 83, 1991, pp. 313-15.

Chapin, S. L., *The Astronomical Activities of Nicolas Claude Fabri de Peiresc*, in «Isis», XLVIII (1957), n. 1, pp. 13-29.

Chapman, A., *A New Perceived Reality: Thomas Harriot's Moon Maps*, in «Astronomy & Geophysics», 50, 2009, pp. 2-33.

Clavelin, M., *Galilée copernicien*, Albin Michel, Paris 2004.

Clerici, A., *Ragion di Stato e politica internazionale. Guido Bentivoglio e altri interpreti italiani della Tregua dei Dodici Anni (1609)*, in «Dimensioni e problemi della ricerca storica», 2, 2009, pp. 187-223.

Clucas, S., *Corpuscular Matter Theory in the Northumberland Circle*, in C. Lüthy, J. E. Murdoch e W. E. Newman (a cura di), *Late Medieval and Early Modern Corpuscular Matter Theories*, Brill, Leiden 2001, pp. 181-207.

– *Poetic Atomism in Seventeenth-Century England: Henry More, Thomas Traherne and 'Scientific Imagination'*, in «Renaissance Studies», 3, 1991, pp. 327-40.

– *The Atomism of the Cavendish Circle: A Reappraisal*, in «The Seventeenth Century», 2, 1994, pp. 247-73.

– *Thomas Harriot and the Field of Knowledge in the English Renaissance*, in R. Fox (a cura di), *Thomas Harriot: An Elisabethan Man of Science*, Ashgate, London 2000, pp. 93-135.

Corbo, A. M., *I pittori della cappella Paolina in S. Maria Maggiore*, in «Palatino», XI (1967), n. 3, pp. 301-13.

Cortesi, F., *Lettere inedite del cardinale Federico Borromeo a Giovan Battista Faber segretario dei primi Lincei*, in «Aevum», VI, 1932, pp. 514-18.

Cozzi, G., *Paolo Sarpi tra Venezia e l'Europa*, Einaudi, Torino 1979.

Cozzi, G. e Cozzi, L., *Da Mula, Agostino*, in *Dizionario biografico degli italiani* cit., 32, *ad vocem*.

Cutler, L. C., *Virtue and Diligence. Jan Brueghel I and Federico Borromeo*, in J. de Jong, D. Meijers e M. Westermann (a cura di), *Virtus: virtuositeit en kunstliefhebbers in de nederlanden 1500-1700*, Waanders Nederlands kunsthistorisch jaarboek, Zwolle 2004, pp. 203-27.

D'Elia, P. M., *Galileo in Cina. Relazioni attraverso il Collegio Romano tra Galileo e i gesuiti scienziati missionari in Cina (1610-1640)*, apud Aedes Universitatis Gregorianae, Roma 1947.

De Mas, E., *Il «De radiis visus et lucis». Un trattato scientifico pubblicato a Venezia nel 1611 dallo stesso editore del «Sidereus Nuncius»*, in P. Galluzzi (a cura di), *Novità celesti e crisi del sapere*, Giunti, Firenze 1984, pp. 159-66.

De Renzi, S. e Sparti, D. L., *Mancini Giulio*, in *Dizionario biografico degli italiani* cit., 68, *ad vocem*.

De Waard, C., *De uitvinding der verrekijkers: eene bijdrage tot de beschavingsgeschiedenis*, W. L. & J. Brusse, Rotterdam 1906.

De Zanche, L., *I vettori dei dispacci diplomatici veneziani da e per Costantinopoli*, in «Archivio per la storia postale», 2, 1999, pp. 19-43.

– *Tra Costantinopoli e Venezia. Dispacci di Stato e lettere di mercanti dal Basso Medioevo alla caduta della Serenissima*, Istituto di studi storici postali, Prato 2000.

Dehergne, J., *Répertoire des Jésuites de Chine de 1552 à 1800*, Institutum Historicum S. I., Roma 1973.

Demeester, J., *Le domaine de Mariemont sous Albert et Isabelle (1598-1621)*, in «Annales du Cercle archéologique de Mons», 71, 1978-81, pp. 181-291.

Dent, R. W., *John Webster's Borrowing*, University of California Press, Berkeley 1960.

Díaz Padrón, M., *Museo del Prado: Catálogo de Pinturas I, Escuela Flamenca Siglo XVII*, Museo del Prado y Patronato Nacional de Museos, Madrid 1975.

Dooley, B., *Morandi's Last Prophecy and the End of Renaissance Politics*, Princeton University Press, Princeton 2002.

– *Narrazione e verità: don Giovanni de'Medici e Galileo*, in «Bruniana & Campanelliana», 14 (2008), n. 2, pp. 389-403.

Drake, S., *Galileo's First Telescopes at Padua and Venice*, in «Isis», 50, 1959, pp. 345-54.

– *Galileo Gleanings XIII: An Unpublished Fragment Relating to the Telescope and Medicean Stars*, in «Physis», 4, 1962, pp. 342-44.

– *Galileo's First Telescopic Observations*, in «Journal for the History of Astronomy», 7, 1976, pp. 153-68.

– *Galileo Against Philosophers in His Dialogue of Cecco di Ronchitti (1605) and Considerations of Alimberto Mauri*, Zeitlin & Ver Brugge, Los Angeles 1976.

Dupré, S., *Galileo, the Telescope, and the Science of Optics in the SixteenthCentury: A Case Study of Instrumental Practice in Art and Science*, Tesi di Dottorato, Università di Gent 2002.

– *Ausonio's Mirrors and Galileo's Lenses: The Telescope and Sixteenth-Century Optical Knowledge*, in «Galilaeana», II, 2005, pp. 145-80.

Dursteller, E. R., *Power and Information: The Venetian Postal System in the Early Modern Eastern Mediterranean*, in D. R. Curto, E. R. Dursteller, J. Kirshner e F. Trivellato (a cura di), *From Florence to the Mediterranean and Beyond: Studies in Honor of Anthony Molho*, Olschki, Firenze 2009, I, pp. 601-23.

Duyvendak, J. J. L., *The First Siamese Embassy to Holland*, in «T'oung Pao», 32, 1936, pp. 285-92.

Eamon, W., *Science and the Secrets of Nature: Books of Secrets in Medieval and Early Modern Culture*, Princeton University Press, Princeton 1994.

Eastwood, B. S., *Alhazen, Leonardo, and Late-Medieval Speculation on the Inversion of Images in the Eye*, in «Annals of Science», 43, 1986, pp. 413-46.

Edgerton, S. Y., *Galileo, Florentine 'Disegno', and the 'Strange Spottednesse'of the Moon*, in «Art Journal», 9, 1984, pp. 225-32.

– *The Mirror, the Window and the Telescope: How Renaissance Linear Perspective Changed Our Vision of the Universe*, Cornell University Press, Ithaca (NY) 2009.

Elliott, J. H., *Il vecchio e il nuovo mondo: 1492-1650*, ed. italiana a cura di D. Taddei, Il Saggiatore, Milano 1985 (ed. or. *The Old World and the New: 1492-1650*, Cambridge University Press, Cambridge 1970).

Ernst, G., *Scienza, astrologia e politica nella Roma barocca. La biblioteca di Orazio Morandi*, in E. Canone (a cura di), *Bibliothecae selectae. Da Cusano a Leopardi*, Olschki, Firenze 1993, pp. 217-52.

Ertz, K., *Jan Brueghel der Ältere (1568-1625). Die Gemälde mit kritischem Oeuvrekatalog*, DuMont, Köln 1979.

Evans, R. J. W., *Rodolfo II d'Asburgo. L'enigma di un imperatore*, il Mulino, Bologna 1984 (ed. or. *Rudolph II and His World. A Study in Intellectual History. 1576-1612*, Clarendon Press, Oxford 1973).

Farro, M. C., *Un "libro di lettere" da riscoprire. Angelo Grillo e il suo epistolario*, in «Esperienze letterarie», XVIII, 1993, pp. 69-81.

Fasano Guarini, E., *"Roma officina di tutte le pratiche del mondo": dalle lettere del cardinale Ferdinando de'Medici a Cosimo I e a Francesco I*, in G. Signorotto e M. A. Visceglia (a cura di), *La corte di Roma tra Cinque e Seicento. "Teatro" della politica europea*, Bulzoni, Roma 1998, pp. 265-97.

Favaro, A., *Galileo Galilei e lo Studio di Padova*, Le Monnier, Firenze 1883 [rist. Antenore, Padova 1966], 2 voll.

– *Carteggio di Ticone Brahe, Giovanni Keplero e di altri celebri astronomi e matematici dei secoli XVI e XVII con Giovanni Antonio Magini*, Zanichelli, Bologna 1886.

– *La libreria di Galileo Galilei*, in «Bullettino di bibliografia e di storia delle scienze matematiche e fisiche», XIX, 1886, pp. 219-93.

– *Le osservazioni di Galileo circa i Pianeti Medicei dal 7 gennaio al 23 febbraio 1613*, in «Atti del Reale Istituto veneto di scienze, lettere ed arti», 59, 1900, pp. 519-26.

– *Un inglese a Padova al tempo di Galileo*, in «Atti e Memorie della R. Accademia di scienze, lettere ed arti in Padova», XXXIV, 1918, pp. 12-14.

– *Amici e corrispondenti di Galileo*, a cura e con nota introduttiva di P. Galluzzi, Salimbeni, Firenze 1983.

– *Elementi di un nuovo anagramma galileiano*, in Id., *Scampoli galileiani*, a cura di L. Rossetti e M. L. Soppelsa, LINT, Trieste 1992, II, pp. 446-47.

Favino, F., *Le ragioni del patronage. I Farnese di Roma e Galileo*, in M. Bucciantini, M. Camerota e F. Giudice (a cura di), *Il caso Galileo. Una rilettura storica, filosofica, teologica*, Olschki, Firenze 2011, pp. 163-85.

Fedele, U., *Le prime osservazioni di stelle doppie*, in «Coelum», XVII, 1949, pp. 65-69.

Feingold, M., *Galileo in England: the First Phase*, in P. Galluzzi (a cura di), *Novità celesti e crisi del sapere*, Giunti, Firenze 1984, pp. 411-20.

– *The Mathematician's Apprenticeship: Science, Universities and Society in England, 1560-1640*, Cambridge University Press, Cambridge 1984.

Flynn, D., *John Donne and the Ancient Catholic Nobility*, Indiana University Press, Bloomington 1995.

Frajese, V., *Sarpi scettico. Stato e Chiesa a Venezia tra Cinque e Seicento*, il Mulino, Bologna 1994.

Fucikova, E. *et al.* (a cura di), *Rudolf II and Prague. The Court and the City*, Thames and Hudson, London 1997.

Gabrieli, G., *Giovanni Schreck linceo, gesuita e missionario in Cina e le sue lettere dall'Asia*, in Id., *Contributi alla storia dell'Accademia dei Lincei*, Accademia dei Lincei, Roma 1989,

II, pp. 1011-51 .

– *Federico Borromeo e gli accademici Lincei*, in Id., *Contributi alla storia dell'Accademia dei Lincei*, Accademia dei Lincei, Roma 1989, II, pp. 1465-86.

Galluzzi, P., *Motivi paracelsiani nella Toscana di Cosimo II e di Don Antonio dei Medici: alchimia, medicina chimica e riforma del sapere*, in *Scienze, credenze occulte, livelli di cultura*, convegno internazionale di studi, Olschki, Firenze 1982, pp. 31-62.

– *Genesi e affermazione dell'universo macchina*, in id. (a cura di), *Galileo. Immagini dell'universo dall'antichità al telescopio*, Giunti, Firenze 2009, pp. 289-97.

Gamba, E., *Galilei e l'ambiente scientifico urbinate: testimonianze epistolari*, in «Galilaeana», IV, 2007, pp. 343-60.

Garin, E., *Alle origini della polemica anticopernicana*, in Id., *Rinascite e rivoluzioni. Movimenti culturali dal XIV al XVIII secolo*, Laterza, Roma-Bari 1975, pp. 283-95.

Gingerich, O. e Van Helden, A., *From "Occhiale" to Printed Page: The Making of Galileo's "Sidereus Nuncius"*, in «Journal for the History of Astronomy», 34, 2003, pp. 251-67.

– *How Galileo Constructed the Moons of Jupiter*, in «Journal for the History of Astronomy», 42, 2011, pp. 259-64.

Giudice, F., *Only a Matter of Credit? Galileo, the Telescopic Discoveries, and the Copernican System*, in «Galilaeana», IV, 2007, pp. 391-413.

goldberg, e., *Jews and Magic in Medici Florence. The Secret World of Benedetto Blanis*, University of Toronto Press, Toronto 2011.

– *A Jew at the Medici Court. The Letters of Benedetto Blanis Hebreo (1615-1621)*, University of Toronto Press, Toronto 2011.

Guerrini, L., *Le "Stanze sopra le stelle e macchie solari scoperte col nuovo occhiale" di Vincenzo Figliucci. Un episodio poco noto della visita di Galileo Galilei a Roma nel 1611*, in «Lettere Italiane», L (1998), n. 3, pp. 387-415.

– *Galileo e la polemica anticopernicana a Firenze*, Edizioni Polistampa, Firenze 2009.

Hahn, J., *The Origins of the Baroque Concept of Peregrinatio*, The University of North Carolina Press, Chapel Hill 1973.

Hamou, P., *La mutation du visible. Essai sur la portée épistemologique des instruments d'optique au XVIIe siècle*, Presses Universitaires du Septentrion, Villeneuve d'Ascq (Nord) 1999.

Hassel Jr., R. C., *Donne's "Ignatius His Conclave" and the New Astronomy*, in «Modern Philology», 68, 1971, pp. 329-37.

Heijting, W. e Sellin, P., *John Donne's "Conclave Ignati": The Continental Quarto and Its Printing*, in «Huntington Library Quarterly», 62, pp. 401-21.

Heilbron, J. L., *Galileo*, Oxford University Press, Oxford 2010.

Hensen, A. H. L., *De Verrekijkers van Prins Maurits en van Aartshertog Albertus*, in «Mededeelingen van het Nederlansh Historisch Institut te Rome», III, 1923, pp. 199-204.

Herbst, K. D., *Galilei's Astronomical Discoveries using the Telescope and Their Evaluation Found in a Writing-calendar from 1611*, in «Astronomische Nachrichten», 6, 2009, pp. 536-39.

Hill, C., *Le origini intellettuali della Rivoluzione inglese*, il Mulino, Bologna 1976 (ed or. *Intellectual Origins of the English Revolution*, Clarendon Press, Oxford 1965).

Houzeau, J. C., *Le téléscope à Bruxelles, au printemps de 1609*, in «Ciel et terre», 3, 1882, pp. 25-28.

Humbert, P., *Un amateur: Peiresc (1580-1637)*, Desclée de Brouwer, Paris 1933.

– *Joseph Gaultier de La Valette, astronome provençal (1564-1647)*, in «Revue d'histoire des sciences et de leurs applications», I, 1948, pp. 314-22.

Hunneyball, P. M., *Sir William Lower and the Harriot Circle*, The Durham Thomas Harriot Seminar, Occasional Paper n. 31, 2002.

Iannaccone, I., *From N. Longobardo's Explanation of Eartquakes as Divine Punishment to F. Verbiest's Systematic Instrumental Observations: The Evolution of European Science in China in the Seventeenth Century*, in F. Masini (a cura di), *Western Humanistic Culture Presented to China by Jesuit Missionaries (XVII-XVIII Centuries)*, Institutum Historicum S. I., Roma 1996, pp. 159-74.

– *Iohann Schreck Terrentius: le scienze rinascimentali e lo spirito dell'Accademia dei Lincei nella Cina dei Ming*, Istituto Universitario Orientale, Napoli 1998.

Ilardi, V., *Renaissance Vision from Spectacles to Telescopes*, American Philosophical Society, Philadelphia 2007.

Infelise, M., *Ricerche sulla fortuna editoriale di Paolo Sarpi*, in *Ripensando Paolo Sarpi*, a cura di C. Pin, Ateneo Veneto, Venezia 2006, pp. 519-46.

Israel, J. I., *The Dutch Republic. Its Rise, Greatness, and Fall, 1477-1806*, Oxford University Press, Oxford 1995.

– *Conflicts of Empires: Spain, the Low Countries and the Struggle for World Supremacy, 1585-1713*, The Hambledon Press, London 1997.

Jacquot, J., *Thomas Hariot's Reputation for Impiety*, in «Notes and Records of the Royal Society of London», 9, 1952, pp. 164-87.

– *Harriot, Hill, Warner and the New Philosophy*, in J. W. Shirley (a cura di), *Thomas Harriot: Renaissance Scientist*, Clarendon Press, Oxford 1974, pp. 107-28.

Johnson, J., *"One, four, and infinite": John Donne, Thomas Harriot, and "Essayes in Divinity"*, in «John Donne Journal», 22, 2003, pp. 109-43.

Johnston, S., *The Mathematical Practitioners and Instruments in Elizabethan England*, in «Annals of Science», 48, 1991, pp. 319-44.

Jones, P., *Federico Borromeo e l'Ambrosiana. Arte e Riforma cattolica nel XVII secolo a Milano*, Vita e Pensiero, Milano 1997 (ed. or.: *Federico Borromeo and the Ambrosiana. Art Patronage and Reform in Seventeeth-Century Milan*, Cambridge University Press, Cambridge 1993).

Justel, C., *Codex canonum Ecclesiae universae*, H. Beys, Parisiis 1610.

Kargon, R. H., *L'atomismo in Inghilterra da Hariot a Newton*, il Mulino, Bologna 1983 (ed. or. *Atomism in England from Hariot to Newton*, Clarendon Press, Oxford 1966).

Kaufmann, T. D., *The Mastery of Nature: Aspects of Art, Science and Humanism in the Renaissance*, Princeton University Press, New Jersey 1993.

– *The School of Prague*, University of Chicago Press, Chicago 1988.

Keil, I., *Augustanus Opticus. Johann Wiesel (1583-1662) und 200 Jahre optisches Handwerk in Augsburg*, Akademie Verlag, Berlin 2000.

Kishlansky, M., *L'età degli Stuart. L'Inghilterra dal 1603 al 1714*, il Mulino, Bologna 1999 (ed. or. *A Monarchy Transformed: Britain 1603-1714*, Allen Lane The Penguin Press, London 1996).

Lattis, J. M., *Between Copernicus and Galileo: Christoph Clavius and the Collapse of Ptolemaic Cosmology*, The University of Chicago Press, Chicago 1994.

Leitão, H., *Galileo's Telescopic Observations in Portugal*, in J. Montesinos e C. Solís (a cura di), *Largo campo di filosofare*, Fundación Canaria Orotava de Historia de la Ciencia, La Orotava 2001, pp. 903-13.

– *The Contents and Context of Manuel Dias'Tianwenlüe*, in L. Saraiva e C. Jami (a cura di), *History of Mathematical Sciences: Portugal and the East Asia (1552-1773), World Scientific*, Singapore 2008, pp. 99-112.

Lindberg, D. C., *Theories of Vision from Al-Kindi to Kepler*, Chicago University Press, Chicago 1976.

Lohne, J., *Thomas Harriot (1560-1621): The Tycho Brahe of Optics*, in «Centaurus», pp. 113-21.

– *Essays on Thomas Harriot. III. A Survey of Harriot's Scientific Writings*, in «Archive for History of Exact Sciences», 20, 1979, pp. 265-312.

Magone, R., *The Textual Tradition of Manuel Dias'Tianwenlüe*, in L. Saraiva e C. Jami (a cura di), *History of Mathematical Sciences: Portugal and the East Asia (1552-1773), World Scientific*, Singapore 2008, pp. 123-38.

Malet, A., *Kepler and the Telescope*, in «Annals of Science», 60, 2003, pp. 107-36.

Maltby, W. S., *The Black Legend in England: The Development of Anti-Spanish Sentiment, 1558-1660*, Duke University Press, Durham 1971.

Mamone, S., *Il re è morto, viva la regina*, in *"Parigi val bene una messa!" 1610: l'omaggio dei Medici a Enrico IV re di Francia e di Navarra*, M. Bietti, F. Fiorelli Malesci e P. Mironneau (a cura di), Sillabe, Livorno 2010, pp. 32-39.

Mandelbrote, S., *The Religion of Thomas Harriot*, in R. Fox (a cura di), *Thomas Harriot: An Elisabethan Man of Science*, Ashgate, Aldeshort 2000, pp. 246-79.

Marchitello, H., *The Machine in the Text: Science and Literature in the Age of Shakespeare and Galileo*, Oxford University Press, New York 2011.

Marcora, C., *La biografia del cardinal Federico Borromeo scritta dal suo medico personale Giovanni Battista Mongilardi*, in «Memorie storiche della Diocesi di Milano», 15, 1968, pp. 125-232.

Marr, A., *Between Raphael and Galileo: Mutio Oddi and the Mathematical Culture of Late Renaissance Italy*, The University of Chicago Press, Chicago 2011.

Matt, L., *Grillo, Angelo*, in *Dizionario biografico degli italiani* cit., *ad vocem*. Miller, P. N., *Description Terminable and Interminable: Looking at the Past, Nature and Peoples in Peiresc's Archive*, in G. Pomata e N. Siraisi (a cura di), *Historia. Empiricism and Erudition in Early Modern Europe*, The MIT Press, Cambridge (Mass.) 2005, pp. 355-97.

Minois, G., *Il pugnale e il veleno. L'assassinio politico in Europa (1400-1800)*, Utet, Torino 2005 (ed. or. *Le couteau et le poison. L'assassinat politique en Europe*, Fayard, Paris 1997).

Molaro, P. e Selvelli, P., *The Mystery of the Telescopes in Jan Brueghel the Elder's Paintings*, in «Memorie della Società Astronomica Italiana», 75, 2008, pp. 282-85.

Needham, P., *Galileo Makes a Book: The first Edition of "Sidereus Nuncius" Venice 1610*, Akademie Verlag, Berlino 2011.

Nicolson, M., *The "New Astronomy" and English Imagination*, in «Studies in Philology», XXXII, 1935, pp. 428-62.

– *Kepler, the Somnium, and John Donne*, in «Journal of the History of Ideas», 3, 1940, pp. 259-80.

– *Science and Imagination*, Great Seal Books, Ithaca (New York) 1956.

North, J., *Thomas Harriot and the First Telescopic Observations of Sunpots*, in J. W. Shirley (a cura di), *Thomas Harriot: Renaissance Scientist*, Clarendon Press, Oxford 1974, pp. 130-65.

Nováček, J. V., *Martin Horký, český hvězdář* [*Martin Horky astronomo ceco*], in «Časopis

Musea královstvý českého», LXIII, 1889, pp. 389-400.

Orbaan, I. A. F., *Documenti sul Barocco in Roma*, Società Romana di Storia Patria, Roma 1920.

Ostrow, S. F., *Cigoli's Immacolata and Galileo's Moon: Astronomy and the Virgin in Early Seicento Rome*, in «The Art Bulletin», LXXVIII (1996), n. 2, pp. 218-35.

– *L'arte dei papi. La politica delle immagini nella Roma della Controriforma*, Carocci, Roma 2002 (ed. or. *Art and Spirituality in Counter Reformation Rome*, Cambridge University Press, Cambridge 1996).

Palladino, F., *Un trattato sulla costruzione del cannocchiale ai tempi di Galilei. Principi matematici e problemi tecnologici*, in «Nouvelles de la République des Lettres», I, 1987, pp. 83-102.

Panofsky, E., *Galileo critico delle arti*, a cura di C. Mazzi, Cluva, Venezia 1985 (ed. or. *Galileo as a Critic of the Arts*, Nijhoff, The Hague 1954).

Pantin, I., *La lunette astronomique: une invention en quête d'auteurs*, in M. T. Jones-Davies (a cura di), *Inventions et découvertes au temps de la Renaissance*, Klincksieck, Paris 1994, pp. 159-74.

– *Galilée, la lune et les Jésuites*, in «Galilaeana», II, 2005, pp. 19-42.

Parry, J. H., *The Age of Reconnaissance: Discovery, Exploration and Settlement, 1450-1650*, University of California Press, Berkeley 19812 .

Pastor, L., *Storia dei Papi dalla fine del Medio Evo*, Desclée, Roma 1908-34 (ed. or. *Geschichte der Päpste seit dem Ausgang des Mittelalters*, Herder, Freiburg im Breisgau 1899-1933).

Pedersen, O., *Sagredo's Optical Researches*, in «Centaurus», 13, 1968, pp. 139-50.

Pin, C., *"Qui si vive con esempi, non con ragione": Paolo Sarpi e la committenza di stato nel dopo-Interdetto*, in *Ripensando Paolo Sarpi*, a cura di C. Pin, Ateneo Veneto, Venezia 2006, pp. 343-94.

Pitts, V. J., *Henri IV of France. His Reign and Age*, The Johns Hopkins University Press, Baltimore 2009.

Poppi, A., *Cremonini e Galilei inquisiti a Padova nel 1604. Nuovi documenti d'archivio*, Antenore, Padova 1992.

Prosperi, A., *Intellettuali e Chiesa all'inizio dell'età moderna*, in *Storia d'Italia. Annali 4. Intellettuali e potere*, a cura di C. Vivanti, Einaudi, Torino 1981, pp. 159-252.

– *Tribunali della coscienza. Inquisitori, confessori, missionari*, Einaudi, Torino 1996.

Pumfrey, S., *Harriot's Maps of the Moon: New Interpretations*, in «Notes and Records of the Royal Society», 63, 2009, pp. 163-68.

Quinn, D. B., *Thomas Harriot and the Problem of America*, in R. Fox (a cura di), *Thomas Harriot: An Elisabethan Man of Science*, Ashgate, London 2000, pp. 9-27.

Reeves, E., *Painting the Heavens. Art and Science in the Age of Galileo*, Princeton University Press, Princeton 1997.

– *Galileo's Glassworks: The Telescope and the Mirror*, Harvard University Press, Cambridge (Mass.) 2008.

– *Kingdoms of Heavens: Galileo and Sarpi on the Celestial*, in «Representations», 105, 2009, pp. 61-84.

– *Variable Stars: a Decade of Historiography on the Sidereus nuncius*, in «Galilaeana», VIII, 2011, pp. 37-52.

Reeves, E. e Van Helden, A., *Verifying Galileo's Discoveries: Telescope-Making at the Collegio Romano*, in J. Hamel e I. Keil (a cura di), *Der Meister und die Fernrohre: das Wechselspiel zwischen Astronomie und Optik in der Geschichte*, H. Deutsch, Frankfurt am Main 2007, pp. 127-41.

Ricci, S., *La fortuna del pensiero di Giordano Bruno, 1600-1750*, Le Lettere, Firenze 1990.

Rigaud, S. P., *Supplement to Dr. Bradley's Miscellaneous Works: With an Account of Harriot's Astronomical Papers*, Oxford University Press, Oxford 1833.

Rizza, C., *Galileo nella corrispondenza di Peiresc*, in «Studi francesi», XV, 1961, pp. 433-51.

– *Peiresc e l'Italia*, Giappichelli, Torino 1965.

Roche, J., *Harriot, Galileo, and Jupiter's Satellites*, in «Archives Internationales d'Histoire des Sciences», 32, 1982, pp. 9-51.

Rochemonteix, C., *Un Collège de Jèsuites aux XVIIe et XVIIIe siècles. Le Collège Henry IV de la Flèche*, Leguicheux, Le Mans 1889.

Rodis-Lewis, G., *Cartesio. Una biografia*, Editori Riuniti, Roma 1997, (ed. or. *Descartes*, Calmann-Levy, Paris 1995).

Romagnoli, E., *Biografia cronologica de'Bellartisti Senesi, 1200-1800*, Edizioni S.P.E.S., Firenze 1976.

Romano, A., *La contre-réforme mathématique. Constitution et diffusion d'une culture mathématique jésuite à la Renaissance*, École française de Rome, Rome 1999.

Ronchi, V., *Galileo e il cannocchiale*, Idea, Udine 1942.

Rosen, E., *When Did Galileo Make His First Telescope?*, in «Centaurus», 2, 1951, pp. 44-51.

Savio, P., *Per l'epistolario di Paolo Sarpi*, in «Aevum», 10, 1936, pp. 3-104.

Sebes, J., *Dias (o Novo), Manuel*, in C. E. O'Neil e J. M. Dominiguez (a cura di), *Diccionario Histórico de la Compañia de Jesus*, Universidad Pontificia Comillas, Madrid 2001, II, p. 1113.

Seltman, M., *Harriot's Algebra: Reputation and Reality*, in Fox (a cura di), *Thomas Harriot: An Elisabethan Man of Science*, Ashgate, London 2000, pp. 153-85.

Settle, T. B., *Ostilio Ricci, a Bridge between Alberti and Galileo*, in *Actes du XIIe Congrès International d'Histoire des Sciences*, Blanchard, Paris 1971, vol. IIIB, pp. 121-26.

Shea, W. R., e Artigas, M., *Galileo a Roma. Trionfo e tribolazioni di un genio molesto*, Marcianum Press, Venezia 2009 (ed. or. *Galileo in Rome. The Rise and Fall of a Troublesome Genius*, Oxford University Press, Oxford 2003).

Shirley, J. W., *An Early Experimental Determination of Snell's Law*, in «American Journal of Physics», XIX, 1951, pp. 507-8.

– *Thomas Harriot's Lunar Observations*, in E. Hilfstein, P. Czartoryski e F. D. Grande (a cura di), *Science and History: Studies in Honor of Edward Rosen* («Studia Copernicana», XVI), The Polish Academy of Sciences Press, Wrocław 1978, pp. 283-308.

– *Sir Walter Ralegh and Thomas Harriot*, in Id. (a cura di), *Thomas Harriot: Renaissance Scientist*, Oxford University Press, Oxford 1983, pp. 16-35.

– *Thomas Harriot: A Biography*, Clarendon Press, Oxford, 1983.

Simon, G., *Archéologie de la vision. L'optique, le corps, la peinture*, Éditions du Seuil, Paris 2003.

Simpson, E., *A Study of the Prose Works of John Donne*, Clarendon, Oxford 19482 .

Sluiter, E., *The Telescope before Galileo*, in «Journal for the History of Astronomy», XXVIII, 1997, pp. 223-34.

Smolka, J., *Böhmen und die Annhame der Galileischen astronomischen Entdeckungen*, in «Acta historiae rerum naturalium necnon technicarum», I, 1997, pp. 41-69.

– *Martin Horký a jeho kalendáře*, in «Miscellanea. Oddělení rukopisů a starýchtisků», 18, Národní Knihovna, Praha 2005, pp. 145-60.

Solaini, P., *Storia del cannocchiale*, in «Atti della Fondazione Giorgio Ronchi», 51, 1996, pp. 805-72.

Sosio, L., *Galileo Galilei e Paolo Sarpi*, in *Galileo Galilei e la cultura veneziana*, atti del convegno di studio, Venezia, 18-20 giugno 1992, Istituto veneto di scienze, lettere ed arti, Venezia 1995, pp. 269-311.

– *Paolo Sarpi, un frate nella rivoluzione scientifica*, in *Ripensando Paolo Sarpi*, a cura di C. Pin, Ateneo Veneto, Venezia 2006, pp. 183-236.

Standaert, N., *Jesuits in China*, in T. Worcester (a cura di), *The Cambridge Companion to the Jesuits*, Cambridge University Press, Cambridge 2008, pp. 169-85.

Stedall, J. A., *Rob'd Glories. The Posthumous Misfortunes of Thomas Harriot and his Algebra*, in «Archive for the History of Exact Sciences», 54, 2000, pp. 455-97.

– *Symbolism, Combinations, and Visual Imagery in the Mathematics of Thomas Harriot*, in «Historia Mathematica», 34, 2007, pp. 380-401.

Stone, D. M., *Bad Habit: Scipione Borghese, Wignacourt and the Problem of Cigoli's Knightood*, in M. Camilleri e T. Vella (a cura di), *Celebratio Amicitiae. Studies in Honour of Giovanni Bonello*, Fondazzjoni Patrimonju Malti, Malta 2006, pp. 207-29.

Straker, S. M., *Kepler, Tycho and the "The Optical Part of Astronomy". The Genesis of Kepler's Theory of Pinhole Images*, in «Archive for History of Exact Sciences», 24, 1981, pp. 267-93.

Strano, G., *La lista della spesa di Galileo: un documento poco noto sul telescopio*, in «Galilaeana», VI, 2009, pp. 197-211.

Strebel, C., *Martinus Horky und das Fernrohr Galileis*, in «Sudhoffs Archiv», XC, 2006, pp. 11-28.

Tanner, R. C. H., *The Study of Thomas Harriot's Manuscripts: I. Harriot's Will*, in «History of Science», 6, 1967, pp. 1-16.

Taylor, E. G. R., *The Mathematical Practitioners of Tudor and Stuart England*, Cambridge University Press, Cambridge 1967.

Thomas, W., *Andromeda Unbound: The Reign of Albert & Isabella in the Southern Netherlands, 1598-1621*, in W. Thomas e L. Duerloo (a cura di), *Albert & Isabella, 1598-1621: Essays*, Brepols, Turnhout 1998.

Torrini, M., *"Et vidi coelum novum et terram novam". A proposito di rivoluzione scientifica e libertinismo*, in «Nuncius», I, 1986, pp. 49-77.

– *Il Rinascimento nell'orizzonte della nuova scienza*, in *Nuovi maestri e antichi testi. Umanesimo e Rinascimento alle origini del pensiero moderno*, atti del Convegno internazionale di studi in onore di Cesare Vasoli, Mantova, 1-3 dicembre 2010, Olschki, Firenze 2012, in stampa.

Toulmin, S., *Cosmopolis. La nascita, la crisi e il futuro della modernità*, Rizzoli, Milano 1991 (ed. or. *Cosmopolis. The Hidden Agenda of Modernity*, The Free Press, New York 1990).

Trevor-Roper, H., *Principi e artisti. Mecenatismo e ideologia alla corte degli Asburgo(1517-1633)*, Einaudi, Torino 1980 (ed. or. *Princes and Artists. Patronage and Ideology at Four Habsburg Courts 1517-1633*, Thames and Hudson, London 1976).

Trivellato, F., *Fondamenta dei vetrai. Lavoro, tecnologia e mercato a Venezia tra Sei e Settecento*, Donzelli, Roma 2000.

Tuckerman, B., *Planetary, Lunar, and Solar Positions, A. D. 2 to A. D. 1649*, American Philosophical Society, Philadelphia 1962.

Tutino, S., *Notes on Machiavelli and Ignatius Loyola in John Donne's "Ignatius his Conclave" and "Pseudo-Martyr"*, in «English Historical Review», CXIX, 2004, pp. 1308-21.

Ulianich, B., *Badoer, Giacomo*, in *Dizionario biografico degli italiani* cit., 5, *ad vocem*.

Valleriani, M., *Galileo Engineer*, Springer, Dordrecht 2010.

Van der Cruysse, D., *Louis XIV et le Siam*, Fayard, Paris 1991.

Van Helden, A., *The Invention of the Telescope*, American Philosophical Society, Philadelphia 1977.

– *Galileo and the Telescope*, in A. Van Helden, S. Dupré, R. von Gent e H. Zuidervaart (a cura di), *The Origins of the Telescope* cit., pp. 183-201.

Vasoli, C., *Giulio Pace e la diffusione europea di alcuni temi aristotelici padovani*, in L. Olivieri (a cura di), *Aristotelismo veneto e scienza moderna*, Antenore, Padova 1983, II, pp. 1009-34.

Vermij, R. H., *The Telescope at the Court of the Stadtholder Maurits*, in A. Van Helden, S. Dupré, R. Van Gent e H. Zuidervaat (a cura di), *The Origins of the Telescope* cit., pp. 73-92.

Volpini, V., *Medici, Giovanni de'*, in *Dizionario biografico degli italiani* cit., 73, *ad vocem*.

Westman, R. S., *The Astronomer's Role in the Sixteenth Century: A Preliminary Study*, in «History of Science», 18, 1980, pp. 105-47.

– *The Copernican Question: Prognostication, Skepticism, and Celestial Order*, University of California Press, Berkeley 2011.

Whitaker, E. A., *Galileo's Lunar Observations and the Dating of the Composition of "Sidereus Nuncius"*, in «Journal for the History of Astronomy», 9, 1978, pp. 155-69.

– *Selenography in the Seventeenth Century*, in R. Taton e C. Wilson (a cura di), *The General History of Astronomy*, Cambridge University Press, Cambridge 1989, II, pp. 119-43.

– *Identificazione e datazione delle osservazioni lunari di Galileo*, in P. Galluzzi (a cura di), *Galileo. Immagini dell'universo dall'antichità al telescopio* cit., pp. 262-67.

Wicki, J., *Liste der Jesuiten-Indienfahrer, 1541-1758*, in «Aufsätze zur Portugiesichen Kulturgeschichte», 7, 1967, pp. 252-450.

Wilding, N., *Instrumental Angels*, in J. Raymond (a cura di), *Conversations with Angels. Essays towards a History of Spiritual Communication, 1100-1700*, Palgrave Macmillan, Basingstoke 2011, pp. 67-89.

Willach, R., *The Development of Lens Grinding and Polishing Techniques in the First Half of the 17th Century*, in «Bulletin of the Scientific Instrument Society», 68, 2001, pp. 10-15.

– *The Long Route of the Telescope*, American Philosophical Society, Philadelphia 2008.

Winston, M., *Gendered Nostalgia in The Duchess of Malfi*, in «The Renaissance Papers», 1998, pp. 103-13.

Wootton, D., *New Light on the Composition and Publication of the "Sidereus Nuncius"*, in «Galilaeana», VI, 2009, pp. 123-40.

– *Galileo: Watcher of the Skies*, Yale University Press, New Haven 2010.

Yates, F. A., *Astrea. L'idea di Impero nel Cinquecento*, Einaudi, Torino 1978, (ed. or. *Astrea. The Imperial Theme in the Sixteenth Century*, Routledge & Kegan Paul, London-Boston 1975).

Yourcenar, M., *Pellegrina e straniera*, Einaudi, Torino 1990 (ed. or. *En pèlerin et en étranger*, Gallimard, Paris 1989).

Zecchin, L., *I cannocchiali di Galilei e gli "occhialeri" veneziani*, in Id., *Vetro e vetrai di Murano: studi sulla storia del vetro*, Arsenale, Venezia 1987-90, voll. 3: vol. II, pp. 255-65.

Zhang, Z., *Johann Adam Schall von Bell and his Book "On the Telescope"*, in R. Malek (a cura di), *Western Learning and Christianity in China: The Contribution and Impact of Johann Adam Schall von Bell, S. J., (1592-1666)*, Monumenta Serica Institute, Sankt Augustin 1998, 2 voll.; vol. II, pp. 681-90.

Zürcher, E., *Giulio Aleni's Chinese Biography*, in T. Lippiello e R. Malek (a cura di), *Scholar from the West: Giulio Aleni S. J. (1582-1649) and the Dialogue between Christianity and China*, Fondazione Civiltà Bresciana / Monumenta Serica Institute, Brescia - Sankt Augustin 1997, pp. 85-127.